U0182041

飞机结冰致灾与防护丛书编委会

顾　问：李家春　吴光辉　李应红

主　编：桂业伟

副主编：李　明

编　委：（按姓氏拼音排序）

常士楠　董　威　杜雁霞　李颖晖

徐浩军　易　贤

飞机结冰致灾与防护丛书

基于动力学仿真的结冰飞行
安全防护理论与方法

徐浩军　裴彬彬　王国智　伍　强　著

科学出版社

北　京

内 容 简 介

本书主要从飞行器复杂系统动力学仿真角度,论述结冰情形下系统建模仿真、安全量化评估及预测、风险可视化及防护的理论与方法。本书是作者多年来从事复杂系统建模与飞行安全理论教学和科研工作的总结及凝练,理论和方法由浅入深,文字阐述顺畅,模型和案例切实可靠,实践应用广泛。

本书各章节内容既相互联系又相互独立,读者可根据实践需要选择性学习。本书可供科研院所中从事飞行安全理论研究的科研人员阅读参考,也可作为从事飞行器论证、设计、制造和试飞的工程技术人员的教学参考书。

图书在版编目(CIP)数据

基于动力学仿真的结冰飞行安全防护理论与方法/徐浩军等著. —北京:科学出版社, 2022.1

(飞机结冰致灾与防护丛书)

ISBN 978-7-03-070884-7

Ⅰ. ①基… Ⅱ. ①徐… Ⅲ. ①飞机-防冰系统-研究 Ⅳ. ①V244.1

中国版本图书馆 CIP 数据核字 (2021) 第 262120 号

责任编辑: 赵敬伟 田轶静 / 责任校对: 彭珍珍
责任印制: 吴兆东 / 封面设计: 无极书装

斜 学 出 版 社 出版
北京东黄城根北街 16 号
邮政编码: 100717
http://www.sciencep.com
北京中科印刷有限公司 印刷
科学出版社发行 各地新华书店经销
*
2022 年 1 月第 一 版 开本: 720×1000 1/16
2022 年 1 月第一次印刷 印张: 14 3/4
字数: 298 000
定价: 158.00 元
(如有印装质量问题, 我社负责调换)

丛 书 序

在航空已经成为人类社会主要交通运输工具的现代社会，因飞机结冰使气动和飞行性能下降，乃至导致重大飞行罹难事故，这种情况引起了航空工程界和国际社会的严重关切。据美国国家运输安全委员会 (NTSB) 统计，全球 1990~2019 年间因结冰导致的飞行事故高达 2000 余起，死亡 1800 余人。2000 年以来，我国也发生了多起因结冰导致的飞行事故。为此，世界各航空大国十分重视飞机结冰问题的研究。美国国家航空航天局 (NASA) 将飞机结冰相关研究列入民用航空技术领域未来十年优先技术发展计划，欧盟也将飞机结冰及防护纳入欧洲航空未来 20 年的科研重点。随着我国航空事业的快速发展，开展飞机结冰及其防护的研究迫在眉睫。

回顾历史，早在 1920 年代，人们首次观察到飞机飞行中的结冰现象。1944 年，NASA 刘易斯研究中心 (现格林研究中心) 建成结冰研究风洞 (IRT, 2.7m×1.8m)，成为当时结冰与防除冰研究的核心设备。1950 年代以来，以美国为代表的航空大国，通过结冰风洞实验、数值模拟、飞行试验等多种手段，研究飞机结冰对气动特性和飞行性能的影响，探索了多种飞机防除冰技术，建立了较为完善的航空器适航防冰条款，从而减少了结冰引起的飞行事故。

尽管如此，飞机结冰导致的飞行灾难仍时有发生。发生这一现象的原因是飞机结冰受大气温度、湿度、飞行高度、速度，蒙皮材料等诸多因素影响，是涉及大气物理、热力学、传热传质学、空气动力学、飞行力学等多学科交叉、多物理过程耦合的复杂现象。迄今人们对结冰宏观过程、微观机理、冰霜形态、影响因素等问题未能深入认识、准确把握，所提出的结冰防护措施不一定能全面覆盖结冰致灾的实际范围，从而带来安全隐患；另一方面，在某些情况下防护范围冗余过大也会影响飞机的飞行性能和经济效益。

国内最早的飞机结冰研究始于 20 世纪 70~80 年代，主要基于计算获得的冰形，初步研究结冰对飞机气动特性的影响。为了从科学角度深刻揭示飞机致灾的本质，掌握飞机结冰防护的可靠应对方法，从 2006 年起，作为国家重大科技基础设施的国内首座大型结冰风洞 (3m×2m) 历时九年在中国空气动力研究与发展中心建成，国内数十个研究机构和高等院校也相继建设了一批小型研究型结冰风洞，相继开展了大量飞机结冰的试验研究。2015 年，在国家重大科技专项"大型飞机工程"的支持下，科技部批准国家重点基础研究计划 ("973" 计划) 项目"飞机结冰致灾与防护关键基础问题研究"立项，研究内容包括：非平衡相变结冰和复杂冰结构的形成、演化与冰特性；结冰条件下空气动力学和飞行力学特性及对飞行安全影响机理；基于结冰临界与能量控制的热防冰理论和方法；热/力传递及其耦合作用下的除冰机理与方法；大飞机结冰多重安全边界保护和操纵应对方法等，经过近五年的攻关，取得了若干创新成果。近年来，国内结冰与防除冰的研究领域已涵盖航空飞行器、地面交通工具、风能利用、输电导线等交通能源工业诸多领域。

为了进一步传播和拓展飞机结冰问题的现有研究成果，促进研究人员间的学术交流，中国空气动力研究与发展中心近期组成了"飞机结冰致灾与防护丛书"编辑委员会，制定了丛书出版计划，拟在近年内出版《飞机结冰机理》《飞机结冰试验的相似准则》《飞机结冰试验技术》等专著。这将是国内首套系统总结飞机结冰领域理论、计算、试验和设计方法的专业丛书，可供从事相关领域的研究人员、工程师、教师和研究生参考。我深信，本丛书的出版必将对推动飞机结冰问题的深入研究和技术创新发挥重要作用。

李家春

2021 年 11 月于北京

前　言

结冰是一种严重危害飞行安全的气象环境因素,尽管航空界对结冰问题已经开展了数十年的研究,但由于结冰致灾机理的复杂性,结冰导致的飞行事故仍时有发生,事故教训极为惨痛。国外对于结冰问题的研究已经积累了大量的理论分析与实践经验,而国内由于缺乏必要的研究手段,针对诸如复杂系统建模仿真、安全量化评估及预测、风险可视化及防护等结冰情形下飞行安全问题方面长期处在跟踪研究阶段,严重制约了我国军用、民用高端运输类飞行器自主设计研制试飞、适航取证及使用保障。加快针对结冰问题研究的步伐,开展基于复杂系统仿真的结冰安全防护理论与方法的研究,开发具有自主知识产权的结冰安全防护系统,对于确保航空产业的健康发展具有重大的工程实践意义。

本书在国家重点基础研究发展计划"飞机结冰致灾与防护关键基础问题研究(2015CB755800)"和国家自然科学基金"结冰条件下航空器多因素耦合的风险定量表征与空间动态演化机理研究 (62103440)"的资助下,立足结冰后飞机动力学特性分析、飞机进入结冰区前的风险预测与飞机进入结冰区后的容冰飞行控制方法等方面,从复杂动力学系统建模的角度对结冰情形下的飞行安全防护理论与方法进行研究,全书共 9 章,具体内容如下。

第 1 章为绪论,主要介绍结冰问题的研究背景意义,总结结冰对空气动力学特性和飞行动力学特性的影响、结冰飞行风险预测方法以及带冰飞行情形下的安全保障方法的国内外研究现状,并从试验研究和自主创新两个方面进行对比分析。

第 2 章为结冰飞机气动影响模型与动态响应特性分析,主要研究结冰导致的飞行大迎角特别是失速及过失速阶段内的非线性气动力建模方法及飞行动力学特性分析方法。提出了修正的结冰参量影响模型,并对结冰后飞机的配平特性和动态响应特性进行了研究,分析了结冰飞机进入大迎角阶段的异常动力学特性。

第 3 章为结冰条件下飞机全包线飞行品质评估,主要研究飞机在结冰条件下的全包线范围内的飞行品质。提出了基于数据特征的自适应等效系统拟配算法,在此基础上计算了某型飞机全包线范围内横航向飞行品质,实现了对结冰前后整个飞行包线范围内飞行品质的快速量化分析。

第 4 章为考虑翼面失速的结冰区风险预测方法,主要研究融合驾驶员操纵特性、飞机本体动力学特性、结冰影响等多因素耦合的风险预测方法。对结冰后人机环动力学特性进行蒙特卡罗仿真,基于极值理论对仿真得到的迎角极值样本进行统计分析，以飞机迎角超限的风险概率作为风险管理的依据。

第 5 章为结冰情形下安全空间构建与结冰致灾机理分析，主要研究结冰情形下飞行安全运行范围。提出了基于计算飞行动力学方法来获取由关键飞行参数指令值构成的飞行风险拓扑空间方法，提出了基于 APSO-RBF 神经网络的飞行安全空间智能预测方法，通过对典型风险事件状态点的安全谱进行分析，得出对称结冰与非对称结冰风险事件致灾机理的普遍规律。

第 6 章为结冰飞行控制律重构设计方法，主要研究飞机结冰后飞行控制律重构方法。应用先进的控制律理论与算法，例如鲁棒伺服 LQR 控制、反馈线性化-模糊控制等，结合结冰案例实际，设计并验证重构控制律。

第 7 章为容冰飞行时非线性动力学系统稳定域分析，主要研究容冰飞行时稳定边界构建方法。应用非线性动力学分析相关理论和方法，计算出飞机结冰后系统的局部渐近稳定区域，从而构建起结冰条件下飞行稳定边界。

第 8 章为基于非线性动态逆的结冰边界保护方法，主要研究结冰情形下安全关键飞行参数实时边界保护方法。开发了翼面结冰监控告警系统，提出基于非线性动态逆的边界保护方法。并在动态逆环节中引入比例积分控制提升动态逆环节的鲁棒性。

第 9 章为基于复杂动力学仿真的结冰综合飞行仿真系统，主要介绍了系统的设计思路、组成部分及主要功能。设计了结冰风险指示告警可视化方案，特别是对基于 HUD 的容冰飞行操纵指引与风险告警方案进行了研究。

全书提出了基于复杂系统动力学仿真方法的结冰飞机安全防护理论与方法，可为新型飞机系统安全性论证设计与试飞试验以及运营飞行器的安全评估与风险防护提供理论参考，为飞行器复杂情形下的风险规避技术开发与应用提供方法支撑，为飞行事故预防提供科学的分析和有益的借鉴，对于改善飞行器运行过程中的安全性水平具有重要的工程应用价值。

本书由空军工程大学的徐浩军教授负责统稿，第 1 章、第 9 章的撰写由徐浩军主笔，第 2 章、第 4 章、第 6 章由裴彬彬主笔，第 7 章、第 8 章由王国智主笔，第 3 章、第 5 章由伍强主笔。在全书的撰写、修改和统稿过程中，李哲、魏扬、王良禹、董泽洪、王小龙、王健名、陈威等均做了大量工作。此外，西北工业大学李杰教授、张恒博士等也参与了本书中的部分工作，特此表示感谢。

由于作者的水平和资料有限，书中难免仍有不足和疏漏之处，欢迎使用和关心本书的专家、学者予以批评指正。

作　者

2021 年 5 月

目　　录

第 1 章 绪 论

1.1 研究背景与研究意义

航空器在运行过程中时刻处在大气环境的作用下，由于天气原因所导致的飞行风险也就不可避免地随之而来。结冰作为引发飞行失控 (Loss of Control, LOC) 的环境因素中最重要的因素 [1]，长期以来一直受到人们的高度关注。据国际航空器拥有者及驾驶员协会 (Aircraft Owners and Pilots Association, AOPA) 的一项调查表明，1990 年至 2000 年间在所有天气导致的飞行事故中，与结冰有关的飞行事故占了 12%[2]。另据美国国家运输安全委员会 (National Transportation Safety Board, NTSB) 的统计，从 1998 年至 2007 年间，与结冰有关的飞行事故共计 565 起，并造成 229 人遇难 [3]。NTSB 在与结冰相关的飞行事故和风险事件后发布了众多的安全建议，并从 1997 年起将结冰作为威胁航空运输安全的 "头号通缉犯" (most wanted)[4]。

美国国家航空航天局 (National Aeronautics and Space Administration, NASA) 根据结冰导致的飞行事故以及风险事件发生的主要原因，将与结冰相关的飞行事故及风险事件分为以下几个方面。

(1) 飞行过程中结冰导致的飞机性能下降进而引发飞行失控。机体表面结冰破坏了飞机表面的流场，使得飞机升力系数减小、阻力系数增大，同时飞机的失速迎角减小、失速速度增大。这些不利因素的共同作用很容易使得飞机进入意想不到的失速状态。例如 2009 年美国科尔根航空公司 3407 号航班的 DHC-8 飞机在进近着陆过程中，由于飞机飞行速度低于结冰后的失速速度，驾驶员操纵不当导致飞机彻底失控，最终撞向地面并爆炸 (事故残骸如图 1.1 所示)，造成 50 人遇难 [5]。

(2) 冰形积聚破坏了飞控舵面表面的流场，导致飞机操纵困难。这种情形下，飞机的控制舵面可能会失去操纵效能或者出现异常的非线性特性，使得很难甚至不可能对飞机进行操纵。结冰空难史上著名的美鹰航空 4184 号航班飞行事故 [6]，便是由于飞机遭遇过冷大水滴气象条件，机翼后缘出现冰脊，诱发 "副翼夺权"，驾驶员完全无法控制飞机导致重大飞行事故的发生。

(3) 驾驶员尝试在带冰状态下起飞，飞机飞行速度无法达到足够的值。飞机在地面飞行准备过程中，遭遇恶劣结冰气象条件时，飞机很快便结冰导致飞机不安全的起飞状态。即使是飞机已经进行了地面除冰工作，飞机仍有可能结冰，这就可能会令驾驶员错误地认为当前状态是可以飞行的。地面结冰与空中结冰之间很大的区别在于地面结冰的结冰部位可位于任何地方，而不像空中结冰时一般存在于飞机表面。典型的案例如 2004 年冬季震惊全国的包头空难，一架庞巴迪 CRJ200 小型支线客机在起飞不久后便失控坠毁，造成机上及地面共计 55 人遇难。事故调查结果表明飞机在起飞前机翼受到冰污染导致起飞后进入失速状态，飞行员未能将飞机从失速状态改出，直至最终坠毁，事故演化过程示意图如图 1.2 所示。

图 1.1   3407 号航班飞行事故现场

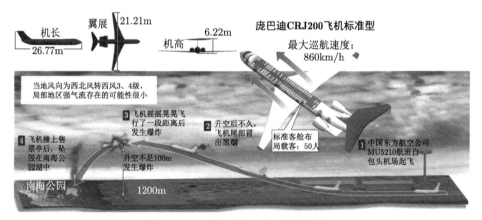

图 1.2   包头空难事故演化过程图解

(4) 发动机吸入脱落冰或化油器结冰导致的动力损失或非对称推力进而引发的飞行失控。尽管动力系统失效一般并不直接导致飞行失控的发生，但往往是飞行失控的触发因素。非对称推力、飞行速度不足、机组人员操纵失误等因素的作用进一步导致飞行失控的发生。1991 年，丹麦一架 MD-81 从瑞典起飞后不久，由于机翼表面的冰脱落被发动机吸入，打坏发动机叶片，造成飞机动力系统失效。幸运的是驾驶员成功地将飞机硬着陆在地面，虽然机体严重损毁，但并没有造成人员死亡[7]。

(5) 皮托管或静压孔堵塞导致的大气数据系统失效。大气数据系统的失效会带来错误的飞行速度与高度测量值，严重影响飞行安全。2009 年 6 月 1 日，法航一架空客 A330-203 飞机飞行在大西洋上空时进入雷达盲区后失踪，5 天后发现残骸，确认机上 228 名人员全部遇难，这就是航空史上臭名昭著的法航 447 航班空难。3 年后的事故调查结果表明，飞行中皮托管结冰导致自动驾驶仪关闭，驾驶员操纵失误最终导致事故的发生[8]。

惨痛的事故发人深省，尽管航空界从 20 世纪 20 年代便对飞机结冰问题展开了研究[9]，在历经 90 多年的时间里人们在结冰致灾机理、结冰保护系统的设计与应用、驾驶员培训等方面取得了大量的研究成果，并极大地提高了结冰情形下的飞行安全保障能力，但是结冰导致的飞行事故却始终无法根除。

我国幅员辽阔，气象条件十分复杂，飞机结冰现象时有发生。长期以来，对于结冰问题的研究，一直处在跟踪国外研究进展的状态，航空器使用方对结冰问题研究不深入，对飞行安全带来了很大隐患。除了前文提到的包头空难，还发生了多起与结冰相关的重大飞行事故。2001 年，两架军用运 8 飞机在进近着陆过程中，因平尾结冰导致飞机失控先后坠毁在跑道附近。2002 年，台湾复兴航空公司的 ATR72-200 型货机飞往澳门国际机场过程中，遭遇了严重的结冰，在澎湖外海坠机。2006 年，我国某新型军用运输机在安徽境内，飞行中多次穿越云层，飞机结冰引起飞行失控坠毁，机上 40 名高级技术人员全部遇难，这就是震惊中外的"6·3 事故"。此外，2018 年 1 月贵州某部运输机坠毁，造成 12 人全部遇难，也被认为是与飞机数次穿过结冰区密切相关。

当前，国内航空事业处在蓬勃发展的阶段，国家正大力支持航空业的发展。新型航空器的投入使用、新空域的开放、飞行任务的增加必然会提高对飞机全天候、不利气象条件飞行能力的要求，结冰作为最重要的环境影响因素，对结冰情形下的飞行安全保障提出了更高的要求。通用航空产业的主力机型一般为中小型运输机，而这类飞机正是容易受到结冰危害影响的机型，针对这类飞机开展结冰问题的研究是极为必要的。军用方面，随着我空军向着战略空军的转变，对人员及物资的战略投送能力提出了更高要求。随着以国产大飞机为代表的运输类飞机投入使用，以及未来基于各种运输类飞机平台的特种作战飞机的研制使用过程中对安全性的考虑，都需要针对结冰问题展开深入的研究，探索结冰致灾机理与安全防护的手段。

欧美等国家对结冰问题研究的重视，是受其发达的航空业对飞行安全的迫切需求所牵引。随着我国军用、民用航空工业的繁荣发展，加大力气开展相关研究，形成具有我自主知识产权的结冰安全保障理论、方法，对于促进国内航空业健康、科学、持续地发展，增强我国在国际航空领域的话语权，具有重大的现实意义。

1.2　国内外研究现状

天气造成的灾害从航空事业发展的初期便受到人们的重视，但结冰对飞行安全的影响起初并没有被人们所关注，这是因为早期缺乏相应的设备辅助，驾驶员遇到云层便会避开飞行，且飞行任务不固定，飞机完全不需要在各种不利气象环境下飞行。直到 19 世纪 20 年代早期，美国航空邮政业务开始在纽约与芝加哥之间开展定期航班飞行，飞机频繁遭遇结冰威胁，人们才开始重视飞机结冰问题 [10]。到了第二次世界大战期间，由于战争的需要，极大地促进了对结冰问题的研究，冰风洞正是在这个时期开始出现 [9]。在随后的几十年时间里，结冰问题受到诸多组织的重视，包括 NTSB、商业航空安全团队 (Commercial Aviation Safety Team，CAST)、美国联邦航空局 (Federal Aviation Administration，FAA)、NASA 都投入了大量的资源展开研究，如今人们在结冰形成机理、结冰对飞行性能的影响、防/除冰系统设计、容冰控制系统等方面取得了诸多进展，下面重点就本书关注的结冰后动力学特性改变、结冰安全防护等方面的国内外现状进行综述。

1.2.1　结冰对空气动力学特性的影响

学者们很早便认识到结冰对于飞行的危害主要在于其对空气动力学特性的影响。Carroll 与 McAvoy 在 1928 年便指出结冰对飞机空气动力学特性造成的负面影响比结冰带来的飞机重量的增加要严重得多 [11]。现有的结冰后气动特性的研究主要借助于风洞试验、数值模拟、飞行试验等方式进行，下面分别介绍其中比较有代表性的研究成果。

1. 风洞试验

为了解决长期以来缩比翼型模型结冰后气动特性研究缺乏一个广泛认同的检验标准的问题，NASA 格林研究中心与法国国家航空航天研究院 (ONERA)、伊利诺伊州立大学合作开展了一系列针对 NACA 23012 的缩比模型与全尺寸模型结冰模拟的风洞对比试验，以此来建立一个标准的结冰数据库 [12-14]。冰形的获取是在 NASA 结冰研究风洞 (Icing Research Tunnel, IRT) 进行的，缩比模型结冰后气动特性在伊利诺伊州立大学的风洞中获取，而全尺寸翼型模型的风洞试验是在 ONERA F1 增压风洞中开展的，他们各自的试验图片及部分试验结果分别如图 1.3 和图 1.4 所示。

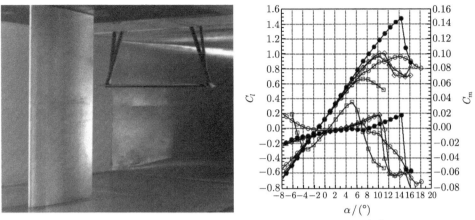

图 1.3 NACA 23012 缩比尺寸模型风洞试验及结果 [12]

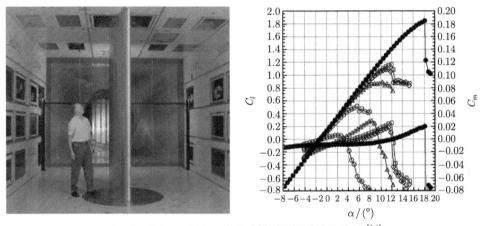

图 1.4 NACA 23012 全尺寸模型风洞试验及结果 [14]

　　Ansell 等通过风洞试验，测量了襟翼在不同冰形以及表面污染作用下的铰链力矩特性，得出襟翼铰链力矩在接近失速迎角时，会出现明显的非定常波动，进而可根据不稳定铰链力矩的异常变化提前预知失速的发生 [15,16]。

　　结冰后翼型气动特性改变的研究，使得人们对不同冰形对应的流动机理以及由此产生的气动特性的损失有了更加深入的认识。Bragg 等按照冰形的几何特性，在总结前人大量工作的基础之上，深入地分析了四种典型冰形：粗糙冰、角冰、流向冰、展向冰的流动特性 [9]。所有的这些研究对于发展基于计算流体力学 (CFD) 手段来研究结冰后翼型乃至飞机整机的气动特性而言至关重要。然而，为了研究不同冰形的机翼结冰与平尾结冰对飞机动力学特性的影响，还必须针对整机来进行研究。

在飞机结冰后气动特性改变的试验研究方面，Bihrle 应用研究公司与 NASA 以及主机单位开展了相应的试验研究。借助位于德国诺伊堡的大振幅多功能 (Large-Amplitude Multi-Purpose，LAMP) 风洞设备，通过在整机缩比模型上加装模拟冰形的方式，分别就 DHC-6 双水獭飞机、塞斯纳商务喷气飞机、洛克希德 S-3B 飞机等飞机进行了吹风，依托内式六分量应变天平测量了飞机在轴向、横向与航向三个坐标轴的静态与动态气动参数。这种整机级的结冰后气动参数风洞试验研究为结冰飞行模拟器的开发提供了具有较高精度的结冰后气动参数模型 [17−19]。图 1.5 所示为 DHC-6 双水獭飞机风洞试验图片与获取的气动参数情况。此外，NASA 的研究机构还针对通用运输类模型 (Generic Transport Model，GTM) 的缩比尺寸模型 (带模拟冰形) 进行了风洞试验，以获取其在较大迎角与侧滑角范围内的气动特性 [20]。

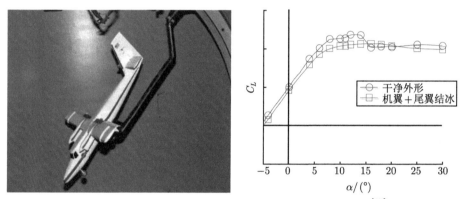

图 1.5 DHC-6 双水獭 6.5%的缩比模型试验及部分结果 [17]

2. 数值模拟

利用数值模拟即计算流体力学 (CFD) 的手段，对结冰后复杂流动特性的研究始于 20 世纪 80 年代末期，如 Potapczuk 等探索了多段翼型巡航构型下结冰前后气动特性的变化 [21]；Kwon 和 Sankar 利用三维可压缩 Navier-Stokes (N-S) 求解器，分别计算了翼型为 NACA 0012 的三维机翼在干净构型与前缘角冰构型下的气动特性 [22]。Chung 等通过对某型飞机的结冰后翼型与机翼的流场分析，为该型飞机的事故调查提供支撑 [23]。随着数值仿真技术的发展，人们逐渐认识到单一的数值求解方法，如雷诺平均 N-S 法 (Reynolds-Averaged Navier-Stokes，RANS)、分离涡模拟法 (Detached Eddy Simulation，DES)[24,25] 等均无法准确地描述失速及过失速迎角区域流动特性，近年来，利用混合法来进行结冰后流场分析的研究逐渐得以发展。Alam 等提出一种将 RANS 与大涡模拟 (Large Eddy Simulations，LES) 相结合的动态混合 RANS/LES 法 (Dynamic Hybrid RANS/LES，DHRL)

对结冰后的复杂流动特性进行仿真分析[26,27]，仿真结果表明所提出的方法能够更好地描述结冰后的非定常流动机理，是一种具有良好发展潜力的方法。

3. 飞行试验

在诸多的研究手段中，飞行试验是一种最为贴近实际结冰情形、所获得的数据也是最具有说服力的方法。公开的报道中，Preston 与 Blackman 等最早成功地对 C-46 飞机在自然结冰状态下阻力与推力的影响进行了测量[28]。NASA 主导了一系列的结冰科研试飞工作，刘易斯研究中心的 Ranaudo 等通过在飞机平尾上加装模拟冰形以及飞机在自然结冰环境下试飞的方式，采用性能建模法及最大似然法得出了飞机升阻系数、稳定性导数与控制导数的变化[29]；此外，他们还在试飞结果的基础上用改进逐步回归法 (Modified Stepwise Regression，MSR) 专门研究了纵向短周期稳定性导数与控制导数的变化[30,31]。Ratvasky 等在平尾结冰项目 (Tailplane Icing Program，TIP) 的支持下，以双水獭飞机为飞行试验平台，研究了其在平尾除冰系统工作间隔期间积冰、除冰系统工作失效、角冰三种结冰情形下的空气动力学特性[32]；此外，他们还通过在一架商务喷气式飞机上加装模拟冰形的方式 (如图 1.6 所示)，分别测量了粗糙冰、回流冰、除冰系统失效三种情形下飞机气动力与力矩，以此来对比缩比模型风洞测得的数据，进而为相关结冰模拟器的开发提供支撑[33]。

图 1.6　Ratvasky 等开展的商务喷气式飞机结冰飞行试验[33]

国内对于结冰后气动力的影响研究大多借助于仿真的手段。南京航空航天大学的张力涛采用代数和椭圆型方程求解相结合的方法为带冰翼型自动生成分区对接黏性结构网格，进而计算出多段翼型结冰对升阻特性、压强分布及舵面铰链力矩的影响[34]。北京航空航天大学的陈科等发展了一种结构/非结构混合网格生成方法，对 Boeing757/767 翼型在复杂积冰情形下的气动性能进行了分析[35,36]。上海交通大学的刘娟对飞机遭遇大过冷水滴情形时，不同结冰环境参数与来流速度影响下的冰形敏感性进行了分析，并就三种特征明显的冰形的气动特性进行了仿真分析[37]。西北工业大学的张恒等基于 IDDES (Improve Delayed Detached-Eddy Simulation) 方法，就大迎角状态下缝翼前缘角状冰导致的流动分离问题进行了数值模拟研究，并对失速点附近的分离泡特性及其尾迹的演化规律进行了分析 [38]。

试验方面，中航工业飞行事故调查中心的史刚通过风洞试验，对某型运输机副翼铰链力矩在展向冰脊影响下的特性进行了分析 [39]。中航工业第一飞机设计研究院的孔满昭等 [40] 通过在机翼不同部位加装模拟冰形的方式，在风洞中测量了巡航构型与着陆构型下机翼展向不同部位结冰后的气动特性变化规律，从而为防/除冰区域的设置提供指导。

1.2.2 结冰对飞行动力学特性的影响

结冰对飞机表面流动特性的影响，最终是通过飞行动力学特性的改变体现出来，研究结冰情形下的飞行动力学特性，是预测飞机的动态响应、分析结冰致灾机理、开发容冰飞行控制系统等研究工作的基础。目前针对结冰后飞行动力学特性的研究，主要是通过数值计算和飞行试验两种方式进行，其中运用最为广泛的便是基于求解飞机动力学方程的数值计算方法，而飞行试验由于其高成本、高风险、周期长等原因，通常是作为一种模型准确性验证的手段对动力学模型进行检验，以提高飞行动力学仿真的可信度。

1. 结冰气动参数影响模型

建立正确、合理的结冰气动参数影响模型，是进行飞行动力学仿真分析的基础。目前尚没有一种能够完全准确地得出结冰后气动参数的模型，通常采用的是经验公式的估算模型。其中运用较为广泛的是伊利诺伊州立大学的 Bragg 教授提出的结冰变量模型 [41]，该模型既能够考虑到结冰环境因素对气动参数的影响，又能够考虑到飞机本身的状态及几何尺寸等信息，具有较为明显的物理意义，因而得到了国内外学者广泛的应用。此外，Kim 与 Bragg 还研究了利用神经网络算法建立起冰形的几何形状与翼型气动参数之间的关系模型 [42]。得克萨斯农工大学的 Lampton 与 Valasek 提出了一种基于试飞数据来定义每个气动参数对应的退化因子的简化方法，来对不同结冰严重程度及结冰分布的动力学响应进行分析 [43]；此外，他们还研究了非对称结冰影响模型，用于分析除冰系统单侧故障时的动力学特性 [44]。

加拿大国家研究委员会的 Hui 等通过开展 Convair 580 飞机在自然结冰情形下的飞行试验，利用最大似然法获取飞机结冰前后的气动参数，初步建立了结冰外界环境无量纲化参数与退化系数相关的结冰影响模型，以用于结冰后的动力学分析 [45]，其主要流程如图 1.7 所示。

2. 结冰后飞行动力学特性研究

结冰对飞行动力学特性影响的研究，主要集中在对飞机的总体性能、操纵性、稳定性、自驾仪工作状态下闭环特性等方面的研究上。

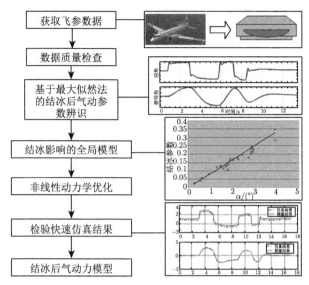

图 1.7 Hui 等开展的气动力模型辨识系统流程图

俄亥俄州立大学的 Hiltner 基于飞行试验数据与风洞试验数据,借助于仿真的手段,系统地研究了平尾结冰情形下的动力学特性,指出平尾结冰会使飞机出现明显的稳定性与操纵性变差的问题[46]。Sharma 与 Voulgaris 借助于线性稳定性理论,分析了双水獭飞机俯仰姿态保持模式下飞机的稳定性,得出在该模式下结冰对飞机稳定性的影响并不是很明显;此外,他们通过对高度保持与滚转角保持模式下飞机结冰后的动态响应分析,得出在高度保持模式下,不能只依赖升降舵进行控制,并且在该模式下给定滚转角指令时,很容易引起升降舵的饱和[47]。Sibilski 等对飞机爬升时遭遇结冰情形下的动力学响应进行了分析,得出:当飞机从水平飞行转为爬升时由于冰形的积聚容易引发飞机失速,并且指出在失速点附近,由于飞机的法向过载接近于 1,机组人员很难意识到飞机会突然失控的危险[48],部分仿真结果如图 1.8 所示。Cunningham 在建立的简化的结冰模型基础上,较为系统地分析了飞机遭遇结冰后,飞机操纵性、配平特性、纵横向模态特性等动力学性能的改变[49]。

国内对于结冰后飞行动力学特性的研究起步比较晚,通常是基于国外的相关研究成果,以跟踪研究为主。施礼良较早地通过开展平尾加装冰模的风洞试验,研究了平尾结冰对某型喷气式运输机纵向飞行品质的影响[50]。北京航空航天大学曹义华与袁坤刚运用结冰参量模型,计算了飞机结冰前后的飞行包线和动稳定性参数的变化,并对控制舵面阶跃操纵响应进行了仿真分析[51,52],曹义华等还联合加州大学戴维斯分校的 Hess 教授研究了 UH-60A 直升机结冰情形下的配平特性与稳定性。王明丰等基于逐步线性回归法计算了飞机结冰后的气动力参数,并在此基础上对机翼结冰、尾翼结冰、全机结冰三种情形下的操稳特性进行了分析[53]。西北工业大学张强等同样运用结冰参量模型模拟不同积冰速率对应的结冰严重程度,对飞机的模态特性和操纵响应进行了仿真计算[54]。空军工程大学王健名等对平尾结冰情形下的巡航特性、升降舵单位阶跃动态响应以及着陆过程中的动态特性进行了研究[55]。中国飞行试验研究院的李雅静等利用简单结冰模型计算了结冰前后阶跃输入下的动态响应[56]。

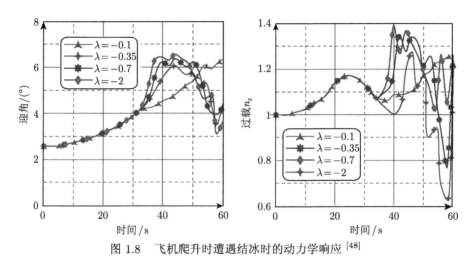

图 1.8   飞机爬升时遭遇结冰时的动力学响应[48]

1.2.3   结冰飞行风险预测方法

针对结冰后的飞行安全保障问题的研究种类繁多,然而正如 Vukits 指出的那样[57]:"最有效的避免结冰风险的方法是能够提前准确地预测什么样的条件能够导致结冰,从而来规避这一条件。"受类似观点的启发,很多学者致力于寻求一种准确而又易于实施的结冰飞行风险的预测方法。

现行的结冰飞行风险度量方法主要是依据结冰对飞机的影响来对结冰严重程度进行定性的分类,分为:极小的 (trace)、轻微的 (light)、中度的 (moderate)、严重的 (severe) 四个等级,飞行员之间通过飞行员报告传递当前结冰严重程度等级等信息,从而判断操纵策略[58]。然而,上述风险等级的划分比较模糊且具有主观性,同时没有充分考虑到飞机个体的差异,同样的结冰环境下,对某一架飞机的影响严重程度并不适用于另一架飞机,因此人们一直在寻求更好的结冰飞行风险度量方法。

NTSB 早在 1981 年发表的安全报告中就建议联邦航空局 (FAA) 应当根据空气中液态水滴含量、水滴直径分布、温度条件等来预测结冰条件,评估单个飞机在结冰条件下的性能,从而为驾驶员操纵提供指导[59]。时至今日,关于结冰环境探测的研究已经取得了很多进展[60-62]，虽然当前的气象预测手段还没有达到能够精确地预测结冰条件的程度，但假设已知结冰条件来预测潜在结冰区飞行风险的研究却一直在进行。

目前学术界有两种典型的结冰区风险预测方法，一是通过对冰形积聚情况来对结冰区潜在飞行风险进行预测。如 Jeck 追溯了关于结冰严重程度定义以及 FAA 对飞行中遭遇结冰时操纵规程的发展历程[58]。为解决现行的对结冰严重程度定义的含糊不清问题，Jeck 提出了在给定的结冰环境下，利用不同的翼型积聚特定厚度的冰形所需的结冰时间来对结冰严重程度进行分类的结冰风险预测方法，并推导出：对于任何飞机，指定结冰严重程度的液态水滴含量临界值只取决于飞行速度与最大局部收集效率的乘积。由此便可做出该结冰程度下的通用曲线，如图 1.9 所示，其可用于迅速地判断结冰环境对特定的飞机造成的结冰严重程度等级[63]。

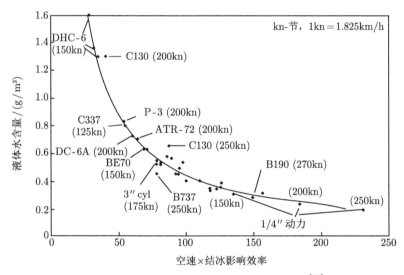

图 1.9　Jeck 提出的结冰严重程度通用曲线[63]

二是通过对结冰后的典型空气动力学特性的改变来判断结冰区的风险。如 Zeppetelli 等[64,65]提出了利用 CFD 手段，计算出飞机遭遇结冰后最大升力、升力线斜率、失速迎角等性能参数的变化量，以量化的指标来衡量一旦遭遇结冰其危害的严重程度；再结合气象信息来判断飞机遭遇此种程度结冰的概率等级，进而得到飞机容忍结冰危险的风险评估矩阵，为驾驶员进入潜在结冰区前的操纵策略提供指导，其主要计算过程如图 1.10 所示。

目前国内对于结冰飞行风险的预测与管理的研究极少。空军工程大学徐浩军教授的团队对结冰风险量化评估方法进行了一定的研究[66-68]，其主要的思想是基于复杂动力学系统仿真，以结冰情形下的蒙特卡罗动力学仿真获取安全关键飞行参数分布，再利用极值理论获取安全关键飞行参数超出相应允许值的风险概率，将风险概率值作为结冰飞行风险的量化度量。该方法有望作为结冰飞行风险预测的手段之一。

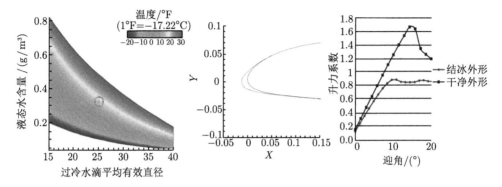

(a) 基于 CFD 手段的气动性能预测

	灾难性	危险	较大	较小	可忽略
经常	5A	5B	5C	5D	5E
偶尔	4A	4B	4C	4D	4E
较少	3A	3B	3C	3D	3E
不可能	2A	2B	2C	2D	2E
极不可能	1A	1B	1C	1D	1E

(b) 考虑结冰严重程度与结冰发生概率的风险评估矩阵

图 1.10　Zeppetelli 等提出的基于 CFD 手段的风险预测与评估案例[64] (扫描封底二维码可见彩图)

1.2.4　容冰飞行与结冰边界保护

结冰导致的飞行事故可以通过两种方式来遏制：一是避免遭遇结冰环境；二是在飞机设计时考虑到一定的容冰飞行能力[41]。随着商用航空运输的发展，固定运营的飞机在航线上遭遇结冰的可能性大大增加，为保证飞行任务按计划按时完成，控制航空运营成本，航空器使用者更希望可以在不太严重的结冰条件下，飞机具有容冰飞行的能力。为此，国内外学者开展了大量的研究。

美国伊利诺伊州立大学的 Bragg 教授团队提出了智能结冰系统 (Smart Icing System，SIS) 的概念[69,70]。相比于传统的结冰保护系统 (如图 1.11(a)) 只依赖驾驶员或飞行控制系统根据当前结冰条件开启结冰保护系统而言，SIS 在原有结冰保护系统的基础上增加一层结冰管理系统 (如图 1.11(b))，具有更加完备的安全保障能力。它可以实现对结冰影响程度的辨识、管理结冰保护系统 (Ice Protection System，IPS) 的工作并向驾驶员提供飞机和 IPS 状态信息、结冰自动边界保护、自适应飞行控制等功能。

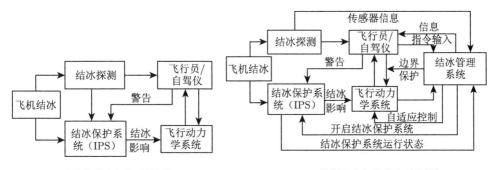

(a) 现有的结冰保护系统框架   (b) Bragg 等提出的智能结冰系统框架

图 1.11 智能结冰系统与传统结冰保护系统对比 [69]

在 NASA 的主持下,田纳西大学与 Bihrle 研究公司等机构的研究人员联合开发了积冰污染边界保护 (Icing Contamination Envelope Protection,ICEPro) 系统,该系统被设计用来实时地辨识结冰的出现以及由结冰导致的飞机性能与飞行品质的下降程度,并向驾驶员提供安全的飞行边界指示,从而保证飞机始终运行在安全的边界范围内 [71-74],其系统架构如图 1.12 所示。

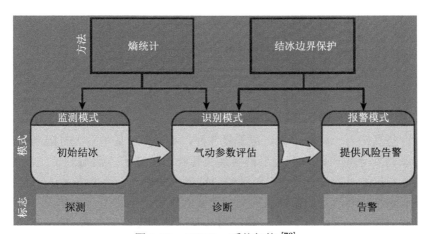

图 1.12 ICEPro 系统架构 [73]

Caliskan 等提出了容冰飞行控制系统 (Icing Tolerant Flight Control System,ITFCS) 的概念,该系统具有检测结冰并监控结冰严重程度、向驾驶员提供相应的操纵建议以及控制率重构等功能 [75-77],该系统的工作原理图如图 1.13 所示。

国内针对飞机结冰后容冰飞行的研究还比较少,且基本上处于跟踪研究的状态。南京航空航天大学张智勇初步探讨了结冰飞机气动参数的辨识方法,并对智能防冰系统中的开环、闭环包线保护控制律进行了设计 [78]。复旦大学的艾剑良团队研究了结冰后的参数辨识,并就结冰条件下的容冰控制进行了研究 [79~81]。空军工程大学周莉等在分析最优边界保护下关键参数及其变化速率特性的基础上,构建了调节量和调节时机这两个调节参数最优值之间的解析关系,实现了结冰条件下的最优迎角边界保护 [82]。屈亮等针对结冰对飞机稳定性的影响,通过相平面法研究了迎角与俯仰角速度构成的飞机纵向稳定域,可为结冰后稳定边界的确定和边界保护提供一定的参考 [83]。

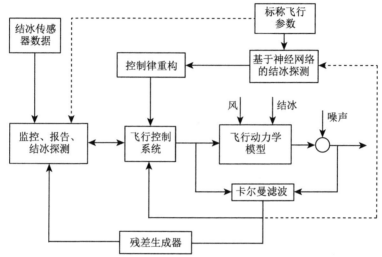

图 1.13   Caliskan 等提出的容冰飞行控制系统工作原理图 [76]

1.2.5   结冰飞行仿真模拟器的开发

飞行仿真作为一种成本低,可重复性好,不受限于场地和天气限制的研究手段,在飞行安全的理论分析与工程实践及驾驶员培训等方面得到了广泛的应用。建立结冰专用的飞行仿真平台,对于研究结冰致灾机理、验证结冰安全防护手段、驾驶员遭遇结冰情形下的操纵培训具有重要的作用。

伊利诺伊州立大学的 Deters 等开发了结冰情形飞行模拟器 (Icing Encounter Flight Simulator,IEFS)[84~86],该模拟器作为 SIS 项目的一部分,包含了飞行动力学、自驾仪、结冰模型、结冰检测、边界保护等多个子系统,主要用来验证飞机遭遇结冰情形时,智能结冰系统的运行效果。模拟器的开发是在基于成熟的 FlightGear 飞行模拟器上进行的,并针对结冰情形下的指示告警进行设计。其系统架构及基于座舱显示的结冰指示告警界面如图 1.14 所示。

NASA 格林研究中心的 Ratvasky 等开发了一套冰污染飞行训练设备 (Ice Contamination Effects Flight Training Device,ICEFTD),其主要目的是用来对驾驶员在遭遇结冰导致的飞机操纵异常情形下的认知与改出进行培训 [87,88],此外该模拟器还被用来进行 ICEPro 系统的验证及开发，其早期实物形态及虚拟视景、虚拟仪表如图 1.15 所示。

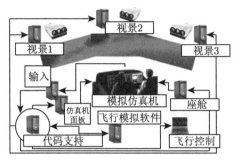 

图 1.14　Deters 等开发 IEFS 系统架构及仪表界面 (扫描封底二维码可见彩图)

图 1.15　Ratvasky 等开发的 ICEFTD 图示

　　从国外典型结冰模拟器研究的介绍可以看出，国外极为重视进行人在回路的仿真验证，特别是在边界保护系统的开发过程中，将驾驶员的主观感受作为系统好坏的评价准则 [73]。驾驶员操纵体验又反过来促进模拟器中各分系统的完善，这也是一个增强对结冰问题认识的过程。国内目前尚无专门的针对结冰问题研究的飞行仿真模拟器，虽然开展了一系列的结冰飞行动力学特性理论分析，但人在回路的飞行仿真只有在一些具体型号项目的模拟器中才能进行，这与长期以来对结冰问题研究缺乏足够的重视不无关系。

1.3　国内外研究现状总体对比分析

　　国内对于飞机结冰问题的研究起步比较晚，从 20 世纪 80 年代起，飞机结冰问题的研究才陆续进行。国内对于结冰问题的研究较国外而言，总体上还有一定的差距。这不仅体现在研究手段、研究方法上的不足，而且在研究的广度与深度以及系统性方面存在着很长的路要走。这里从结冰动力学与安全的角度,对国内外研究现状的总体情况进行对比分析。

1.3.1 结冰问题试验研究方面

长期以来,国内一直缺乏借助于试验手段开展结冰问题的研究,特别是在自然结冰与带模拟冰形飞行试验方面。虽然针对特定型号的飞机开展过一些结冰适航试飞工作,如 Y7-200A 和 ARJ21-700 的结冰飞行试验 [89,90],但公开的报道中与结冰相关的科研试飞工作寥寥无几。飞行试验作为一种最为接近实际运行条件的研究手段,能够获取真实可靠的结冰后动力学特性,然后在其基础之上开展动力学建模仿真,数值仿真计算的结果才真正具有可信度。公开的报道中,国内当前对于飞机结冰后飞行动力学问题的研究没有专门的飞行试验飞机,理论研究的结果几乎从来没有经过飞行试验的检验。反观国外对结冰问题研究比较重视的国家,美国和加拿大都针对专门的飞机开展了真实环境中的飞行试验研究,如美国 NASA 的“双水獭”飞机,加拿大国家研究委员会 (National Research Council, NRC) 的 Convair 580 飞机 [91],都针对结冰飞行试验进行了相应的改造。通过飞行试验的开展,对结冰问题的研究形成了一个闭环,这对于检验研究成果是极为有益的。

在结冰风洞试验研究方面,西方重视结冰问题研究的国家,如美国从 20 世纪 20 年代就建立了人工制冷的结冰风洞,NASA 格林研究中心更是以大型结冰研究风洞 (IRT) 为依托,成立专门的结冰研究部门,在 20 世纪 40 年代建成至今的几十年的时间里成了全美结冰研究的核心引领机构 [92],主导了诸多的结冰研究项目,从结冰探测、结冰环境规避、防/除冰系统到容冰飞行、飞行失控后改出、结冰数值模拟等涉及结冰研究的方方面面 [10],并与英、法等国开展了一系列的国际合作 [93]。该风洞由于对结冰研究的重大贡献,甚至被美国机械工程师协会评为“国际机械工程历上的里程碑”[94]。国内对于结冰风洞的建造比较晚,主要是因为以往的飞机多从国外引进或者在其基础之上改进而来,其防/除冰系统已经比较完善,对于结冰问题的研究不是很迫切。随着自主飞行器的研制,研制具有自主产权的结冰飞行安全保障系统变得亟需起来。为此,直到 1999 年才在武汉建成了我国第一座用于航空仪表结冰试验专用的小型冰风洞 [95],而直到 2013 年世界上尺寸最大的结冰风洞在中国空气动力研究与发展中心的落成,才标志着国内对于结冰问题研究的手段有了质的飞跃。然而,在时间上已经与美国最先进的结冰研究风洞 (IRT) 落后了 60 多年。

1.3.2 自主创新能力方面

纵观国内目前针对结冰后动力学特性改变及安全保障方法方面的研究,大部分研究还处在跟踪研究的状态。比如,结冰后飞行动力学特性改变研究方面,最为基础的结冰后气动力建模部分，国内的研究中基本上都是在 Bragg 教授提出的结冰参量模型 [41] 或者 Lampton 提出的简单结冰模型 [43] 基础之上对气动力进行建模。这两种模型总体上能够反映出结冰对气动参数的影响，但在小迎角阶段升力系数、结冰后失速迎角的建模方面，与实际结冰情形还有一定的差距。建模后所获得的气动参数也只能是作为一种初步研究结冰后动力学特性的依据。这与国内结冰科学研究中，长期缺乏相应的试验数据支撑密不可分。虽然各主机所在新型飞行器设计过程中都针对在研飞行器进行过结冰有关的试验研究，但在过去国内没有大型的结冰专用风洞，通常都是借助于国外的冰风洞进行研究，而且这些型号项目的试验数据，往往不可能用于公开的学术研究中。

欧美航空业发达国家，通过几十年的风洞试验与飞行试验的研究，在结冰后引起的气动性能改变方面积累了大量的试验经验和分析方法。在国内对结冰问题的研究手段尚不成熟的条件下，利用国外成熟的研究方法，对于我们尽快建立起结冰研究体系，缩小与国外研究差距，起到很积极的作用。随着国内航空界对于结冰问题研究的重视，以及新型军用、民用飞行器研发过程中的重大需求，建立具有自主知识产权的结冰研究体系显得尤为重要。

1.4　本书主要研究内容及章节安排

根据前文结冰后动力学问题的研究现状分析，开展结冰情形下的飞行安全保障方法研究，是当前国内外航空领域的研究热点之一。本书在国家重点基础研究计划"飞机结冰致灾与防护关键基础问题研究"和国家自然科学基金"多因素耦合诱发飞机功能危险建模仿真在系统安全性设计中的应用研究"的支持下，开展了飞机结冰情形下非线性动力学特性、风险评估、安全空间构建、控制律重构、稳定域分析、边界保护等问题的研究，从飞机进入结冰区前与进入结冰区容冰飞行两个时间尺度上，开展结冰飞行安全保障方法研究。全书的章节结构及各章节之间的逻辑关系如图 1.16 所示。

根据全书结构图，本书的中心工作分为以下几部分。

(1) 第一部分为结冰后的动力学特性分析，包括第 2 章结冰大迎角阶段气动力建模与动力学特性分析以及第 3 章结冰条件下飞机全包线飞行品质评估，该部分的研究内容主要为下一步开展飞行安全防护理论的研究提供模型基础；

(2) 第二部分阐述了飞机进入结冰区前的风险预测方法，该部分为第 4 章内容，研究成果拟为驾驶员在飞行过程中对结冰风险区域的规避提供理论支持；

(3) 第三部分研究了飞机进入结冰区后容冰飞行状态下飞行安全空间构建、控制律重构、飞机稳定域分析、边界保护等内容，分别对应本书第 5~8 章，从容冰飞行时操纵策略指引、改善操纵效能、获取稳定边界、飞行参数实时保护四个层

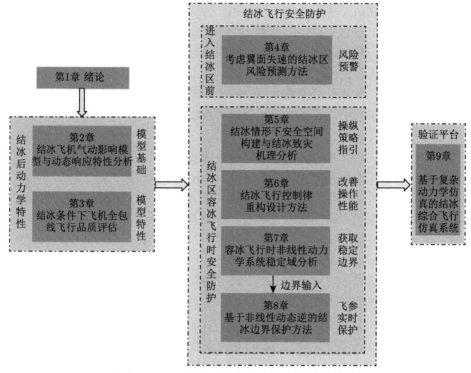

图 1.16   全书主要研究内容及各章节关系结构图

面，全方位地保障飞机进入结冰区后的飞行安全。

(4) 结冰综合飞行仿真系统，该部分为第 9 章研究内容，为前文所述的方法提供仿真验证的平台。

本书的主要工作和各章内容安排如下：

第 1 章为综述。分析了本书的研究背景和意义，总结了结冰对飞机的空气动力学特性和飞行动力学特性的影响、结冰飞行风险预测方法以及带冰飞行情形下的安全保障方法的发展现状，并就国内外在该领域的研究进行了对比，指出国内在该领域研究的不足，并就未来的发展提出了几点建议。列出了本书的章节结构和主要研究内容。

第 2 章主要研究了在大迎角范围内结冰非线性气动力建模及飞机飞行动力学特性。分析了现有的试验结果中，大迎角阶段特别是失速及过失速阶段飞机的空气动力学特性，在此基础上提出了修正的结冰参量影响模型，并对结冰后飞机的配平特性和动态响应特性进行了研究，分析了结冰飞机进入大迎角阶段的异常动力学特性。

第 3 章主要对飞机在结冰条件下的全包线范围内的飞行品质评估方法进行了

研究。开发了自动数据预处理模块,改善了现有的等效拟配中初值获取方法无法涵盖所有情形的问题,在此基础上开展了某型飞机全包线范围内横航向品质分析,获取了结冰对整个飞行包线范围内飞行品质的量化影响。

第 4 章主要对飞机进入结冰区前的风险预测方法进行了研究。采用六自由度全量动力学模型以及积冰影响模型对结冰后动力学特性进行蒙特卡罗仿真,基于极值理论对得到的迎角极值参数进行统计分析,进而得到飞机超出结冰后失速迎角的风险概率,并由此计算出飞行风险指数。分析了四种不同结冰情形下的风险指数变化,指出所提出风险预测方法的科学性。

第 5 章对结冰情形下飞行安全运行范围进行了研究。提出了基于计算飞行动力学方法来获取由滚转角、高度变化率、飞行速度这三个飞行参数的指令值构成的参数空间中飞行风险拓扑结构的方法。通过对典型风险事件状态点的安全谱进行分析,得出对称结冰与非对称结冰风险事件致灾机理的普遍规律,进而获取了安全关键飞行参数,为第 6 章中飞行参数的实时边界保护提供相应的支撑。

第 6 章为结冰飞行控制律重构设计方法,主要研究飞机结冰后飞行控制律重构和安全边界保护方法。应用先进的控制律理论与算法,例如 PID (Proportion Integration Differentiation) 控制、鲁棒伺服 LQR (Linear Quadratic Regulator) 最优控制、反馈线性化-模糊控制等,结合结冰案例实际,设计并验证重构控制律。

第 7 章主要对飞机容冰飞行时稳定边界构建方法进行了研究。借助于非线性动力学分析中吸引域的相关理论和方法,建立起飞机纵向多项式模型,运用平方和理论,计算出飞机结冰后系统的局部渐近稳定区域,从而构建起结冰条件下飞行稳定边界。

第 8 章对结冰情形下安全关键飞行参数实时边界保护方法进行了研究。基于动态逆控制跟踪性能好、无超调量的特点,提出了结冰情形下迎角边界保护的方法,通过在动态逆环节中引入比例积分控制的方式提升了动态逆环节的鲁棒性。此外,以结冰飞机最小平飞速度的估算值作为飞机最低飞行速度限制的原则,设计了自动油门控制系统,以实现对飞行速度的保护。

第 9 章阐述了结冰综合仿真验证平台建设的总体思路与各主要组成部分及相应的功能,设计了结冰风险指示告警可视化方案,特别是对基于 HUD 的容冰飞行操纵指引与风险告警方案进行了研究。

第 2 章　结冰飞机气动影响模型与动态响应特性分析

结冰导致飞行事故的致灾机理复杂多样，单纯依靠风洞试验和飞行试验来研究结冰对飞行的影响无疑需要消耗大量的时间和资源，通过仿真的手段对结冰后的飞行动力学特性进行研究，对于研究结冰致灾机理与防护等问题显得尤为重要。结冰后飞行动力学仿真的关键在于结冰后气动参数的获取和估算。精度最高的是直接利用飞机结冰后的风洞试验数据和试飞过程中的参数辨识结果来得到结冰飞机在不同状态下的气动参数，再通过插值算法来获取仿真所需要的气动数据，但这种方法的工作量巨大，而且数据的获取需要大量的试验。

目前，国内外运用较为广泛的结冰影响模型大多数都是基于线性气动力模型的基础上进行计算的，即假设结冰对气动力的影响在某个迎角范围内是成固定比例变化的，这种假设对于小迎角阶段基本上可认为是成立的。但当需要对结冰后的非线性动力学特性进行研究时，特别是针对大迎角飞行区域，则需要建立结冰对非线性气动力的影响模型，而这正是当前国内外结冰研究中比较缺乏的。本章分别就这两种结冰影响模型展开研究，在风洞试验数据的基础上建立起针对不同迎角范围的结冰影响模型。

2.1　结冰飞机线性气动影响模型

2.1.1　小迎角范围飞机结冰前后气动特性分析

1. 结冰对升阻特性影响

翼面结冰会导致翼型的气动外形被破坏，粗糙度改变，导致翼面的升力系数明显降低，阻力系数明显增大，阻力系数增大幅度远远大于升力系数下降幅度。在防/除冰系统未开启的状态下，阻力系数能增大到 100% 至 200%。

根据冰形的不同,其结冰对翼面气动特性的影响不同。NASA 格林研究中心对 NACA23012 翼型进行结冰实验，由结冰物理过程不同而形成的霜冰 (rime ice)、明冰 (glaze ice) 和回流冰 (runback ice) 的升阻特性如图 2.1 所示 [96]。从图中可以看出，结冰后翼型的升力系数降低，失速迎角减小，阻力系数明显增大。随着迎角的增大，结冰影响越严重。其中明冰对气动特性影响最严重。

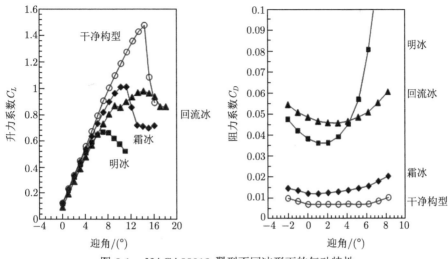

图 2.1 NACA23012 翼型不同冰形下的气动特性

NASA 格林研究中心对 NACA 23012 翼型进行结冰条件下的流场仿真，并进行了风洞结冰试验[97]。在 $Ma=0.1$、$Re=1.0\times10^6$ 和迎角为 $0°$ 条件下，NACA 23012 翼型在干净条件和结冰严重的霜冰及明冰条件下，翼型的流场分布情况如图 2.2 ~ 图 2.4 所示。结果与试验进行对比，其上下翼面的压力分布仿真和实验结果如图 2.2 ~ 图 2.4 所示。

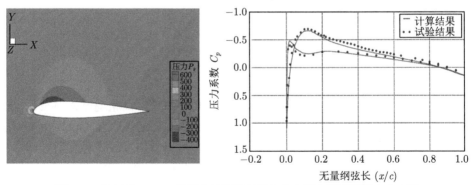

图 2.2 NACA 23012 翼型未结冰下的流场分布和上下翼面压力分布图
(扫描封底二维码可见彩图)

从 NACA 23012 翼型流场分布和上下翼表面的压力分布曲线可以看出，在迎角为 $0°$ 时，霜冰对流场分布影响不大，在机翼前缘上翼面压力略有变化。明冰导致的气动外形改变较大，流场的分布变化明显。明冰情况下，上下翼面压力均降低，下翼面压力降低幅度大，两翼面压力差明显减少。明冰导致翼型的升力系数明显降低, 如图 2.4 所示。

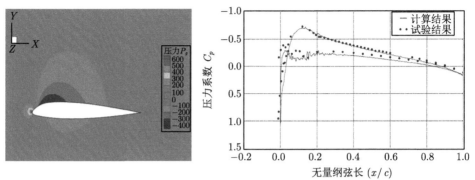

图 2.3　NACA 23012 翼型在霜冰下的流场分布和上下翼面压力分布图
(扫描封底二维码可见彩图)

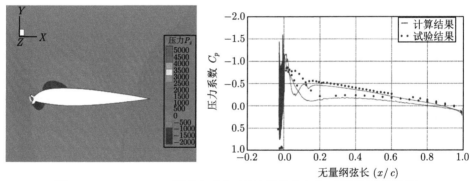

图 2.4　NACA 23012 翼型在明冰下的流场分布和上下翼面压力分布图
(扫描封底二维码可见彩图)

按照结冰的几何外形分类, 针对 NACA 23012 翼型, 其粗糙度冰 (ice rough-ness)、角状冰 (horn ice)、流向冰 (streamwise ice) 和展向冰脊 (spanwise-ridge ice) 四种冰形的升阻特性如图 2.5 所示。从图中可以看出, 冰脊对翼型气动特性的影响程度最大, 最大升力系数由 1.8 降低到了 0.5, 失速迎角由 18° 降低至 6°。阻力明显增大。俯仰力矩系数在失速后也发生明显变化。其他冰形严重程度由大到小依次为角状冰、粗糙度冰和流向冰。

综合分析, 不同结冰冰形对翼型气动特性的影响差别较大。结冰时间的不同, 导致最终形成的结冰几何外形不同。以对气动特性影响严重的明冰为例, 明冰形成过程中, 冰形和升力/阻力系数随时间变化如图 2.6 与图 2.7 所示。数据来源于 NASA 格林研究中心对 NACA 23012 翼型结冰风洞试验 [98]。

随着结冰时间的增长, 翼型表面结冰的冰形不断变化。在明冰形成过程中, 结冰 1min 时，冰形为对气动影响较小的流向冰；结冰 5min 时，冰形发展为对气动特性影响严重的角状冰。

2. 结冰对失速特性影响

1) 结冰对失速迎角的影响

随着飞机迎角的增大，飞机翼面的前缘结冰导致附面层增大，使气流提前分离，导致飞机的升力线斜率下降，飞机失速速度增加，失速迎角减小。由图 2.6 亦可看出，结冰后，大迎角近失速区的升力系数、阻力系数变化明显，失速迎角明显减小。对于飞机，结冰引起的失速问题可分为机翼失速和尾翼失速。

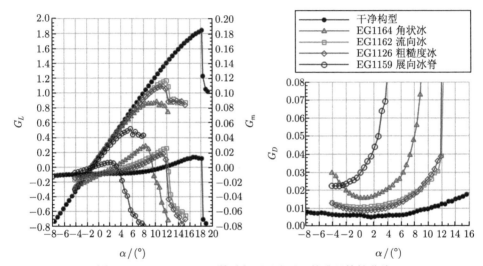

图 2.5 NACA 23012 翼型在不同冰形下的升阻特性曲线

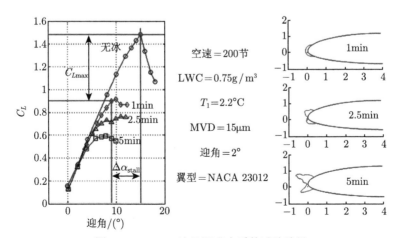

图 2.6 NASA 冰风洞升力系数试验结果

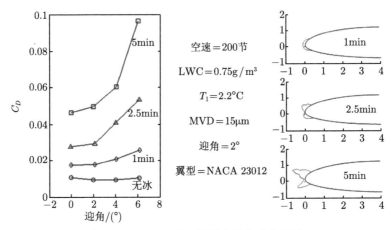

图 2.7   NASA 冰风洞阻力系数试验结果

　　机翼失速主要是由于机翼前缘结冰引起的失速迎角减小。飞机迎角增大时，超过机翼的失速迎角，引起机翼表面的气流提前分离，提前进入失速。飞行过程中，因为无法判断结冰引起的失速迎角的减少程度，易引发飞行事故。NASA 格林研究中心针对 NACA23012 翼型，分析了霜冰、回流冰、明冰三种冰形下的失速特性，如图 2.8 所示。从图中可以看出，一旦飞机翼面结冰，则飞机的升力系

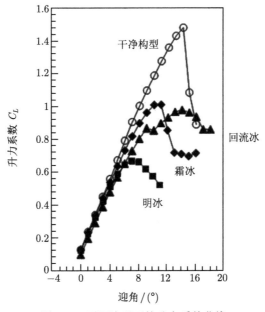

图 2.8   不同冰形下的升力系数曲线

数在大迎角近失速区会出现明显的变化，失速迎角也明显下降，并且不同的冰形对失速迎角的影响不一样。其中，明冰对失速迎角的影响最为严重，与未结冰飞机相比，失速迎角减小了 9°。

造成机翼失速的主要原因是机翼前缘结冰使得翼面气动外形遭到破坏，失速迎角出现下降，当飞机迎角大于机翼失速迎角时，气流会提前出现分离，飞机也就提前进入失速。由于结冰的不确定性，飞行员在飞行过程中无法准确地判断失速迎角的减少量，故而常常会引发飞行事故。因此，对很多关于结冰引起的机翼失速问题的研究已逐步开展，Frank 等分析了机翼结冰后失速迎角降低量与最大升力系数变化量之间的关系，如图 2.9 所示[99]。从图中可以看出，失速迎角的降低量与最大升力系数的下降比例几乎呈线性关系，该结论在结冰飞机飞行包线保护方面具有重要意义。

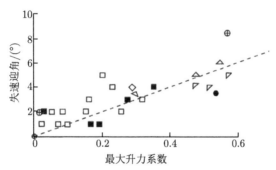

图 2.9 失速迎角与最大升力系数变化量的关系

平尾失速与机翼失速原理相同，由平尾迎角超过平尾失速迎角引起。根据迎角的正负，分为正失速迎角和负失速迎角。平尾失速和机翼失速的不同在于，平尾失速主要发生在平尾负角小于平尾负失速迎角。平尾失速会引起平尾下翼面气流提前分离，上下翼面压差减小，无法提供维持飞机俯仰平衡的负升力，导致机头下俯，严重时导致飞机丧失俯仰操纵能力。由于飞机机翼、机身和推进系统的影响，飞机平尾附近的流场非常复杂。实际飞行中，飞行姿态、飞行速度、襟翼偏角，以及发动机状态等都对平尾迎角 α_t 产生影响，平尾迎角如图 2.10 所示。

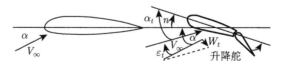

图 2.10 机翼-尾翼流动几何关系

平尾迎角：

$$\alpha_t = \alpha - \varepsilon_t + n \tag{2.1}$$

式中，α_t 表示平尾迎角；α 表示飞机机翼迎角；ε_t 表示飞机对平尾产生的下洗
角；n 表示飞机平尾安装角，一般取为 0。下洗角如图 2.10，表示为 $\varepsilon_t = \arctan$
$(W_t - V_\infty)$；W_t 表示飞机对平尾产生的下洗速度，主要受翼尖尾涡和襟翼产生的
洗流影响；V_∞ 表示飞机的来流速度。下洗角 ε_t 也可以表示为

$$\varepsilon_t = \varepsilon_{t0} + \frac{\mathrm{d}\varepsilon_t}{\mathrm{d}\alpha} \cdot \alpha \tag{2.2}$$

式中，ε_{t0} 是零度迎角的下洗角。$\mathrm{d}\varepsilon_t/\mathrm{d}\alpha$ 主要和襟翼偏角有关。

NASA、FAA 在 1994 年就开始了针对平尾结冰的研究，将平尾失速问题列
为研究重点[100]。NASA 研究[32]出襟翼偏角对平尾产生的下洗角，会使平尾
负迎角增大，加速平尾失速。飞行速度的增大和发动机推力的增加对平尾失速
有一定的作用。升降舵的配平角度和铰链力矩的大小可以作为指示参数，表征飞
行性能下降程度。结冰引起的平尾失速的事故示意图如图 2.11 所示，襟翼偏角
由 32° 增大至 40°，使平尾下洗增大，平尾负迎角大于平尾失速迎角，引发飞机
平尾失速。平尾无法提供维持飞机平衡的负升力，导致飞机低头俯冲，引发飞行
事故。

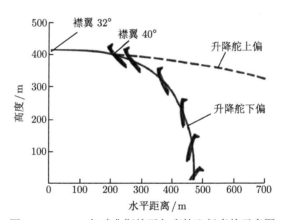

图 2.11　1977 年瑞典斯德哥尔摩的飞行事故示意图

2) 结冰对失速速度的影响

翼面结冰导致飞机的失速速度增加。因为结冰造成升力系数下降，并且最大
升力系数与失速速度及其变化量之间存在一定的联系，其关系式为[101]

$$\frac{\Delta V_{\text{stall}}}{V_{\text{stall}}} = \left(\frac{1}{\sqrt{1 + \Delta C_{L\text{max}}/C_{L\text{max}}}} - 1 \right) \times 100\% \tag{2.3}$$

式中，V_{stall} 表示失速速度；ΔV_{stall} 表示失速速度的变化量；$C_{L\text{max}}$ 表示最大升力

系数；ΔC_{Lmax} 表示最大升力系数的变化量。根据式 (2.3) 可知，由于结冰造成飞机升力系数减小，为保持平飞，其失速速度会相应地增加。

图 2.12 为 Y12-II 型飞机自然结冰对失速速度影响的试验结果[102]，从图中可以看出，飞机结冰后的失速速度明显增大，当结冰厚度增加时，失速速度的增幅更为明显，并且失速速度随着襟翼偏角的增加而减小。

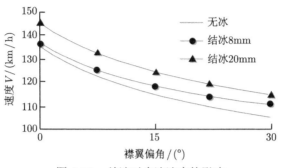

图 2.12 结冰对失速速度的影响

3. 结冰对飞机铰链力矩影响

铰链力矩是指作用于飞机舵面上，相对于舵面铰链轴由气动力产生的力矩。飞机结冰时，尤其翼型前缘结冰，产生的冰结构会引起分离涡的产生，导致表面压力分布改变，从而影响舵面的铰链力矩。铰链力矩可分为两部分：定常铰链力矩 C_h 和非定常铰链力矩 $C_{h,\text{RMS}}$；$C_{h,\text{RMS}}$ 为结冰引起的非定常铰链力矩的均方根值，计算公式为

$$C_{h,\text{RMS}} = \sqrt{\frac{1}{n}\sum \left(C_h - \overline{C}_h\right)^2} \tag{2.4}$$

式中，n 为测量 C_h 的次数，$\overline{C}_h$ 为平均值。

Bragg 教授团队研究不同典型结冰条件下铰链力矩的变化，得出了机翼结冰对铰链力矩的影响[103]。其中 NACA 23012 翼型的升力系数、襟翼铰链力矩系数随迎角的变化如图 2.13 所示 ($Re=1.8\times10^6$，$\delta_f = 0°$ 状况下)。

对比发现，$C_{h,\text{RMS}}$ 在失速迎角之前，就产生了显著变化，这对于飞机告警，避免进入失速有重要作用。实验结果也表明不同结冰情况均会导致铰链力矩的显著变化，这为飞机结冰的告警与边界保护设计提供了裕度。由于机翼结冰和平尾结冰分别影响副翼铰链力矩和升降舵铰链力矩，因而通过探测副翼和升降舵的铰链力矩也可以用来识别是机翼结冰还是尾翼结冰[104,105]。

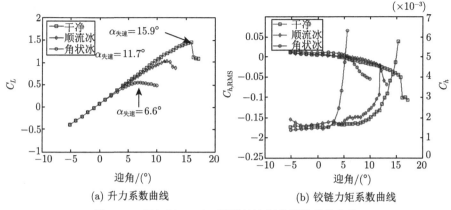

(a) 升力系数曲线　　　　　　　　　(b) 铰链力矩系数曲线

图 2.13　NACA 23012 翼型结冰气动系数变化曲线

2.1.2　结冰飞机线性气动力模型

一般在对飞机结冰后的动力学特性进行研究时，结冰前后运动方程的形式并没有发生变化，只是由于结冰影响了飞机的气动特性，使得方程中的力和力矩发生了变化，此时需要将结冰对气动参数的影响考虑在内。

现有的公开文献中，对结冰影响气动力模型的研究，一般仅限于失速迎角范围内，基于线性稳定性导数与操纵导数进行的，即将气动力和力矩视为飞行状态和控制输入的线性函数。以纵向气动参数为例，结冰前的气动参数在机体坐标系各轴上的投影可表示为[86]

$$
\begin{aligned}
C_Z &= C_{Z0} + C_{Z\alpha}\alpha + C_{Z\delta_e}\delta_e + C_{Zq}q\frac{\bar{c}}{2V} \\
C_X &= C_{X0} + C_{X\alpha}\alpha + C_{X\alpha^2}\alpha^2 \\
C_m &= C_{m0} + C_{m\alpha}\alpha + C_{m\delta_e}\delta_e + C_{mq}q\frac{\bar{c}}{2V}
\end{aligned} \tag{2.5}
$$

进而可得到升力系数与阻力系数：

$$
\begin{bmatrix} C_D \\ C_L \end{bmatrix} = \begin{bmatrix} \cos\alpha & \sin\alpha \\ -\sin\alpha & \cos\alpha \end{bmatrix} \begin{bmatrix} C_X \\ C_Z \end{bmatrix} \tag{2.6}
$$

结冰对气动参数的影响主要靠改变气动导数的值体现。在众多的结冰对气动参数的影响模型中，最著名的是 Bragg 等提出的结冰影响模型[41]。按照其理论，结冰前后气动导数的关系如下：

$$
C_{(A)\text{iced}} = \left(1 + \eta_{\text{ice}}k'_{C_A}\right)C_{(A)} \tag{2.7}
$$

其中，$C_{(A)}$ 与 $C_{(A)\text{iced}}$ 分别表示任意的结冰前后飞机的性能、稳定性与控制参数或其导数。k'_{C_A} 表示结冰对飞机气动参数的影响参数，它与飞机自身的尺寸、飞行状态或与飞机受结冰影响的敏感性相关。η_{ice} 为飞机结冰严重程度参数，只与气象条件有关。对于特定的飞机，η_{ice} 表示飞机遭遇的结冰严重程度，其值越大，结冰后气动参数的变化也就越大，表明飞机结冰情况越严重。η_{ice} 的值可以通过式 (2.8) 进行计算：

$$\eta_{\text{ice}} = \frac{\Delta C_D \left(\text{NACA 0012}, c = 3', V = 175\text{kn, 实际结冰条件}\right)}{\Delta C_{\text{Dref}} \left(\text{NACA 0012}, c = 3', \text{连续最大结冰条件}\right)} \tag{2.8}$$

其中，ΔC_D 为弦长为 3ft(1ft$=3.048\times10^{-1}$m) 的 NACA 0012 翼型在实际结冰条件下的阻力系数增量，ΔC_{Dref} 为弦长为 3ft 的 NACA 0012 翼型在连续最大结冰条件下的阻力系数增量。阻力系数增量的计算表达式为

$$\Delta C_D = \begin{cases} Z_1 \cdot A_c \cdot E \cdot g(n), & t \leqslant 10\,\text{min} \\ Z_2 \cdot \left(1 - e^{Z_3 t_{10}}\right) + \Delta C_{D(t=10\,\text{min})}, & t > 10\,\text{min} \end{cases} \tag{2.9}$$

其中，Z_1、Z_2、Z_3 为常数；n、A_c、E 分别为冻结系数、积聚参数、收集效率，n 定义为结冰水滴质量 m_f 与碰撞水滴质量 m_{imp} 之比；$g(n)$ 为分段线性函数。收集效率 E 定义为碰撞水滴质量 m_{imp} 与机体投影面积上水的质量 m_p 之比。A_c 的值通过下式进行计算：

$$A_c = \frac{V(\text{LWC})t}{\rho_{\text{ice}}c} \tag{2.10}$$

其中，V 为飞行速度，LWC 为液态水含量，ρ_{ice} 为结冰的密度，c 为机翼气动弦长。

从 η_{ice} 的计算过程可以看出，结冰严重程度参数 η_{ice} 的值无法体现不同飞机个体之间特有的翼型尺寸、飞行状态等信息，这是与实际情况相违背的，这是因为即使是在同样的结冰环境下，不同飞机以及机型一致但飞行状态不同，飞机的结冰严重程度都是有差异的。为此，将 k'_{C_A} 定义为

$$k'_{C_A} = \frac{\eta}{\eta_{\text{ice}}} k_{C_A} \tag{2.11}$$

其中，η_{ice} 的计算参照式 (2.8)，只是计算过程中弦长与飞行速度是根据实际的飞机翼型尺寸及飞行速度决定的。k_{C_A} 表示对于某个飞行参数的变化量，对于特定的飞机而言，其值为一个常数。由式 (2.7)、(2.11)，可以得出

$$C_{(A)\text{iced}} = \left(1 + \eta k_{C_A}\right) C_{(A)} \tag{2.12}$$

从上述模型的计算过程来看，该模型既考虑到了特定飞机的弦长、翼型、飞行速度等信息，又考虑到了大气、结冰条件等信息，其作为分析结冰严重程度的一种估算模型，是一种相对而言比较科学合理的结冰后气动参数计算方法，因此

在国内外结冰后飞行动力学研究中，得到了广泛的应用。该模型存在两个主要的缺点：一是在失速迎角前的迎角范围内对结冰后气动力描述并不准确，且无法体现失速迎角的改变；二是无法描述飞机大迎角及过失速迎角阶段的结冰后气动特性。国外就大迎角阶段的结冰影响模型只是简单地叙述了大迎角阶段 k_{C_A} 的值是随着迎角的变化而改变的，但并没有就这种变化规律进行详细的叙述与建模。国内针对大迎角阶段的结冰影响模型的公开文献中尚未有报道。本章从国外丰富的风洞试验数据出发，先是总结出了结冰情形下飞机在大迎角阶段的气动特性变化规律，在此基础上，提出了修正的结冰影响模型，该模型能够更为合理地反映出结冰飞机从各个迎角阶段气动参数的变化。

2.2　结冰飞机非线性气动影响模型

2.2.1　大迎角范围飞机结冰前后气动特性分析

从公开的文献中来看，目前对飞机结冰后气动特性改变的研究大部分集中在失速前的线性阶段，对于大迎角范围内的结冰后气动力的改变，只有 NASA 联合部分高校和相关机构针对该领域开展了一系列的研究 [4]，而国内公开的文献中尚未有过相关的报道。本节主要在 NASA 所开展的一系列典型运输机缩比模型以及翼型风洞试验结果的基础之上，对过失速迎角非线性区域的气动参数影响的一般规律进行分析，从而为建立起非线性的结冰气动力学模型打下基础。图 2.14 为在 NACA 0012 翼型上布置不同大小凸起对应的升力系数与俯仰力矩系数曲线，用

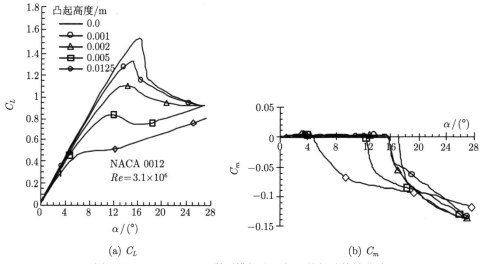

图 2.14　NACA 0012 翼型模拟冰形得出的气动特性曲线

以模拟不同结冰严重程度对翼型气动特性的影响。如图 2.15 所示为双水獭飞机在整个迎角范围 (从小迎角到过失速迎角) 的结冰气动参数变化情况 [17]。

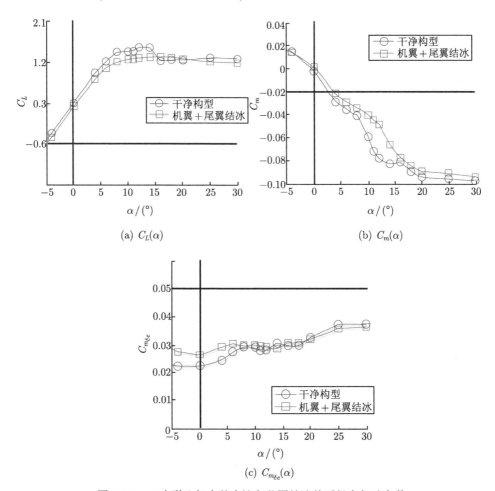

(a) $C_L(\alpha)$ (b) $C_m(\alpha)$

(c) $C_{m_{\delta e}}(\alpha)$

图 2.15 双水獭飞机在整个迎角范围结冰前后纵向气动参数

从图 2.15 中所示结冰前后气动系数变化的试验结果来看,在失速前的迎角范围内,结冰后飞机的气动参数发生了明显的改变,升力系数减小,升力线斜率降低,失速迎角减小,俯仰刚度及俯仰操纵力矩系数减弱。而对于过失速区域,结冰前后的气动参数对比有以下几个特点:

(1) 飞机在失速区的升力系数曲线随着结冰严重程度的增加显得更为平滑,结冰严重程度的增加使得迎角大于失速迎角时的升力突降现象变得不明显;

(2) 飞机在过失速区的俯仰力矩系数斜率突变的点向右移动,即其对应的迎角值增大;

(3) 当迎角超出失速区进一步增大时，飞机的气动特性逐渐趋于未结冰时的状态。

从流场的角度来看，结冰对气动参数的影响主要是由于结冰破坏了翼型表面的流场，积冰的存在导致脱体涡的产生和耗散。然而在过失速后的飞行区域，由于迎角过大导致气流早已分离，结冰的存在与否对气动性能的影响变得不再明显。此外，尽管公开的文献中并没有涉及飞机在大迎角范围内阻力系数的变化情况，但可以根据现有的一些小迎角范围内的数据，类比于升力的变化，得出阻力系数在不同迎角范围内的变化 [12]。

2.2.2　结冰飞机非线性气动力模型

1. 线性结冰影响模型的局限性

只考虑飞机的纵向运动时，飞机的非线性气动力模型可表示为 [106,107]

$$\begin{cases} C_X = C_X(\alpha) + \Delta C_X(\alpha, \delta_e) + \Delta C_X(\alpha, q) \\ C_Z = C_Z(\alpha) + \Delta C_Z(\alpha, \delta_e) + \Delta C_Z(\alpha, q) \\ C_m = C_m(\alpha) + \Delta C_m(\alpha, \delta_e) + \Delta C_m(\alpha, q) \end{cases} \tag{2.13}$$

其中，$C_*(\alpha)$、$\Delta C_*(\alpha, \delta_e)$、$\Delta C_*(\alpha, q)$ 等都是通过插值计算得出的。

对比式 (2.7) 的线性气动力模型，可以发现，线性气动力模型与非线性气动力模型形式上是一致的，以 C_Z 为例，线性气动力模型中的 $C_{Z0} + C_{Z\alpha}\alpha$ 与非线性气动力模型中的 $C_Z(\alpha)$ 对应，可粗略地认为

$$C_Z(\alpha) \approx C_{Z0} + C_{Z\alpha}\alpha \tag{2.14}$$

同时，线性气动力模型中的 $C_{Z\delta_e}$、C_{Zq} 与非线性气动力模型中的 $\Delta C_Z(\alpha, \delta_e)$、$\Delta C_Z(\alpha, q)$ 对应。因此，公式 (2.7) 的结冰影响模型同样可以用来对结冰后的非线性气动力模型进行建模。对 C_Z，用非线性气动力模型表示的结冰后气动力可表示为

$$\begin{cases} C_Z(\alpha)_{\text{iced}} = (C_Z(\alpha)_{\text{clean}} - C_{Z0\text{clean}})(1 + k_{C_{Z\alpha}}\eta) + C_{Z0\text{clean}}(1 + k_{C_{Z0}}\eta) \\ \Delta C_Z(\alpha, \delta_e)_{\text{iced}} = C_Z(\alpha, \delta_e)_{\text{clean}}(1 + k_{C_{Z\delta_e}}\eta) \\ \Delta C_Z(\alpha, q)_{\text{iced}} = C_Z(\alpha, q)_{\text{clean}}(1 + k_{C_{Zq}}\eta) \end{cases} \tag{2.15}$$

其中，下标 iced 表示结冰后飞机的气动参数，下标 clean 表示干净构型飞机的气动参数。结冰严重程度参数 η 参照结冰后线性气动力模型计算 [41,108]。按照 2.1 节中线性结冰影响模型的计算方法，可以得到在整个迎角范围内，干净构型以及未经修正的结冰影响模型计算出的气动参数变化，分别如图 2.16 中的黑色和蓝色曲线所示。

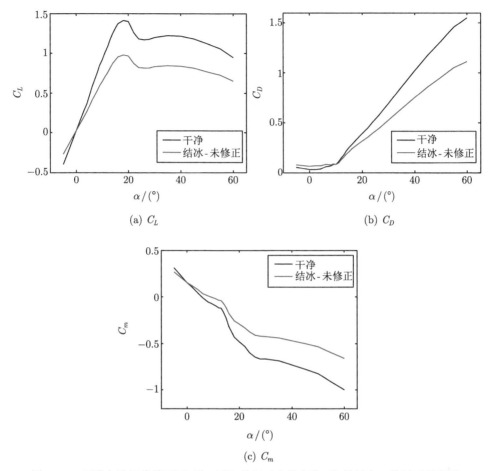

(a) C_L

(b) C_D

(c) C_m

图 2.16 干净与冰污染情形下 (修正前) 的气动参数变化 (扫描封底二维码可见彩图)

通过与 2.2.1 节中的试验数据对比可以看出，直接采用传统线性结冰影响模型的计算结果与实际存在着较大的差异，具体分析如下。

(1) 图 2.14 所示的试验结果表明，在小迎角阶段，结冰与否对升力系数的改变比较小，此时的升力线斜率变化并不明显，随着迎角向着失速迎角增加，升力系数的改变越来越明显，而采用传统结冰参量法计算出的升力系数，在小迎角阶段的升力系数变化偏大；

(2) 飞机进入过失速区之后，结冰导致的气动参数改变越来越大，实际情况是进入过失速区后差异逐渐缩小直至基本相同；

(3) 当迎角大于一定程度后，结冰后的阻力系数反而逐渐降低；

(4) 对于某些拐点位置，如失速迎角、俯仰力矩系数突变对应的迎角值并没有相应的移动。

基于上述差异，本章在线性结冰影响模型的基础上，提出了一种适用于大迎角范围的非线性结冰影响模型，使飞机在大迎角范围内的气动参数模型与试验结果保持一致。

2. 非线性结冰影响模型的建立

传统的线性结冰影响模型认为，结冰模型中的 k_{C_A} 值对于特定的气动参数而言是一个常值，而参数 η 体现的是结冰严重程度，与迎角改变无关，因此不管迎角如何改变，该气动参数对应的结冰后的值始终是等量地缩放。为此，对于飞机进入过失速区域之后，结冰前后气动参数差异逐渐减小的现象，可以通过改变 k_{C_A} 在不同迎角区间上的取值来实现。k_{C_A} 的取值分以下几种情形：

(1) 对于结冰非线性气动力模型中的 k_{C_A} 值，在失速区域及失速区前的取值同结冰线性气动力模型一致；

(2) 当迎角进一步增大时，k_{C_A} 的值应当使得结冰后的气动参数值近似于线性地趋近于干净构型时的值；

(3) 当迎角大于某一阈值时，k_{C_A} 值取为 0，即认为结冰前后的气动参数在该迎角范围视为不变的。

采用式 (2.6) 和式 (2.15) 计算出来的结冰后的阻力系数的值明显与实际不相符，为此须单独就 C_D 进行计算，而不是将其作为与 C_X、C_Z 有关的函数进行计算，即

$$C_{\text{Diced}} = (1 + \eta k_{C_D}(\alpha)) C_D \tag{2.16}$$

其中，$k_{C_D}(\alpha)$ 随迎角的变化规律同上。

传统结冰影响模型中无法体现拐点的问题，这是由于模型 (2.12) 本质上只是对气动参数在原始干净构型数值基础上的缩放，所以也就无法体现一些拐点的移动。例如对于升力系数而言，结冰后最大升力系数的值降低了，但是其对应的失速迎角却没有改变。为此，可定义缩放因子 ε，使得

$$\alpha' = \varepsilon \alpha_e, \quad \alpha_e \in [\alpha_0, \alpha_p] \tag{2.17}$$

其中，α_e 表示待缩放的迎角区间，α_0 为迎角插值表中的起始点，α_p 为大于拐点对应的迎角的设定值。对于升力系数 C_L 而言，$0 < \varepsilon < 1$，通过计算可将失速迎角提前；对于俯仰力矩系数 C_m 而言，$\varepsilon > 1$，通过计算可将俯仰力矩系数突变的迎角值推后。缩放因子的计算与结冰后失速迎角的估算结果直接相关。

3. 结冰后失速迎角估算模型

结冰后失速迎角的估算对于确立结冰后的安全边界至关重要，在获取结冰后失速迎角的计算方法中，最准确的无疑是利用风洞试验的手段进行。然而这对于

前期的结冰后特性分析而言需要消耗大量的时间与资源,获取所有状态下的失速迎角更是几乎不可能的。一种可行的方法是利用已有试验数据对飞机失速迎角进行估算,其中运用较为广泛的是伊利诺伊州立大学 Merret 等提出的失速迎角估算模型 [109,110]。他们通过观察表面覆有模拟冰形的典型翼型风洞中的试验数据得出:结冰时的最大升力系数 $C_{L\max}$ 与某一特定迎角下,结冰导致的升力系数损失 ΔC_L 存在一定的关系,如图 2.17 所示。

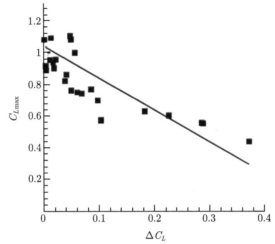

图 2.17 $C_{L\max}$ 随特定迎角 ($\alpha=4°$) 下结冰导致 ΔC_L 变化情况

图 2.17 表明,$C_{L\max}$ 与 ΔC_L 之间存在着一个近似线性的关系,考虑到最大升力系数 $C_{L\max}$ 与失速迎角之间存在着直接关联,从而该规律为预测结冰后的失速迎角提供了可能。这里假设失速迎角与升力系数近似地满足以下关系:

$$\alpha_{\text{stall}} = \frac{C_{L\max} - C_{L_0}}{C_{L_\alpha}} \tag{2.18}$$

其中,C_{L_0} 为迎角为 0° 时的升力系数,C_{L_α} 为升力线斜率。结冰前后升力系数的差值与结冰严重程度参数 η 的值有关,因此,结冰后的失速迎角同样是 η 的函数:

$$\alpha_{\text{stall\_iced}} = f(\eta) \tag{2.19}$$

在计算出结冰后的失速迎角后,便可确定缩放因子 ε 的值,对于升力系数曲线而言,最大升力系数对应的迎角减小,ε 的值可取为

$$\varepsilon = \frac{\alpha_{\text{stall\_iced}}}{\alpha_{\text{stall\_clean}}} \tag{2.20}$$

对于俯仰力矩系数而言,俯仰力矩系数突变点对应的迎角增大,ε 的值可取为

$$\varepsilon = \frac{\alpha_{\text{stall\_clean}}}{\alpha_{\text{stall\_iced}}} \tag{2.21}$$

通过上述提出的结冰非线性气动力模型，以升力系数为例，得到修正模型与未修正模型计算出的不同严重程度的结冰对应的升力系数曲线分别如图 2.18(a) 和 (b) 所示。

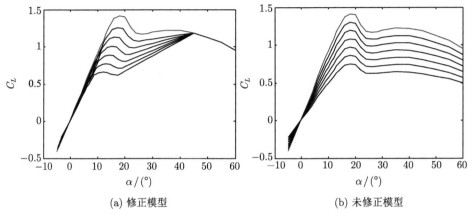

(a) 修正模型　　　　　　　　　　　　(b) 未修正模型

图 2.18　两种结冰模型在不同结冰严重程度下对应的升力系数曲线

图 2.18 中蓝色曲线为干净构型对应的升力系数曲线，黑色曲线为不同结冰严重程度对应的升力系数曲线。对比图 2.14 中的试验结果，从趋势来看，修正的结冰模型计算结果与试验结果之间具有较高的吻合度。而未修正的结冰模型，首先，无法体现结冰后失速迎角减小的特性；其次，在过失速以后的计算结果不符合实际情况，并没有逐渐趋近于干净构型时的气动参数；此外，在小迎角阶段未修正模型升力系数降低也过于严重。

此外，对于阻力系数与俯仰力矩系数，干净与冰污染情形下 (修正前后) 的气动参数变化对比如图 2.19 所示。参照文献 [4, 96] 中风洞试验结果，与文中提出的结冰后非线性气动力模型计算得到的结果具有相同的变化趋势，该模型计算的结果能够满足结冰条件下飞机进入大迎角飞行区域的动态特性。

综上所述，相比于传统的结冰参量模型，本章提出的修正后的结冰模型不仅能够更能合理地描绘飞机结冰后大迎角阶段的气动参数变化规律，而且能够将失速迎角的变化考虑在内，模型计算结果更接近风洞试验的结果，这对于进一步飞行动力学仿真而言具有重要的意义。需要指出的是由于文中所采用的背景飞机目前尚无完整的结冰后大迎角范围内的结冰气动力，因此在检验文中修正模型的准确性时，仍采用的是国外公开的特定的翼型与机翼试验数据，仅能就结冰引起的气动参数变化趋势进行对比分析，但由于当前的结冰影响模型都只是一种估算方法，可认为修正的模型只要服从结冰对气动力影响的主要规律，即可认为修正模型是正确的。若需进行更为精确的分析，有待下一步获取准确的结冰后大迎角范围内的气动力再进行。

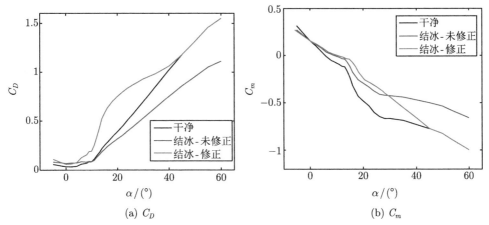

图 2.19 干净与冰污染情形下 (修正前后) 的气动参数变化 (扫描封底二维码可见彩图)

2.3 飞机飞行动力学模型

在进行飞机动力学仿真时, 由于涉及边界条件的计算, 必须采用飞机刚体六自由度 (6-DOF, degree of freedom) 全量动力学模型 [111−114], 其向量形式可表示为

$$\dot{\boldsymbol{x}} = \boldsymbol{f}(\boldsymbol{x}(t), \boldsymbol{u}(t)) \tag{2.22}$$

式中, $\boldsymbol{x}$ 为状态向量, 具体为

$$\boldsymbol{x} = [V \quad \alpha \quad \beta \quad q_0 \quad q_1 \quad q_2 \quad q_3 \quad p \quad q \quad r \quad x_g \quad y_g \quad z_g]^{\mathrm{T}} \tag{2.23}$$

其中, V、α 和 β 各表示飞机飞行速度、迎角与侧滑角, x_g、y_g、z_g 为飞机在地面坐标系下的位置。$\boldsymbol{u}$ 为控制向量:

$$\boldsymbol{u} = [\delta_{\mathrm{th}} \quad \delta_e \quad \delta_a \quad \delta_r]^{\mathrm{T}} \tag{2.24}$$

其中, δ_e、δ_a、δ_r 分别升降舵、副翼以及方向舵偏转的大小, δ_{th} 为飞机油门偏度。为避免奇点的产生, 采用四元数法来建立飞机动力学模型, 得到向量 $\boldsymbol{f}$ 的表达式为

$$\begin{cases} f_1 = (u\dot{u} + v\dot{v} + w\dot{w})/V \\ f_2 = (u\dot{w} - w\dot{u})/(u^2 + w^2) \\ f_3 = (\dot{v}V - v\dot{V})/(V^2 \cos\beta) \end{cases} \tag{2.25}$$

$$\begin{bmatrix} f_4 \\ f_5 \\ f_6 \\ f_7 \end{bmatrix} = -\frac{1}{2} \begin{bmatrix} 0 & p & q & r \\ -p & 0 & -r & q \\ -q & r & 0 & -p \\ -r & -q & p & 0 \end{bmatrix} \begin{bmatrix} q_0 \\ q_1 \\ q_2 \\ q_3 \end{bmatrix} \tag{2.26}$$

$$\begin{cases} f_8 = (c_1 r + c_2 p)q + c_3 \bar{L} + c_4 \bar{N} \\ f_9 = c_5 pr - c_6(p^2 - r^2) + c_7 \bar{M} \\ f_{10} = (c_8 p - c_2 r)q + c_4 \bar{L} + c_9 \bar{N} \end{cases} \tag{2.27}$$

$$\begin{bmatrix} x_g \\ y_g \\ z_g \end{bmatrix} = \begin{bmatrix} q_0^2 + q_1^2 - q_2^2 - q_3^2 & 2(q_1 q_2 - q_0 q_3) & 2(q_1 q_3 + q_0 q_2) \\ 2(q_1 q_2 + q_0 q_3) & q_0^2 - q_1^2 + q_2^2 - q_3^2 & 2(q_2 q_3 - q_0 q_1) \\ 2(q_1 q_3 - q_0 q_2) & 2(q_2 q_3 + q_0 q_1) & q_0^2 - q_1^2 - q_2^2 + q_3^2 \end{bmatrix} \begin{bmatrix} u \\ v \\ w \end{bmatrix} \tag{2.28}$$

此外，

$$\begin{cases} \dot{u} = rv - qw + X/m \\ \dot{v} = pw - ru + Y/m \\ \dot{w} = qu - pv + Z/m \end{cases} \tag{2.29}$$

式中，m 为飞机质量，u、v 和 w 分别为速度在机体坐标系上的分量；p、q 和 r 分别为角速度在机体坐标系上的分量；X、Y 和 Z 分别为飞机所受到的合力在机体坐标系上的分量；$\bar{L}$、$\bar{M}$ 和 $\bar{N}$ 分别为飞机所受到的合力矩在机体坐标系上的分量；$c_i (i = 1, 2, \cdots, 9)$ 为与飞机转动惯量有关的中间变量：

$$\begin{array}{lll} \Gamma c_1 = (I_y - I_z)I_z - I_{xz}^2, & \Gamma c_3 = I_z, & c_5 = (I_z - I_x)/I_y \\ \Gamma c_2 = (I_x - I_y + I_z)I_{xz}, & \Gamma c_4 = I_{xz}, & c_6 = I_{xz}/I_y \\ \Gamma c_8 = I_x(I_x - I_y) + I_{xz}^2, & \Gamma c_9 = I_x, & c_7 = 1/I_y \end{array}$$

其中，$\Gamma = I_x I_z - I_{xz}^2$。

四元数 q_0、q_1、q_2、q_3 之间的关系同时满足以下关系：

$$q_0^2 + q_1^2 + q_2^2 + q_3^2 = 1 \tag{2.30}$$

利用四元数法求解运动方程不但可以避免奇点的出现，而且还减少了一些三角函数的计算，减少计算量。然而计算得到的四元数值物理意义并不明显，在飞行仿真中，还必须根据四元数求出欧拉角的值。具体地，飞机的姿态角：滚转角 ϕ、俯仰角 θ 和偏航角 ψ 计算公式如下：

$$\phi = \arctan\left[\frac{2(q_0 q_1 + q_2 q_3)}{q_0^2 - q_1^2 - q_2^2 + q_3^2}\right] \tag{2.31}$$

$$\theta = \arcsin\left[2(q_0 q_2 - q_1 q_3)\right] \tag{2.32}$$

$$\psi = \arctan\left[\frac{2(q_0 q_3 + q_1 q_2)}{q_0^2 + q_1^2 - q_2^2 - q_3^2}\right] \tag{2.33}$$

从姿态角的计算公式可以看出，在反求欧拉角的过程中，分母可能为 0，因此仍存在着奇异点的可能，但这不同于欧拉方程求解过程中会导致运动方程求解的中断奇异性，该奇异性可以通过编程技巧得以克服，不会导致运动方程的求解无法进行。为减小微分方程组迭代求解过程中误差的积累，在每次迭代过程中都要将四元数进行归一化处理。

2.4 典型结冰情形下动力学特性分析

2.4.1 飞机结冰后配平特性

以某型运输类飞机为例，初始飞行状态设定为飞行高度 H=2000m，速度 V=120m/s，飞机结冰严重程度参数 η=0、0.05、0.1、0.15、0.2、0.25、0.3、0.35，分别采用原始未修正的结冰参量模型与本章提出的修正后的结冰非线性气动力模型，对两种模型的差异进行对比。两种模型的计算结果如图 2.20 所示。

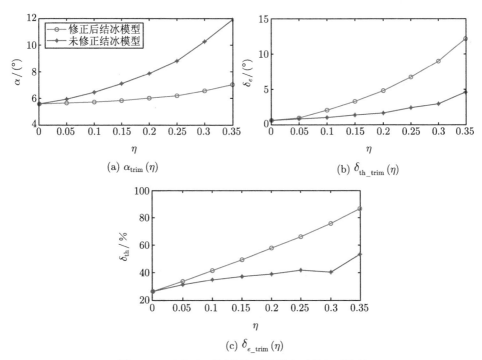

(a) $\alpha_{\text{trim}}(\eta)$

(b) $\delta_{\text{th\_trim}}(\eta)$

(c) $\delta_{e\_\text{trim}}(\eta)$

图 2.20 飞机在不同结冰严重程度下的配平特性

根据仿真结果，飞机在干净构型、平飞状态下，配平迎角 $\alpha = 5.55°$，配平升降舵 $\delta_e = 0.58°$，配平油门 $\delta_{\text{th}} = 25.89\%$；随着结冰严重程度的增大，两种结冰模型的配平迎角、油门偏度、升降舵偏角总体趋势都在逐渐增大。结冰后由于飞机的升力系数减小、阻力系数增大，导致飞机必须以比正常干净构型的飞机更大的迎角来维持升力，同时发动机推力必须增大以克服飞行阻力，加上结冰后升降舵的操纵效能降低，升降舵配平的偏转角度也比干净构型的飞机要大。因此，从总体趋势而言，可以看出两种模型均可以反映出结冰对配平特性的影响。

从配平迎角来看，由于未修正的结冰影响模型在小迎角阶段的升力系数过小，飞机需要以较大的迎角飞行才能提供足够的升力，则必然会导致其配平迎角过大。此外，由于俯仰力矩系数拐点的改变，在小迎角阶段的俯仰力矩系数增大 (负值减小)，飞机升降舵配平偏角增大才能提供更大的配平俯仰力矩。从配平状态时的油门偏度可以很明显地看出，虽然未修正的结冰影响模型计算出的配平油门总体趋势是在逐渐增大的，但是在特定的结冰状态点甚至出现了配平油门减小的现象。这是由未修正的结冰模型阻力系数的变化不合理导致的，在迎角大于一定程度时，甚至会出现结冰后阻力系数要小于未结冰的状态。

上述分析表明，修正后的结冰影响模型能够更加合理地反映出飞机在结冰后的配平特性。

2.4.2　飞机结冰后动态响应特性

以飞机结冰后，巡航状态下以及升降舵脉冲信号作用下的动态响应，来说明本章提出的结冰非线性气动力模型的合理性。假定某结冰气象条件下，飞机遭遇了结冰严重程度参数为 $\eta=0.25$ 的积冰。经估算，飞机的失速迎角由干净构型时的 $18°$ 降低为 $13.09°$。飞机初始保持水平直线飞行，飞行高度 $H=2000m$，速度 $V=120m/s$，$t=5s$ 时升降舵施以持续 $2s$ 的脉冲激励，当升降舵偏度增量为 $-2°$ 时，通过动力学仿真，分别计算出飞机在干净构型、修正后结冰模型与未修正的结冰模型三种情形下的动态响应，飞机主要参数的时间历程曲线如图 2.21 所示。

图 2.21 所示的仿真结果表明，在 $\Delta\delta_e = -2°$ 升降舵输入下，短周期模态参数迎角 α 和俯仰角速率 q 迅速衰减；从短周期模态参数初始阶段的振荡幅值与衰减速率来看，在该初始飞行状态和结冰严重程度下，结冰对短周期稳定性的影响并不是很明显，只是飞机的初始飞行姿态由于结冰的存在而带来一定的差异，同时俯仰角速率的幅值较干净构型有所减小。这是由于结冰会导致升降舵效率下降，同样的升降舵输入舵量下，飞机跟随舵面输入的能力就越差[53,115]。对于长周期模态参数高度 H、速度 V 而言，结冰后这些参数收敛至稳态的速度明显下降，长周期模态参数周期明显增大。这是因为结冰导致俯仰刚度变差，在同样的外界扰动下更容易发散，恢复至原平衡状态的能力也就越差。

此外，从迎角响应曲线可以看出，飞机在该升降舵激励下，响应过程中的最大迎角仍处在失速迎角范围内。飞行参数的对比表明，在这种情况下，采用两种结冰模型得到的仿真结果在动态响应方面差别并不是很明显，只是由于修正的结冰影响模型针对小迎角阶段升力系数变化不大这一特点，对小迎角阶段的结冰后升力系数进行了修正，使得迎角与俯仰角的响应相对于未修正的结冰模型计算结果整体偏低。

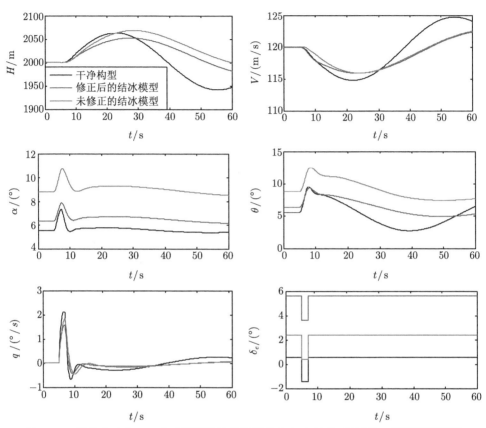

图 2.21 飞机在 $\Delta\delta_e=-2°$ 升降舵脉冲信号下的动态响应 (扫描封底二维码可见彩图)

为进一步研究这两种模型在飞机进入失速及过失速区域时的动态响应,在同样的初始状态下,将升降舵偏度增量变化为 $-8°$ 时,飞机此时的动态响应如图 2.22 所示。

从图 2.22 所示仿真结果来看,该升降舵输入下,干净构型的飞机受到升降舵脉冲激励后,没有失速现象的发生,飞机能够迅速恢复至稳定飞行状态。而飞机两种结冰模型的迎角响应均有超出该结冰情形下失速迎角的情况发生。其中未修正的结冰影响模型只是短暂地超出失速迎角,迎角峰值达到 17.17° 后迅速地衰减并趋于稳定;而对于经修正的结冰影响模型,则模拟出了结冰飞机超出失速迎角后失稳的现象:飞机在 7.03s 超出失速迎角 13.09° 后,迎角并没有迅速衰减,而是小幅波动后继续持续性地增加,飞机进入深失速,迎角峰值甚至达到了 21.39°,同时飞行速度急剧减小,随后飞机迎角缓慢降至失速迎角以下。在此过程中飞机高度急剧下降，从 2000m 的高度降至 358.4m。在降高度的过程中，飞机动能逐渐增加，飞行状态又趋于缓和。

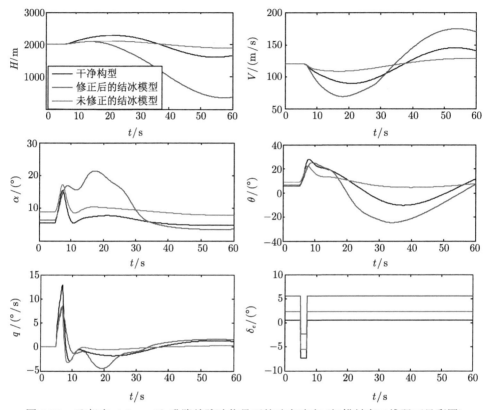

图 2.22   飞机在 $\Delta\delta_e=-8°$ 升降舵脉冲信号下的动态响应 (扫描封底二维码可见彩图)

上述对比分析的结果表明，对于结冰线性气动力模型而言，由于其模型的有效范围仅限于失速前的区域，当飞机迎角大于失速迎角时，无法就结冰后的非线性动力学特性进行模拟。此时，线性模型已变得不再适用，非线性气动力模型的作用就变得十分必要。该模型较好地模拟出了飞机在结冰情形下，进入失速区后的动态响应情况。可以很明显地看出，一旦结冰飞机进入失速是十分危险的，严重时可能导致重大飞行事故发生。

综上所述，相比于传统的结冰参量模型，本章提出的结冰影响模型适用的迎角范围更广，特别是在大迎角阶段的结冰气动力建模方面更加准确；此外，该模型将失速迎角的改变融入了结冰模型中，避免了传统的结冰模型中无法体现失速迎角减小的问题。此外，飞机进入大迎角飞行阶段后，纵横向耦合的问题就会变得愈加明显，飞机会更容易进入失稳状态，而本章节只是以飞机的纵向动力学特性进行了分析，会使得计算结果趋于冒进。

需要指出的是，本章提出的飞机在大迎角范围内的结冰影响模型，只是对结冰后大迎角范围气动力的一个估算模型，对于进行飞机结冰后飞行动力学特性变化的趋势分析是可行的。正如飞机结冰研究领域的重要人物 Bragg 教授评价其本人建立的结冰影响模型所说的那样 [41]，"也许该模型的绝对精度比较低，但其意义在于其能够合理地模拟出飞机在结冰条件下的性能与控制特性改变的一些重要趋势"。这同时也是本章提出的结冰动力学模型的意义所在。在今后的研究中，若需要更加精确地分析结冰对飞机飞行动力学特性的影响，就需要利用试验数据来进行补充。

2.5　本章小结

本章针对飞机结冰情形下，大迎角阶段的飞行动力学特性研究问题，分析了现有的试验中大迎角阶段特别是失速及过失速阶段飞机的空气动力学特性，在此基础上提出了修正的结冰参量影响模型，通过对结冰后飞机的配平特性和动态响应特性的分析，得出所建立的气动力模型能够更加合理地反映出飞机在结冰后的飞行特性的变化，对于结冰后非线性动力学分析具有一定的借鉴意义。

第 3 章　结冰条件下飞机全包线飞行品质评估

翼面积冰改变了飞机的流场结构，表现为边界层转捩位置的改变、大范围分离流动、不同尺度旋涡的产生及脱落等。这种流动现象将改变翼型正常的压力分布形态，导致纵向静稳定性发生恶化，同时会对纵、横向动导数产生影响，使得纵向、横航向的动稳定性发生变化，翼面积结冰情形下的飞机动态响应特性与翼面干净无冰情形相比将存在较大差异。如果操纵面 (副翼、升降舵等控制舵面) 结冰，操纵杆力、操纵效能等都受到影响。这无疑将会对飞机飞行品质造成影响[116]。同时，飞行品质与飞行安全息息相关，飞机只有具备了优秀的飞行品质，才能更好地发挥其飞行性能进而确保其飞行安全[117]。对飞机飞行品质进行评估是飞机设计定型工作中的重要环节，品质评估结果的好坏直接关系到飞机设计的成功与否[118]。本章以结冰前后飞机横航向飞行品质的变化为研究对象，重点研究全包线范围飞行品质快速评估方法、结冰严重程度改变对飞行品质的影响等内容。

3.1　飞机横航向品质评估方法

现代飞机均多采用高增稳系统，使飞机的动力学模型变得非常复杂，飞机的动力学模型高达 50 至 70 阶，有些甚至更高，如此高阶的飞机动力学模型使对飞行品质的研究较为困难，为解决该问题，当前对飞机品质进行评估主要是采用等效系统拟配的方法进行[119]。等效系统拟配方法的研究起始于 19 世纪 60 年代，其主要研究手段有时域范围内拟配和频域范围内拟配。最小二乘法凭借其原理简单、编程容易且运算效率快的优点成为飞行品质分析中最常采用的低阶等效系统参数拟配方法[118]，但其对初值的依赖性大的问题也十分明显。在最小二乘法对初值依赖性研究中发现各参数的结果值受初值影响较大，要想获得更好的拟配效果，需要经过多次试错来得到最合适的初值[120]。现有的文献中对于等效拟配过程中的关键环节——拟配初值的选取问题鲜有专门的文献进行叙述。在工程实际中，主要有两种方法：一种是在合理的范围内不断地试错出拟配初值，直至计算出合理的结果，这种方法无疑是费时费力的，而且一旦飞行状态或操纵动作改变，初值就要重新设定；另一种方法是采用遗传算法等智能优化算法获取拟配初值，但从本质上来说，虽然遗传算法不需要给出初值，但算法本身是通过随机生成多组初值，再进行迭代进化计算的。从计算效率上来看，其计算效率并不高，而且所计算出来的初值仅是数学意义上的优化解，甚至可能出现不满足实际情况的情形。上述问题限制了等效拟配的使用，因此等效拟配方法往往只能对某个特定状态点下进行品质分析，无法对整个包线范围飞行品质进行评估[121,122]。

针对上述问题，开发了自动数据预处理模块，针对待评估的飞行数据的响应特征，初步计算出待拟配特征参数的初值，改善了现有的等效拟配中初值获取方法无法涵盖所有情形的问题，可适应不同响应曲线的等效拟配；在该方法的基础上，开展了某型飞机全包线范围内横航向品质分析，验证了该方法对于自适应计算飞机飞行品质具有广泛的有效性。此外，分析了结冰条件下飞行包线和飞行品质的变化，获取了结冰对整个飞行包线范围内飞行品质的量化影响。

3.2 电传操纵系统模型的建立

研究结冰对飞机飞行品质的影响问题，需要建立多学科融合的结冰遭遇条件下人-机-环复杂仿真模型，综合考虑模型内部外部众多的影响因素和模型具有的高度的随机性、耦合性及不确定性。飞机本体、结冰模型在第 2 章中已详细阐述，本章只阐述飞机电传操纵系统的建模方法。

电传操纵系统采用大规模集成电路等数字技术，将驾驶员操纵指令经过运算处理 (即飞行控制律) 以电信号的形式传递给电液舵机，本节基于 Simulink 平台，对某型飞机电传操纵系统进行建模研究。

通常电传操纵系统包括纵向操纵、横向操纵与航向操纵三个主要通道，以及机动襟翼、极限状态限制器等辅助操纵通道。某型飞机横向操纵系统结构图如图 3.1 所示。

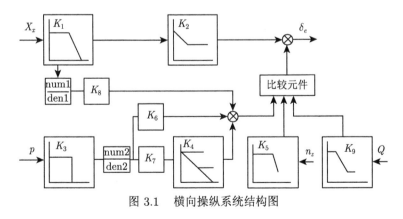

图 3.1 横向操纵系统结构图

其中，K_1 是位移信号按动压修正的传递系数；K_2 是杆位移信号按动压修正的传递系数；K_3 是 p 按迎角变化的传递系数，在迎角大于或等于某个数值后自动切断倾斜阻尼反馈通道；K_4 是用动压和静压修正的倾斜阻尼的传递系数；K_5

是按法向过载限幅的传递系数；K_6 是按动压限幅的传递系数。num1/den1 是对 p 信号中飞机结构弹性振动频率信号滤波的滤波器；num2/den2 是惯性滤波器，过滤掉驾驶杆传来的噪声信号。

　　根据横向操纵系统结构图，建立横向操纵系统的模型，如图 3.2 所示。纵、航向操纵系统和控制律的构建方法与横向相似，在此不再赘述。

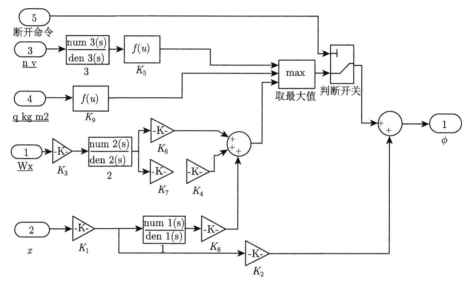

图 3.2　横向操纵系统 Simulink 模型

3.3　基于数据特征的自适应等效系统拟配算法

3.3.1　飞机横航向扰动后运动参数表达式

　　按照 MIL-1797 中对于飞机横航向运动模态的分解，飞机对横航向小扰动响应一般可分解为滚转模态、螺旋模态和荷兰滚模态。以滚转角为例，飞机的横航向运动模态时域响应模型可以表示为 [123]

$$\phi = \phi_{R_0} \mathrm{e}^{-t/\tau_R} + \phi_{S_0} \mathrm{e}^{-t/\tau_S} + \phi_{d_0} \mathrm{e}^{-\zeta_d \omega_{\mathrm{nd}} t} \cos\left(\omega_{\mathrm{nd}} \sqrt{1 - \zeta_d^2} \, t + \psi_d\right) \tag{3.1}$$

其中，第一部分为滚转模态，通常情况下，滚转模态中滚转角表现为迅速衰减。滚转模态特性可用一阶时间常数 τ_R 来表征：

$$\phi = \phi_{R_0} \mathrm{e}^{-t/\tau_R} \tag{3.2}$$

第二部分为螺旋模态，其时域响应模型的形式与滚转模态相同，但螺旋模态与滚转模态相比，其滚转角通常表现为随时间缓慢地变化，它可能是收敛的，也可能

是发散的。螺旋模态特性可用一阶时间常数 τ_S 来表示:

$$\phi = \phi_{R_0} \mathrm{e}^{-t/\tau_S} \tag{3.3}$$

第三部分为荷兰滚模态, 荷兰滚模态中滚转角通常表现为随时间按振荡的方式周期性地衰减, 荷兰滚模态特性可用二阶参数 ω_{nd}, ζ_d 和相位角 ψ_d 表示:

$$\phi = \phi_{d_0} \mathrm{e}^{-\zeta_d \omega_{\mathrm{nd}} t} \cos\left(\omega_{\mathrm{nd}}\sqrt{1-\zeta_d^2}\,t + \psi_d\right) \tag{3.4}$$

某型飞机的横航向运动组成示意图如图 3.3 所示 (以发散螺旋运动为例)。

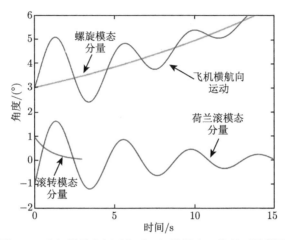

图 3.3 飞机横航向运动组成 (扫描封底二维码可见彩图)

在选择根据哪一个横航向的状态参数进行时域等效拟配时, 采用滚转角对横航向模态参数进行等效拟配, 在实际工程应用中发现, 由于滚转角对外界扰动以及驾驶员轻微的动杆敏感性较强, 在某些情况下拟配出来的结果误差较大, 甚至得出不合理的结果。而横航向状态参数中, 飞机偏航角速率 r 对外界扰动的敏感性较低, 可用来对飞机横航向参数进行时域等效系统拟配。

根据滚转模态的迅速衰减特性, 从驾驶员操纵结束后再过 5s 的横航向参数的数据段中均匀地取 50 个点, 此时滚转模态的影响可忽略不计, 利用这 50 个点的坐标值对式 (3.4) 中的各个参数值进行拟合。使得下述性能指标 (失配度) 最小:

$$J = \frac{1}{50}\sum_{i=1}^{50}\left(\gamma_i - \gamma_i'\right)^2 \tag{3.5}$$

式中, $\gamma_i - \gamma_i'$ 为每个采样点处试飞数据与拟配函数值的差值。根据拟配所得的最优参数值, 即可得到飞机横航向的各个模态参数。

3.3.2　自适应横航向拟配初值计算流程

利用地面试飞数据对式 (3.4) 中的参数进行计算是一个非线性拟合问题。通过对比不同算法拟合结果,得出最小二乘非线性拟合算法具有对初值敏感性相对较低、运算速度快等优点,适用于工程应用。

拟配初值的选择对于等效系统拟配结果的准确性至关重要,按照时域等效系统拟配公式 (3.4),需根据飞行试验数据计算出公式中 ϕ_{S_0}、τ_S、ϕ_{d_0}、ζ_d、ω_{nd}、ψ_d 六个参数,上述问题可归结为非线性函数拟合问题。按照传统的等效拟配方法,传统的时域等效拟配方法计算流程如图 3.4 所示。

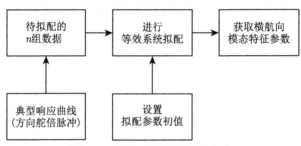

图 3.4　传统时域等效拟配方案

根据传统时域等效拟配方案可以看出,等效拟配的关键在于横航向拟配初值的设定。由于横航向待拟配参数较多,传统时域等效拟配方案对初值的敏感性更高。采用传统的预设拟配初值的方法在应对不同飞行初始状态时,很难保证预设的初值能够得出收敛的结果。

从典型的横航向时域响应曲线可以看出,飞机的横航向模态已经体现在曲线的特征当中,如曲线总体的发散收敛体现的是螺旋模态特性,曲线中波峰波谷极值点的位置及幅值体现的是荷兰滚模态的周期及阻尼比。因此,如果能从飞机横航向响应曲线中提取出飞机模态特征,来获取初步的横航向模态特征参数值,即可用于等效拟配时初值的选取。根据上述思想,本书提出了根据飞机时域响应曲线的特征估算特征参数的方法,分步估算出满足最小二乘的模态特征参数,达到根据试验数据自动计算拟配初值的目的。

上述基于横航向时域响应特征自适应计算横航向等效系统拟配初值方法的具体工作流程如图 3.5 所示,具体流程阐述如下文。

在截取了方向舵倍脉冲试验数据后,数据处理模块均匀地在滚转角响应曲线上选取 n 组待拟配的数据。以这 n 组数据为输入,计算出满足最小二乘的螺旋模态特征参数初值 (如图 3.6(a) 所示)。同时,找出响应曲线上所有的极值点,根据这些极值点对应的时间坐标估算出荷兰滚模态的周期,进而计算荷兰滚模态固

有频率 ω_{nd}。而后，再计算出每一个极值点到螺旋模态曲线的最小距离 Δd_i，根据 Δd_i 计算出满足最小二乘的荷兰滚模态阻尼比，即 $\omega_{\mathrm{nd}}\zeta_d$，进而得到阻尼系数 ζ_d(如图 3.6(b) 所示)。而荷兰滚模态与螺旋模态幅值参数 r_{R_0}、r_{S_0} 的初值可按前两个极值幅值的平均值进行估算。

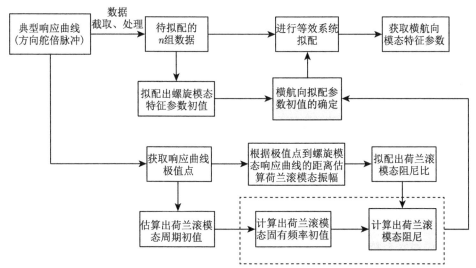

图 3.5 基于横航向时域响应特征的自适应横航向拟配初值计算流程

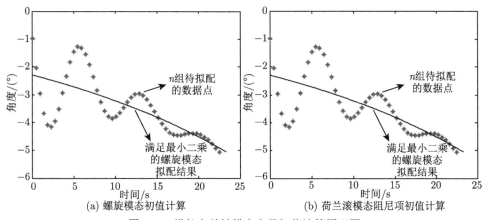

(a) 螺旋模态初值计算 (b) 荷兰滚模态阻尼项初值计算

图 3.6 横航向关键模态参数初值计算原理图

　　飞机滚转模态的时间常数通常为 1~3s，说明滚转模态在横航向响应中一般会很快衰减，因此，在进行时域等效拟配时，可以从方向舵倍脉冲结束后的 4~5s 以后开始截取数据，所以可以认为此时只保留了荷兰滚模态与螺旋模态项。

从两种方法的流程图可以看出，两种方法最大的区别在于初值的选取和计算，传统方法采用预设初值法或根据遗传算法估算初值，往往只能对某个特定状态点进行品质分析，均不能很好地解决飞机在所有情形下自动进行等效系统拟配并最终得到最优解的问题，本书拟采用的方案为根据模态数据特征估算拟配初值，这对于适应各种飞行初始状态具有不可比拟的优势。

3.3.3　算例验证

为验证 3.3.2 节中提出的时域等效系统拟配与根据响应曲线的特征分步计算拟配初值来对横航向模态特性进行分析计算方法的准确性，通过构造一典型的 Ⅲ 型运输类飞机横航向传递函数模型，再利用 3.3.2 节提出的方法对其时域响应进行模态特性分析，来进行对比研究。典型的飞机横航向低阶等效系统传递函数的形式为

$$\frac{\gamma_{(s)}}{F_{(s)}} = \frac{K_s(s^2 + 2\zeta_\gamma\omega_\gamma s + \omega_\gamma^2)}{(s^2 + 2\zeta_d\omega_d s + \omega_d^2)\left(s + \dfrac{1}{T_R}\right)\left(s + \dfrac{1}{T_S}\right)} \tag{3.6}$$

根据 GJB—18586 中对飞机横航向模态参数品质等级的划分，设定几组典型的横航向模态参数如表 3.1 所示。

表 3.1　典型的横航向模态参数

序号	T_R	T_S	ω_d	ζ_d
1	1.4	−20	1.5	0.01
2	1.4	−10	1.5	0.01
3	1.4	−5	1.5	0.01
4	1.4	−20	1.5	0.06
5	1.4	−10	1.5	0.06
6	1.4	−5	1.5	0.06
7	1.4	−20	1.5	0.1
8	1.4	−10	1.5	0.1
9	1.4	−5	1.5	0.1
10	0.5	−20	1.5	0.1
11	1.0	−20	1.5	0.1
12	2.0	−20	1.5	0.1
13	3.0	−20	1.5	0.1
14	4.0	−20	1.5	0.1
15	5.0	−20	1.5	0.1

表 3.1 中所示 18 组横航向模态参数的拟配结果如表 3.2 所示。

根据第 1~3 组，第 5~7 组和第 9~11 组的拟配结果可以发现，当螺旋模态参数发生变化时，失配度均处于 10^{-5} 数量级，并且各模态参数计算结果与设定值基本一致，说明螺旋模态参数的变化对拟配结果影响不大。

表 3.2　横航向运动参数拟配结果

序号	J	T_S	ω_d	ζ_d
1	1.1942×10^{-5}	-20.0015	1.5000	0.0100
2	6.6414×10^{-5}	-10.0030	1.5000	0.0100
3	6.2320×10^{-5}	-5.0000	1.5000	0.0100
4	5.5729×10^{-5}	-20.0713	1.5001	0.0599
5	5.8606×10^{-5}	-10.0028	1.5001	0.0599
6	5.5013×10^{-5}	-5.0000	1.5001	0.0600
7	4.8324×10^{-5}	-20.0662	1.5001	0.0998
8	8.8945×10^{-5}	-10.0085	1.4997	0.1006
9	4.7747×10^{-5}	-5.0000	1.5001	0.0998
10	4.8097×10^{-15}	-20.0000	1.5000	0.1000
11	2.9607×10^{-7}	-20.0059	1.5001	0.0998
12	3.0339×10^{-4}	-20.1644	1.4996	0.1004
13	5.7208×10^{-4}	-20.3253	1.4988	0.1004
14	0.0052	-21.0031	1.4968	0.1018
15	0.0170	-21.8941	1.4947	0.1031

根据第 1、4、7 组，第 2、5、8 组和第 3、6、9 组的拟配结果可以发现，当荷兰滚模态参数发生变化时，失配度均处于 10^{-5} 数量级，并且各模态参数计算结果与设定值基本一致，说明荷兰滚模态参数的变化对拟配结果影响不大。

根据第 10~15 组的拟配结果可以发现，随着滚转模态时间常数的增加，失配度也迅速增大，当滚转模态时间常数大于 3s 后，失配度超过了 0.001。说明滚转模态参数增加会使得拟配效果变差，这是因为飞机滚转模态的时间常数通常为 1~3s，而本节运用 3.3.2 节描述的时域等效拟配算法设计，使得飞机滚转模态的时间常数小于 3s 时的滚转模态参数变化的影响可忽略不计。

考虑到飞机方向舵倍脉冲周期的不同，会对拟配结果产生一定的影响。控制各模态参数的设定值不变，依次增大脉冲周期，拟配结果如表 3.3 所示。

表 3.3　方向舵倍脉冲信号周期递增时的横航向参数拟配结果

	J	T_S	ω_d	ζ_d
设定值	—	-20	1.5	0.01
$T=1.0$	4.8324×10^{-5}	-20.0662	1.5001	0.0998
$T=2.0$	1.0114×10^{-4}	-20.0259	1.4999	0.1000
$T=3.0$	6.0613×10^{-5}	-20.0126	1.5001	0.1000
$T=4.0$	4.5227×10^{-4}	-20.0198	1.5000	0.1001
$T=5.0$	0.8570	-20.3954	1.4974	0.1022

根据表 3.3 中的拟配结果可以发现当脉冲周期小于或等于 4s 时，其变化对拟配结果总体精度的影响不大，失配度始终处于 10^{-5}~10^{-3}，并且各模态参数计算结果与设定值基本一致，当脉冲周期大于 4s 时，失配度迅速增大，这是因为本书

所设计的飞机横航向模态特性分析方法是基于飞机横航向小扰动响应模型,当脉冲周期过大时,脉冲输入可近似为阶跃输入,此时飞机横航向小扰动响应模型不再适用。

通过以上验证设计,可以得出以下结论:在某型飞机上应用本书所提出的基于等效系统拟配的飞机横航向模态特性分析方法时,需要限制该机型的设计滚转模态时间常数小于 3s,同时,倍脉冲输入的周期小于 4s,就可以保证较高的精度。

通过对某次地面试飞数据进行横航向模态特性分析来验证 3.3.2 节提出的时域等效系统拟配与根据响应曲线的特征分步计算拟配初值来对横航向模态特性进行分析计算方法的准确性。

飞机初始在 H=4000m 高度上,以 V=260m/s 进行水平匀速直线飞行,驾驶员以倍脉冲方向舵对飞机进行操纵。以滚转角为例,通过数据预处理模块得到的拟配初值如表 3.4 所示。

表 3.4   横航向运动参数拟配初值

参数	初值	参数	初值
ϕ_{S_0}	-2.29	ζ_d	0.1076
τ_S	-29.5646	ϕ_{d_0}	2.3761
ω_{nd}	0.9143		

参数拟配范围为:LB=$[-20,0,-50,0,0,-\pi]$,UB=$[20,50,50,1,3,\pi]$。飞机横航向运动参数拟配结果如表 3.5 所示。

表 3.5   横航向运动参数拟配结果

参数	拟配结果	参数	拟配结果
ϕ_{S_0}	-2.6489	ζ_d	0.1411
τ_S	-30.6842	ϕ_{d_0}	2.6296
ψ_d	1.1947	ω_{nd}	0.8637

飞行参数真实响应曲线与参数拟配后的曲线比较如图 3.7 所示。

上述结果表明,采用 3.3.2 节所提出的算法,拟合曲线与实际试飞曲线之间的差异非常小,两者之间的失配度仅为 1.489×10^{-4},并且各模态参数计算结果与以往试验结果基本一致。为进一步验证算法的有效性,对飞机在不同初始条件下的横航向倍脉冲方向舵扰动运动结果进行了计算,均得到很好的结果。故 3.3.2 节所提出算法可以用来进行飞机性能品质的计算。

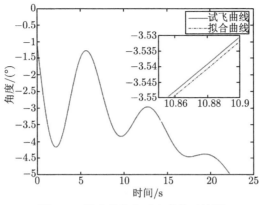

图 3.7 拟合曲线与试飞曲线对比图

3.4 全飞行包线范围内横航向飞行品质评估

某型飞机的全飞行包线范围内模态特性分析飞行品质评估具体工作流程如图 3.8 所示：

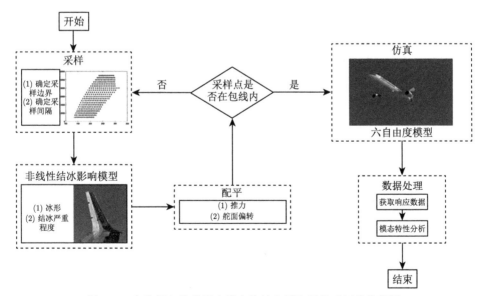

图 3.8 全飞行包线范围内模态特性分析飞行品质评估流程图

本章在已知背景飞机干净构型的飞行包线的基础上，以飞行包线左边界点为采样起点，飞行包线右边界点为采样终点，采样高度从 1000~12000m，高度采样间隔为 1000m，在每一高度下均匀取 15 个采样点；进行飞行动力学仿真之前需要进行配平，如果配平结果中发动机推力超过背景飞机实际可用最大推力或配平结果显示飞机不能维持定直平飞，则可以判断该采样点不在飞行包线内；通过飞行动力学仿真得到采样点对于方向舵倍脉冲操纵的响应数据，便可通过上述基于数据特征的自适应横航向等效系统拟配获取背景飞机横航向模态特性，进而进行背景飞机飞行品质评估。

3.4.1　并行数值仿真计算

在全包线范围内进行飞机横航向模态特性计算时，飞行包线即为计算区域，而飞行包线是由各个状态点组成的，可将计算区域离散成许多计算单元，每个计算单元对应一个飞行状态，通过 3.3 节所述的飞机横航向模态特性计算方法可得到该飞行状态的各模态参数及失配度，进而根据飞机横航向飞行品质评估标准可得到全包线范围内的飞行品质评估结果。显然，每个计算单元之前是相互独立的，横航向模态参数的计算过程相互之间并不存在干扰现象，因此可以通过并行计算的方式来加快计算进程。

3.4.2　干净构型条件下的飞行品质评估

在建立某型飞机的本体模型的基础上，得到了某型飞机干净构型条件下在其飞行包线内各个状态点对于方向舵倍脉冲操纵的响应数据。运用上述提出的基于参数响应特征的时域等效系统拟配法，获取了飞机在整个包线范围内横航向模态参数特性，每一个状态点上失配度的计算结果如图 3.9 所示。其中，绿色点代表该状态点的失配度小于 10^{-5}，蓝色点代表该状态点的失配度的范围在 $10^{-5} \sim 10^{-3}$，红色点代表该状态点的失配度的范围在 $10^{-3} \sim 10^{-2}$。

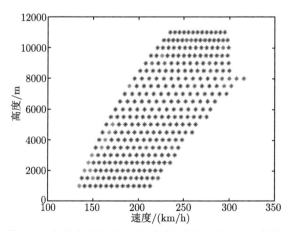

图 3.9　各状态点的失配度 (扫描封底二维码可见彩图)

从计算结果的失配度来看，绝大多数点的失配度都在 $10^{-5} \sim 10^{-3}$，个别的点

小于 10^{-5}，只有少数点的失配度在 $10^{-3} \sim 10^{-2}$，说明所提出的等效拟配方法在全包线范围内具有较好的适应性。

本书采用荷兰滚模态阻尼作为飞行品质评估的依据，评估标准如表 3.6 所示。

表 3.6　横航向飞行品质评估标准

参数	一级品质	二级品质	三级品质
ζ_d	>0.08	>0.02	<0.02

以荷兰滚阻尼为评估标准，某型飞机的飞行品质评估结果如图 3.10 所示，其中绿色点代表一级品质，蓝色点代表二级品质。

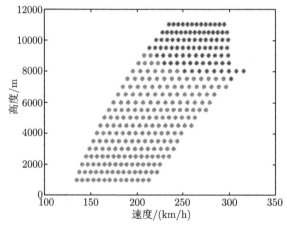

图 3.10　飞行品质评估结果 (扫描封底二维码可见彩图)

上述结果表明，以荷兰滚模态阻尼比为飞行品质评估标准时，某型飞机大致以高度 8000m 为界限，低于 8000m 为一级飞行品质，高于 8000m 则基本为二级飞行品质。

限于篇幅，取高度为 1500m 的各状态点的横航向运动参数拟配结果如表 3.7 所示。

表 3.7　横航向运动参数拟配结果

速度/(m/s)	ζ_d	J	速度/(m/s)	ζ_d	J
138	0.1243	7.557×10^{-5}	186	0.1147	8.99×10^{-5}
144	0.1226	5.619×10^{-5}	192	0.1144	0.00208
150	0.1206	8.132×10^{-6}	198	0.1138	7.183×10^{-5}
156	0.1196	0.00013	204	0.1132	0.00022
162	0.1179	0.00011	210	0.1129	0.00024
168	0.1168	0.00031	216	0.1128	0.00016
174	0.1162	4.151×10^{-5}	222	0.1130	0.00129
180	0.1153	3.253×10^{-5}			

3.4.3 结冰条件下的飞行品质评估

本章主要研究机翼对称结冰对飞机的飞行性能的影响，在建立了某型飞机结冰线性气动力模型的基础上，得到了某型飞机分别在结冰严重程度参数 $\eta=0.1$、0.15、0.2 时，其飞行包线内各个状态点对于方向舵倍脉冲操纵的响应数据。运用上述改进的时域等效系统拟配法，获取了飞机在整个包线范围内横航向模态参数特性，每一个状态点上失配度的计算结果如图 3.11 所示。其中，绿色点代表该状态点的失配度小于 10^{-5}，蓝色点代表该状态点的失配度的范围在 $10^{-5}\sim10^{-3}$，红色点代表该状态点的失配度的范围在 $10^{-3}\sim10^{-2}$。

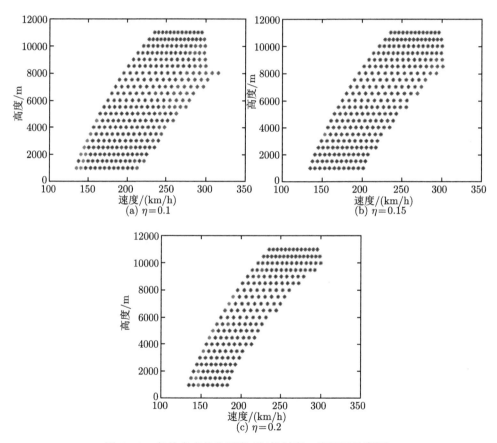

图 3.11   各状态点的失配度 (扫描封底二维码可见彩图)

从计算结果的失配度来看，绝大多数点的失配度都在 $10^{-5}\sim10^{-3}$，小部分点的失配度在 $10^{-3}\sim10^{-2}$，少数点的失配度在小于 10^{-5}，飞机结冰后失配度的变化不大，说明所提出的等效拟配方法在结冰条件下全包线范围内同样具有较好的适应性。

　　背景飞机在干净构型条件下，飞行包线内一共包含 314 个状态点，当结冰程度参数达到 0.1 时，飞行包线所包含的状态点减少为 296 个，背景飞机的飞行包线没有明显变化，当结冰程度参数达到 0.15 时，飞行包线所包含的状态点减少为 263 个，飞行包线范围缩小了 6.69%，当结冰程度参数达到 0.2 时，飞行包线所包含的状态点减少为 211 个，飞行包线范围缩小了 32.80%，计算结果验证了本节所建立的结冰线性气动力模型的准确性。

　　以荷兰滚阻尼为评估标准，结冰条件下某型飞机的飞行品质评估结果如图 3.12 所示，其中绿色点代表一级品质，蓝色点代表二级品质，红色点代表三级品质。

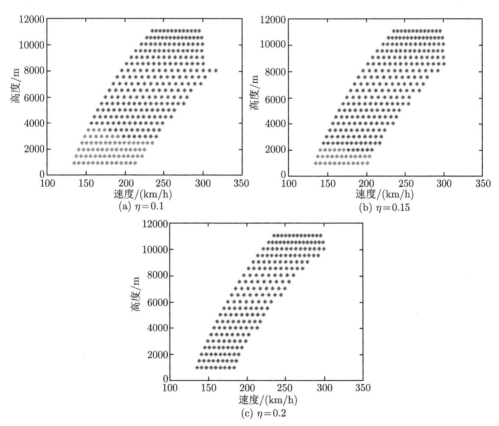

图 3.12　飞行品质评估结果 (扫描封底二维码可见彩图)

　　背景飞机在干净构型条件下共有 224 个状态点为一级飞行品质，90 个状态点为二级飞行品质，一级飞行品质区域占包线范围的 71.34%，当结冰程度参数达到 0.1 时，一级飞行品质的状态点减少为 71 个，二级飞行品质的状态点增加为 225 个，一级飞行品质区域占包线范围的 23.99%，一级飞行品质与二级飞行品质的分界线下降至 3000m 左右；当结冰程度参数达到 0.15 时，一级飞行品质的状态点减少为 30 个，二级飞行品质的状态点增加为 233 个，一级飞行品质区域占包线范围的 12.86%，一级飞行品质与二级飞行品质的分界线下降至 2000m 左右；当结冰程度参数达到 0.2 时，无一级飞行品质的状态点，二级飞行品质的状态点增加为 211 个。上述结果表明，以荷兰滚阻尼为评估标准时，结冰严重影响某型飞机的飞行品质，随着结冰严重程度的增加，某型飞机的飞行品质在高度由上至下逐渐由一级飞行品质转变为二级飞行品质，直至所有的状态点均变为二级飞行品质。

限于篇幅，取高度为 1500m 的各状态点的横航向运动参数拟配结果如表 3.8~表 3.10 所示。

表 3.8 横航向运动参数拟配结果 ($\eta=0.1$)

速度/(m/s)	ζ_d	J	速度/(m/s)	ζ_d	J
138	0.0923	8.539×10^{-5}	186	0.0878	8.575×10^{-5}
144	0.0931	7.186×10^{-6}	192	0.0875	0.00054
150	0.0926	3.089×10^{-5}	198	0.0870	0.00019
156	0.0914	3.423×10^{-5}	204	0.0867	0.00025
162	0.0905	6.438×10^{-5}	210	0.0865	0.00143
168	0.0896	3.914×10^{-5}	216	0.0864	0.00043
174	0.0888	0.00011	222	0.0863	0.00275
180	0.0883	0.00026			

表 3.9 横航向运动参数拟配结果 ($\eta=0.15$)

速度/(m/s)	ζ_d	J	速度/(m/s)	ζ_d	J
138	0.0835	0.00046	174	0.0825	8.296×10^{-5}
144	0.0845	0.00011	180	0.0819	6.032×10^{-5}
150	0.0852	4.819×10^{-5}	186	0.0814	0.00011
156	0.0852	4.319×10^{-5}	192	0.0810	0.00011
162	0.0844	2.167×10^{-5}	198	0.0805	0.00015
168	0.0833	4.090×10^{-5}	204	0.0803	0.00033

表 3.10 横航向运动参数拟配结果 ($\eta=0.2$)

速度/(m/s)	ζ_d	J	速度/(m/s)	ζ_d	J
138	0.0696	0.00416	168	0.0753	3.152×10^{-5}
144	0.0725	3.425×10^{-6}	174	0.0737	0.00040
150	0.0740	0.00089	180	0.0740	7.027×10^{-5}
156	0.0757	0.00097	186	0.0734	6.245×10^{-5}
162	0.0763	2.916×10^{-5}			

需要指出的是，飞机结冰一般发生在 7000 m 以下，飞行速度较低的情形。本章对全包线范围内结冰后动力学特性变化都进行了分析，主要是从理论上来验证

本节提出的算法的有效性，量化结冰后飞行包线的变化范围。在实际中，具体的飞机结冰后飞行品质的变化，需要结合具体的易结冰飞行范围来进行分析。

3.5 本 章 小 结

本章开发了自动数据预处理模块，改善了传统算法因拟配初值设定无法涵盖所有情形的问题，并通过具体算例验证了改进后程序的有效性；在动力学仿真数据的基础上，运用时域等效系统拟配法，分别获取了飞机干净构型及不同结冰严重程度下，在整个包线范围内横航向模态参数特性，每一个状态点上失配度的计算结果表明，所提出的等效拟配方法在全包线范围内具有较好的适应性。本章所述方法，为快速分析飞行器纵横向典型模态特性提供了新的思路，具有较好的工程应用前景。

第 4 章 考虑翼面失速的结冰区风险预测方法

当前的结冰区飞行风险预测方法考虑到的都是结冰致灾的前端性问题：冰形的形成、冰形对空气动力学特性的影响等。然而飞行风险事件发生与否可以直接通过飞机飞行动力学恶化情况来判断，外界条件、积冰冰形、气动参数的改变、飞机个体的差异等诸多影响飞行安全的因素最终都要体现在飞机飞行动力学特性中。而针对飞机飞行动力学特性的改变来对结冰区飞行风险进行预测的手段正是当前的研究所缺乏的，正如绪论中所论述的那样，当前有很多关于结冰后飞行动力学特性改变的研究，然而如何量化飞行动力学特性的变化，实现客观、科学、简单、有效的结冰风险量化评估，却很少有人开展，这正是本章的研究内容。本章以驾驶员在结冰情形下过操纵作为典型飞行想定，提取飞行动力学关键参数的极值，以极值理论为基础，对飞行风险进行量化的评估。

4.1 典型飞行想定

飞机在结冰后，飞行包线萎缩，升力系数减小，阻力系数增大，失速迎角减小，稳定性和操纵性都会受到影响。根据结冰事故统计分析，结冰飞行事故的发生一般是由机翼失速、水平尾翼失速、滚转失效以及纵向或横航向飞行失控导致的 [110]。此外，结冰相关的安全关键飞行参数有迎角与飞行速度等 [75]，当驾驶员没有意识到结冰的严重程度时，一旦操纵不当导致这些运动参数超过其安全边界，便有可能发生飞行事故。将所有可能的结冰致灾因素考虑到风险评估中会提高风险预测的准确性，然而这会使工作变得异常烦琐，而且是没有必要的。考虑到机翼失速是结冰飞行事故中最为常见也是最为关键的因素之一，并且迎角通常是边界保护问题研究中首要考虑的因素，本节提出在纵向通道上，以典型的驾驶员操纵——升降舵脉冲作为输入，将飞行风险事件的发生定义为飞机迎角超出结冰后的失速迎角，以此为基准，对结冰后的飞行动力学仿真结果进行分析评估。

之所以选择升降舵脉冲，是因为一方面该操纵被广泛用于结冰后的参数辨识中，能够充分激发飞机的动力学响应。另一方面在驾驶员意识到飞机因结冰高度降低时，由于操纵者对结冰带来的飞行包线萎缩并没有充分的认识，很可能会采用近似于升降舵脉冲的操纵方式来修正高度 [43]。此外，由于驾驶员操纵的随机性，脉冲的幅值应视为一个随机变量，因此在对驾驶员操纵进行建模时，要考虑到这一点。文献 [116] 在进行蒙特卡罗仿真时，考虑了风场的随机性和驾驶员操

纵的随机性, 其中, 指出驾驶员的随机性操纵参数服从参数为 σ 的瑞利分布:

$$f(x) = \frac{x - x_0}{\sigma^2} e^{-(x-x_0)^2/2\sigma} u(x - x_0) \tag{4.1}$$

其中, $u(x)$ 为单位阶跃函数, 当 $x \geqslant 0$, 其值为 1, 当 $x < 0$ 时, 其值为 0。x_0 表示偏移量。

　　基于上述假设, 本书认为, 由于驾驶员操纵的随机性, 驾驶员在进行升降舵脉冲操纵时, 升降舵最大偏角服从满足参数 $\sigma=1.2$ 的瑞利分布, 如图 4.1 所示。σ 值的选择是为了下文在计算基准情形, 即干净构型时, 控制风险概率值在一个合理的范围。

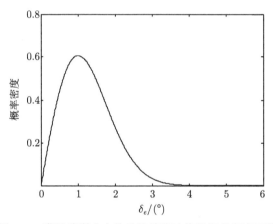

图 4.1　满足瑞利分布的升降舵脉冲信号概率密度函数

　　需要指出的是, 选择飞机在平飞状态下的升降舵倍脉冲作为飞行动力学仿真的基本想定来进行风险评估, 只是为了寻找一个标准的、典型的能够体现飞机在结冰后气动性能恶化的动态演化过程。对于纵向通道而言, 飞机在结冰后主要影响的是纵向稳定性的改变、失速迎角的减小, 进而导致飞机很容易因为其迎角超过失速迎角而发生飞行事故, 而上述飞行想定基本能够体现这种变化。

4.2　基于极值理论的飞行风险定量评估模型

4.2.1　极值分布与极值定理

　　飞行风险可以通过关键飞行参数超出其边界值的概率来进行评估, 在纵向通道上, 当飞机迎角超过失速迎角时, 可认为飞行风险事件的发生, 对于飞机结冰而言同样是成立的。为获取这样的概率, 如果已知关键飞行参数的概率密度函数, 便可根据其边界值的大小直接计算得到参数超出边界值的风险概率。然而, 在已知驾驶员随机性输入时,想要得到安全关键飞行参数极值分布的解析解是几乎不可能的,即使是找到了这样的解析解,计算其概率密度函数也将会是十分复杂的。文献 [116] 中采用的是基于蒙特卡罗仿真的方法进行大量的数值仿真来求解,即事件发生记为 1,所有发生的事件次数除以总的仿真次数即为风险事件发生的概率。这种仿真所需要的计算量是比较大的,至少需要几百次的仿真才能得出比较精确的结果。对于小概率事件 (事件发生概率 $<10^{-9}$) 而言,其计算量将会巨大。

同飞行风险概率一样,现实中还存在着许多发生的概率很小,然而一旦发生就会带来很严重危害的事件,例如金融风险、巨额保险的赔付、重大的自然灾害、重大人为事故等。人们需要获取这些高危事件的概率,以进行相应的决策,而这些事件的分布函数无疑是难以获得的,而极值理论在计算这种低频高危风险事件的概率方面具有其特有的优势 [124–128]。

假设 $X_1, X_2, \cdots, X_n$ 是独立同分布 ($i.i.d.$) 的随机变量,其概率密度函数为 $f(x)$,累积分布函数为 $F(x) = P\{X_i \leqslant x\}$。$M_n = \max\{X_1, X_2, \cdots, X_n\}$ 为这些变量中的极大值。理论上,M_n 的概率分布可通过式 (4.2) 进行推导:

$$\begin{aligned} P\{M_n \leqslant x\} &= P\{X_1 \leqslant x, \cdots, X_n \leqslant x\} \\ &= P\{X_1 \leqslant x\} \times \cdots \times P\{X_n \leqslant x\} \\ &= F^n(x) \end{aligned} \tag{4.2}$$

其中,X_i 通常表示某个过程在规定时间间隔内的观测变量——如每小时测量的水平面高度或每天平均气温,M_n 表示所观测到的 n 个时间段内该过程的最大值。如果 n 为一年中数据观测次数,M_n 则对应于一年当中的最大值。

在实际中,采用理论计算是十分复杂的。这是由于分布函数 $F(x)$ 的计算是十分困难的,对于一些复杂动力学系统或自然现象来说甚至是不可能的。即使能够根据样本观测值来估算出分布函数 $F(x)$,但考虑到 $P\{M_n \leqslant x\}$ 是 $F(x)$ 的 n 次方,估算的结果有一点误差都可能使最终的计算结果产生巨大的偏差。一种可行的方式便是根据极值理论来进行计算,该理论认为,获取极值 M_n 的分布函数,并不需要知道 X_i 的累积概率分布,这是因为随着样本数量 n 的增加,M_n 的分布渐近地趋于一个已知的分布函数。

定理 4.1 (Fisher-Tippet 定理)　如果存在常数序列 $\{a_n > 0\}$ 和 b_n,使得当 $n \to \infty$ 时

$$P\{(M_n - b_n)/a_n \leqslant z\} \to G(z) \tag{4.3}$$

其中,G 为一个非退化分布函数,那么 G 的分布函数必属于以下三种分布之一。

I 型分布

$$G_1(z) = \exp\left[-\exp\left(-\frac{z-b}{a}\right)\right]$$

Ⅱ 型分布

$$G_2(z) = \begin{cases} 0, & z \leqslant 0 \\ \exp\left[-\left(\dfrac{z-b}{a}\right)^{-\alpha}\right], & z > 0 \end{cases}$$

Ⅲ 型分布

$$G_3(z) = \begin{cases} \exp\left\{-\left[-\left(\dfrac{z-b}{a}\right)^{\alpha}\right]\right\}, & z \leqslant 0 \\ 1, & z > 0 \end{cases}$$

其中，$\alpha > 0$，a_n、b_n 为规范化常数。Ⅰ 型分布模型称为 Gumbel 分布，Ⅱ 型分布模型称为 Fréchet 分布，Ⅲ 型分布模称为 Weibull 分布。上述定理表明，不管原始样本的分布函数 $F(x)$ 的形式如何，都可以通过以上三种分布中其中的一种，对 $(M_n - b_n)/a_n$ 的分布情况进行分析研究。

上述极值理论在应用过程中，往往是先确定统计样本属于哪一种分布，然后再利用参数估计方法确定其对应的分布模型中的待定参数。这就会带来一个问题：如何选择合适的极值分布模型？一旦模型的选择不当，那么推断出的结果将可能存在比较严重的偏差。为此，Jenkinson 提出了广义极值分布模型，实现了三种分布模型的统一。

定理 4.2 如果存在常数序列 $\{a_n > 0\}$ 和 b_n，使得当 $n \to \infty$ 时

$$P\{(M_n - b_n)/a_n \leqslant z\} \to G(z) \tag{4.4}$$

其中，G 为非退化分布函数，那么 G 必属于广义极值 (Generalized Extreme Value，GEV) 分布族：

$$G(z) = \exp\left\{-\left[1 + \xi\left(\dfrac{z-\mu}{\sigma}\right)\right]^{-1/\xi}\right\} \tag{4.5}$$

其中，$-\infty < \mu < \infty$，$\sigma > 0$，$-\infty < \xi < \infty$。

当 $\xi \to 0$ 时，$G(z)$ 分布趋于 $G(z) = \exp\left[-\exp\left(-\dfrac{z-\mu}{\sigma}\right)\right]$，即表示 Gumbel 分布；当 $\xi > 0$ 时，$G(z)$ 表示 Fréchet 分布；当 $\xi < 0$ 时，$G(z)$ 表示 Weibull 分布。

这里分别作出当 $\xi = -0.5$、0、0.5，$\mu = 0$，$\sigma = 1$ 时，广义极值分布 (分别对应于 Weibull 分布、Gumbel 分布、Fréchet 分布) 的概率密度曲线及其相应的分布函数曲线，如图 4.2 所示。

从上述广义极值理论的分析可以看出，广义极值分布由三个参数来决定：形状参数 ξ、标准化常数 μ 及 σ。必然地，模型参数估计的准确性直接影响到最终统计数

据的分析结果，比较常用的是采用极大似然法 (Maximum Likelihood Estimation, MLE) 对上述三个未知参数进行计算，得到各自的估计值 $\hat{\xi}$、$\hat{\mu}$、$\hat{\sigma}$，将其代入 GEV 模型 (式 (4.5)) 中便可得到极值分布 F 的最大似然分布 $\hat{F}$。

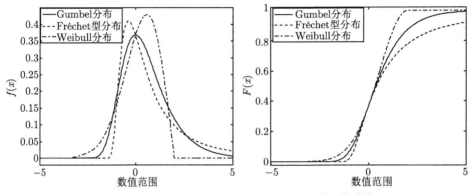

图 4.2　三种极值分布的概率密度曲线与分布函数曲线

4.2.2　极值模型的选择及参数检验方法

　　风险概率计算结果的准确性主要取决于样本、极值模型的选择及模型参数的估计。本章在进行极值模型选择的时候，最终采用的是 Gumbel 模型，这主要是基于两个方面的原因：一是，采用 GEV 模型计算时，由于蒙特卡罗仿真结果的随机性，GEV 模型的形状参数 ξ 甚至可能会出现忽正忽负的现象，计算出来的结果差异较大；二是，从图 4.2 所示的三种极值分布的概率密度曲线来看，Fréchet 分布与 Weibull 分布分别存在着左端点与右端点，实际中飞机既可能抬头迎角增大，也可能低头迎角减小，采用 Gumbel 分布最能体现出这一特性。

　　对极值模型的检验是十分有必要的，本章采用绘制 P-P 图 (Probability Plot) 的方法进行检验。假设样本数据 x_1, x_2, $\cdots$, x_n 服从于分布函数 F，且分布函数的估计 $\hat{F}$ 已经通过最大似然法等方法得出。

　　定义 4.1　对于一组服从于同一个分布函数 F 的独立的次序统计量 [128]：

$$x_{(1)} \leqslant x_{(2)} \leqslant \cdots \leqslant x_{(n)} \tag{4.6}$$

每个次序统计量对应的经验分布函数定义为

$$\tilde{F}(x_{(i)}) = \frac{i}{n+1}, \quad 1 \leqslant i \leqslant n \tag{4.7}$$

因此，$\tilde{F}$ 同样是分布函数 F 的一个估计。如果分布函数的估计 $\hat{F}$ 是正确的，那么经验模型与估计模型之间必然具有较好的一致性，反之则说明计算出来的模型 $\hat{F}$ 是不可信的。

　　定义 4.2　对于一组服从于同一个分布函数的估计 $\hat{F}$ 的独立的次序统计量：

$$x_{(1)} \leqslant x_{(2)} \leqslant \cdots \leqslant x_{(n)} \tag{4.8}$$

它所对应的 P-P 图由以下数据点绘制:

$$\left(\hat{F}(x_{(i)}), \quad \frac{i}{n+1} \right), \quad i = 1, \cdots, n \tag{4.9}$$

如果模型的估计 $\hat{F}$ 是合理的, 那么 P-P 图中的点应该紧密地分布在单位对角线附近, 如图 4.3 所示。反之, 如果点与直线之间存在较大的偏差, 则证明模型的估计 $\hat{F}$ 对于现有的数据而言是不合理的。

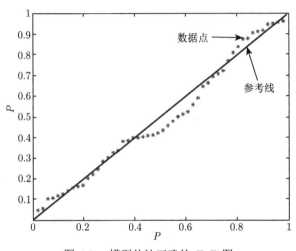

图 4.3 模型估计正确的 P-P 图

4.2.3 结冰飞行风险概率计算方法

按照 4.1 节中飞行想定的设定及对飞行风险事件的描述, 飞机迎角超出结冰后的失速迎角即可认为飞行风险事件的发生。计算结冰飞行风险概率, 即计算飞机迎角超出失速迎角的概率, 即

$$P_{\text{risk}} = P(\alpha > \alpha_{\text{stall\_iced}}) \tag{4.10}$$

通过飞行动力学仿真, 可获得每一次仿真中, 迎角的最大值 α'。根据蒙特卡罗仿真的结果, 便可得到迎角极值的样本数据 $\{\alpha'_1, \alpha'_2, \cdots, \alpha'_n\}$。基于得到的统计数据, 按照极值理论的定义及模型参数估计方法, 可进一步计算出迎角极值服从的极值分布中的待定参数, 得到极值分布函数 $G(x)$, 在估算出结冰后的失速迎角后, 便可获得飞机迎角超出失速迎角的概率:

$$\begin{aligned} P_{\text{risk}} &= P(\alpha > \alpha_{\text{stall\_iced}}) \\ &= 1 - P(\alpha \leqslant \alpha_{\text{stall\_iced}}) \\ &= 1 - G(\alpha_{\text{stall\_iced}}) \end{aligned} \tag{4.11}$$

　　按照飞行想定的设定, 将结冰后的失速迎角作为决定性参数的上限, 那么每次进行飞行动力学仿真时, 提取迎角的极值, 再根据极值理论即可分析出飞机发生飞行风险事故的概率。

　　综上所述, 可将结冰条件下飞行风险事件概率的计算步骤总结如下:

　　(1) 建立典型的结冰飞行想定, 定义风险事件发生的条件 (如迎角超限);

　　(2) 根据预测结冰强度因子, 计算出结冰后的失速迎角, 该值作为安全关键飞行参数的极限值;

　　(3) 按照步骤 (1) 中的飞行想定进行蒙特卡罗飞行仿真, 以获取安全关键飞行参数极值的样本数据;

　　(4) 在得到的极值样本基础上, 用最大似然估计法计算出 GEV 模型中的待定参数, 从而便可根据式 (4.11) 计算出风险事件发生的概率;

　　(5) 用 P-P 图判断出极值分布模型的准确性与否, 从而验证所计算的风险概率结果的有效性。

4.3　结冰后飞行风险等级分类

　　正如 4.1 节描述的那样, 现有的结冰严重程度的分类是一种定性的模糊性描述, 将结冰严重程度等级用量化的方法表示出来能够提高风险预测的客观性与准确性。由于结冰严重程度的增加必然会增大飞行风险事件发生的可能, 因此, 采用结冰情形下飞行风险事件发生的概率来定量地划分结冰严重程度是可行的。

　　考虑到飞行风险事件的发生一般为小概率事件, 其概率值是一个很小的量, 特别是当结冰严重程度等级为极小的或轻微的情况下, 若向机组人员或空中管制人员直接提供飞行风险事件发生的概率, 也很容易产生迷惑。因此, 本节将计算出来的风险事件概率值映射到一个特定的区间上。如图 4.4 中所示, 通常情况下, 飞行风险事件概率的科学计数法表示形式为

$$P = d \times 10^{-k} \tag{4.12}$$

其中, $1 \leqslant |d| \leqslant 10$, k 为正整数。定义飞行风险指数 (Flight Risk Index, FRI) 为

$$I = d/10 - \log 10^{-k} = 0.1d + k \tag{4.13}$$

　　通过换算, 可将结冰飞行风险转换到一个常规认知范围上。

　　图 4.4 中, 上面两个部分分别为定性与定量描述飞行风险发生的可能。FRI 部分表示根据式 (4.13) 计算出来的风险指数值。飞行风险指数 (FRI) 与结冰严重程度的对应关系为: 结冰严重程度属于 "极小的"、"轻微的"、"中度的"、"严重的" 对应的风险指数范围分别为 FRI $\geqslant 8$, $6 \leqslant$ FRI < 8, $4 \leqslant$ FRI < 6, FRI < 4。驾

驶员或空中管制人员可根据所预测的量化的结冰风险采取相应的措施, AIM 中对每个结冰严重程度等级的驾驶员操纵都做了指导。

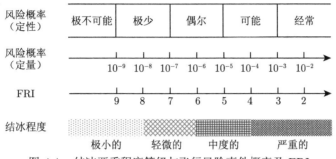

图 4.4 结冰严重程度等级与飞行风险事件概率及 FRI

美国民用航空系统及装备安全性评估方法与指南 ARP 4761 中对风险进行了定量描述和规定, 将不同严重程度的故障出现的概率控制在一定的数量级范围之内。本书将 ARP 4761[129] 中对失效情形的危险程度描述与美国联邦航空局 (FAA) 颁布的航空信息手册 (Aeronautical Information Manual, AIM)[130] 中关于四种结冰严重程度危害的描述进行对比, 初步将飞机遭遇结冰后的飞行风险概率及对应的结冰严重性程度进行如下划分。

极小的: 积冰是可察觉到的, 积冰的速率要稍微高于升华的速率。除非飞机遭遇了较长时间的结冰 (超过一小时), 否则防/除冰设备没有必要开启。

轻微的: 如果飞机持续地暴露于积冰环境中 (超过一小时), 很可能会引发飞行安全问题。机组人员需要偶尔开启防/除冰设备来消除或预防积冰。在防/除冰设备开启的情况下不会出现飞行安全问题。

中度的: 积冰速率很快, 以至于短时间暴露于积冰环境中都会产生潜在的飞行风险。驾驶员必须开启防/除冰设备或者改变路线驶离结冰区域。

严重的: 积冰速率极快, 以至于防/除冰设备工作也无法降低或者控制飞行风险事件发生的可能, 驾驶员应当立即改变飞行路线, 驶离结冰区。

其中, 驾驶员驶离结冰区有两种选择: 一种是驶离具有过冷水滴的区域; 另一种是驶向环境温度在冰点以上的高度层。

4.4 案例分析

基于 4.1 节提出的飞行想定, 以某型螺旋桨飞机为例, 对四种不同结冰情形下的飞行风险进行了分析。在进行仿真时, 首先假定飞机保持水平匀速直线飞行, 第 5s 开始飞机受到升降舵随机脉冲信号的激发。在对每种飞行情形进行蒙特卡罗仿真时，仿真次数设定为 50 次，可获取由每次仿真中迎角响应的最大值 $\alpha_{\max}$ 组成的序列，从而可借助于极值理论计算出飞机超出失速迎角的概率，并以此作为该结冰情形下，潜在飞行风险的一种度量。需要指出的是，本章认为飞机超出失速迎角即可视为飞行风险事件的发生，因此驾驶员在过失速区的操纵使得飞机重新回到安全飞行状态的可能并不考虑在内。

4.4.1   干净构型案例分析

案例 1

飞行高度：2700m。

飞行速度：82m/s。

结冰严重程度参数：$\eta=0$。

结冰分布情况：干净构型，未结冰。

该案例并没有考虑结冰的影响，这是为了设立非结冰情形下飞行风险的基准。通过查询风洞试验所获得的气动参数数据库，可得到飞机在该情形下的失速迎角为 17.5°。由于飞机的长周期模态响应通常可以通过驾驶员修正趋于稳定，因此这里只考虑扰动初期飞机的短周期响应。通过仿真，可获得 50 次仿真的迎角响应曲线如图 4.5 所示，每一次仿真中得到的迎角最大值 $\alpha_{\max}$ 的次序统计分布如表 4.1 所示。

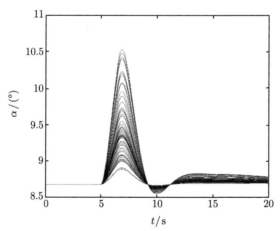

图 4.5   基于蒙特卡罗仿真的干净构型下迎角响应曲线 (案例 1)

图 4.5 所示的仿真结果表明，在收到升降舵激励信号后，迎角增至极值后迅速衰减，飞机的纵向短周期呈现较高的阻尼特性。通过表 4.1 中 $\alpha_{\max}$ 的次序统计分布，飞机迎角超出失速迎角的概率值可通过 3.2 节所述的极值理论计算出来，

其值为

$$P = 1.24 \times 10^{-10} \tag{4.14}$$

其中，极值模型中的参数值 a=0.3754，b=9.2981。

表 4.1 干净构型下 $\alpha_{\max}$ 的次序统计分布

$1\sim10$	8.879	8.897	8.990	8.995	9.011	9.023	9.046	9.066	9.074	9.081
$11\sim20$	9.121	9.143	9.171	9.211	9.230	9.255	9.266	9.312	9.315	9.330
$21\sim30$	9.330	9.334	9.340	9.344	9.353	9.367	9.391	9.413	9.437	9.450
$31\sim40$	9.462	9.501	9.539	9.611	9.633	9.678	9.699	9.721	9.805	9.885
$41\sim50$	9.952	10.059	10.069	10.170	10.196	10.223	10.394	10.421	10.477	10.529

为了证明所采用极值模型的准确性，作出该分布的 P-P 图，如图 4.6 所示。从图中可以很明显地看出该图中样本点的分布基本上接近于单位对角线，表明所采用的极值分布模型能够很好地拟合现有的数据。根据所计算出来的飞行风险值，可以得到该情形下，飞行风险指数为 10.124。按照飞行风险等级的划分，该情形下飞行风险事件发生的可能性属于极不可能发生的，驾驶员并不需要采取任何特别的操纵来确保飞行安全。

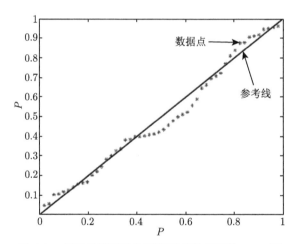

图 4.6 用于检测干净构型极值理论模型的 P-P 图

4.4.2 全机结冰案例分析

案例 2

飞行高度：2700m。

飞行速度：82m/s。

结冰严重程度参数：η=0.1。

结冰分布情况：全机结冰 (机翼 + 尾翼)。

根据案例 1 中所示的步骤，飞机在进行 50 次升降舵脉冲信号激励的蒙特卡罗仿真的迎角响应曲线如图 4.7 所示，每次仿真对应的迎角最大值的次序统计如表 4.2 所示。

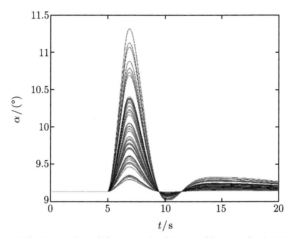

图 4.7　基于蒙特卡罗仿真的全机结冰 (机翼 + 尾翼) 下迎角响应曲线 (案例 2)

表 4.2　全机结冰严重程度因子 $\eta=0.1$ 时 $\alpha_{\max}$ 的次序统计分布

1~10	9.288	9.315	9.330	9.336	9.345	9.457	9.500	9.515	9.523	9.555
11~20	9.578	9.599	9.602	9.609	9.699	9.708	9.720	9.763	9.769	9.770
21~30	9.781	9.821	9.833	9.863	9.940	9.971	10.004	10.005	10.041	10.049
31~40	10.158	10.195	10.224	10.225	10.275	10.318	10.338	10.338	10.366	10.369
41~50	10.377	10.383	10.403	10.690	10.729	10.784	10.881	11.065	11.123	11.313

从图 4.7 可以看出，该结冰情形下，飞机的初始配平迎角为 9.13°，要高于案例 1 干净构型下的 8.67°。经过计算，飞机在该结冰情形下的失速迎角降为 16.9°。进而通过极值理论，可得到飞机在随机升降舵脉冲信号作用下，超出失速迎角发生飞行风险事件的概率为

$$P = 4.86 \times 10^{-8} \tag{4.15}$$

所选用的极值模型中的参数值 $a=0.3754$，$b=9.2981$。为检验极值模型的准确性，做出相应的 P-P 图，如图 4.8 所示，可以看出样本点集中分布于单位对角线两侧，从而说明模型拟合的准确性。

根据得到的风险概率，该情形下飞行风险指数为 8.486。对比图 4.2 中的风险等级分类，该飞机处于"极小的"结冰状态，按照航空信息手册中的说明，除非飞机暴露于结冰区中较长时间 (大于 1h)，否则驾驶员在穿越结冰区时无须开启防/除冰设备。

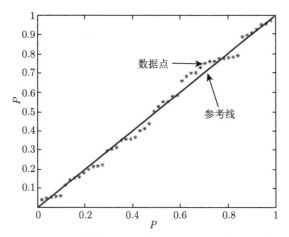

图 4.8 用于检验案例 2 中极值理论模型的 P-P 图

案例 3

飞行高度：2700m。

飞行速度：82m/s。

结冰严重程度参数：η=0.3。

结冰分布情况：全机结冰 (机翼 + 尾翼)。

本案例中飞机同样为全机结冰，只是结冰严重程度较案例 2 中更为严重，其他初始条件均与案例 2 保持一致。同样，可得到飞机在升降舵脉冲信号作用下的迎角响应如图 4.9 所示，对应的迎角极值的次序统计如表 4.3 所示。

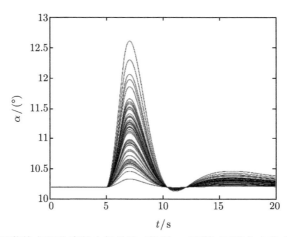

图 4.9 基于蒙特卡罗仿真的全机结冰 (机翼 + 尾翼) 下迎角响应曲线 (案例 3)

表 4.3　全机结冰严重程度因子 $\eta = 0.3$ 时 α_{max} 的次序统计

1~10	10.340	10.467	10.535	10.577	10.598	10.603	10.610	10.632	10.653	10.664
11~20	10.726	10.799	10.822	10.899	10.932	10.938	10.942	10.967	10.985	10.993
21~30	11.103	11.125	11.156	11.188	11.190	11.190	11.194	11.204	11.239	11.248
31~40	11.266	11.275	11.281	11.309	11.360	11.366	11.379	11.413	11.488	11.512
41~50	11.526	11.572	11.594	11.614	11.658	11.857	11.975	12.064	12.300	12.608

通过对飞机初始状态的配平计算得到，该结冰情形下，飞机的配平迎角为 10.21°，由于结冰严重程度的增加，飞机的阻尼特性进一步恶化，失速迎角减小至 15.25°，这必然会导致飞机发生风险事件的概率相较于案例 2 增大。根据表 4.3 中由 50 次蒙特卡罗仿真得到的迎角极值次序统计，可计算出飞机在该飞行情形下，超出失速迎角的概率值为

$$P = 2.42 \times 10^{-5} \tag{4.16}$$

其中，概率计算模型中的参数分别为 $a = 0.4037$，$b = 10.9572$。同样，利用 $P\text{-}P$ 图对所用的拟配模型进行检验，如图 4.10 所示。

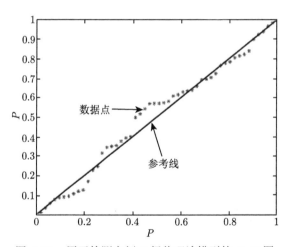

图 4.10　用于检测案例 3 极值理论模型的 $P\text{-}P$ 图

根据计算出的飞行风险概率，可得到飞行风险指数为 5.242，对比 FAA 颁布的航空手册，飞机一旦在目标航迹区遭遇该严重程度的结冰，发生飞行风险的可能性较高，在运行过程中，驾驶员必须开启防/除冰设备或者改变路线驶离结冰区域。

4.4.3　仅机翼结冰案例分析

案例 4
飞行高度：2700m。

飞行速度：82m/s。

结冰严重程度参数：$\eta=0.3$。

结冰分布情况：仅机翼结冰。

该案例用来对比当飞机结冰严重程度相同时，由于结冰部位的不同而带来的飞行风险的变化。相对于案例 3 中全机结冰的情况，本案例结冰严重程度与其相同，不同的是本案例中假设的结冰部位仅为机翼结冰。同样给出飞机在配平状态下受到升降舵脉冲激励的蒙特卡罗仿真结果，如图 4.11 所示，与之相对应的迎角极值次序统计如表 4.4 所示。

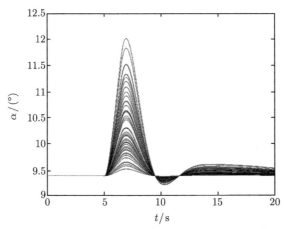

图 4.11　基于蒙特卡罗仿真的仅机翼结冰下迎角响应曲线 (案例 4)

表 4.4　机翼结冰、严重程度因子 $\eta=0.3$ 时 $\alpha_{\max}$ 的次序统计分布

1~10	9.520	9.578	9.610	9.646	9.654	9.734	9.780	9.814	9.826	9.880
11~20	9.894	9.926	9.949	9.989	9.990	10.025	10.031	10.035	10.070	10.094
21~30	10.153	10.154	10.167	10.191	10.226	10.303	10.306	10.312	10.462	10.497
31~40	10.535	10.613	10.621	10.631	10.643	10.735	10.808	10.825	10.918	10.991
41~50	11.086	11.089	11.193	11.270	11.327	11.331	11.509	11.520	11.830	12.014

通过计算，可得到该情形下的配平迎角为 9.39°，比案例 3 中的值要略小，失速迎角较案例 3 中增至 16.39°。由于尾翼对俯仰阻尼的贡献较大，而该结冰情形下尾翼是没有受到冰污染的，因此其俯仰阻尼特性较案例 3 中的情形要好一些。最终计算出的飞机超出失速迎角的概率为

$$P = 7.89 \times 10^{-6} \tag{4.17}$$

其中，极值模型中的待定参数分别为 $a=0.5327$，$b=10.1339$。根据本案例中的 P-P 图 (图 4.12)，可以看出所采用的极值模型能够较好地拟合迎角极值的分布，概率

计算结果可信度较高。

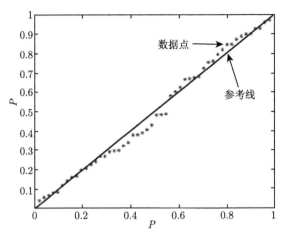

图 4.12　用于检测案例 4 极值理论模型的 *P-P* 图

根据计算结果,可得到飞机在该结冰情形下的飞行风险指数为 6.789。按照风险指数的划分,该型飞机如果遭遇这种结冰情形,会发生 "轻微的" 积冰现象,按照 FAA 航空信息手册中的指示,机组人员只需偶尔开启防/除冰设备便可确保飞行安全的发生。

上述四个案例的仿真结果表明,结冰会增大飞行风险发生的概率,并且随着结冰严重程度的增加,风险事件发生的概率也会随之而增大。这一点可以从案例 1~ 案例 3 之间的纵向对比来看出。此外,尽管案例 3 与案例 4 具有同样的结冰严重程度参数 η,它们却由于积冰分布的差异分属于不同的结冰严重程度等级。案例 3 中,飞机是全机结冰,即机翼和尾翼同时结冰,导致更为严重的空气动力学特性以及飞行动力学特性的恶化。案例 4 中,只有机翼结冰,积冰对飞机飞行安全的影响要相对小于案例 3 时的情形。而本章提出的结冰风险量化评估方法,对于定量地对比不同结冰严重程度以及不同结冰分布对飞行风险的影响,都有着明显的优势。

飞行安全受到不同内部以及外部因素的影响,将影响飞行安全的所有因素考虑在内来计算飞行过程中飞行风险事件的概率几乎是不可能的。本章提出的结冰情形下飞行风险概率计算方法只是一种量化的度量方法,所计算出来的概率值并不能作为结冰环境下飞机超出失速迎角的真实概率,但其可以作为一种更加科学的度量不同结冰情形下飞行风险的方法,在应用上,所提出的方法可以作为一种机组及空管人员的辅助决策手段。此外,从风险概率的计算过程可以看出,结冰后气动力预测的准确性极大地影响着最终的计算结果,因此,为了使风险评估的结果更具有说服力,可利用风洞试验及真实飞行实验结果进行校核。

4.5　本　章　小　结

　　本章提出了一种客观、量化的结冰飞行风险评估方法,在建立典型飞行想定的基础上,采用六自由度全量动力学模型以及积冰影响模型对结冰后动力学特性进行蒙特卡罗仿真。基于极值理论对得到的迎角极值参数进行统计分析,进而得到飞机超出失速迎角的风险概率,并由此计算出飞行风险指数。四种不同结冰情形下的案例分析表明,所提出的方法不仅能够用来定量地衡量不同结冰严重程度的飞行风险,而且还能够区分结冰严重程度相同但结冰分布不同的情形。

　　本节提出的量化的结冰风险预测方法,结合了结冰后空气动力学特性的改变、飞行动力学特性的改变以及安全关键飞行参数的限制等几方面的因素,为全面评估结冰条件下的飞行风险提供了一个新的思路。此外,考虑到上述影响因素同时还受到飞机个体差异的影响,因此,对于处在相同结冰环境下不同类型的飞机的飞行风险也能够进行区分。相比于目前采用的基于冰形积聚情况预测或者结冰后空气动力学特性改变程度的风险评估方法,该方法能够更为全面、客观地衡量结冰情形下的飞行风险。

第 5 章　结冰情形下安全空间构建与结冰致灾机理分析

在众多的情景感知研究中，针对结冰情形下增强驾驶员情景感知的研究并不多见。Bragg[139] 和 Deters[140] 等开创性地提出了智能结冰系统 (SIS) 的概念，该系统能够实时感知积冰的存在及其影响，并计算出结冰状态下飞机的飞行安全边界提供给驾驶员及飞控系统。Gingras 等 [141,142] 联合开发了积冰污染边界保护 (ICEPro) 系统，该系统为驾驶员提供积冰信息及飞机的边界信息，具备提升驾驶员在结冰情形下情景感知的能力，其在地面模拟器试飞的结果得到了驾驶员的肯定 [143]。Caliskan 等提出了容冰飞行控制系统 (ITFCS) 的概念，该系统能够检测结冰并向驾驶员提供相应的操纵建议。国内针对飞机结冰后增强驾驶员情景感知能力的研究较少，且基本上处于跟踪研究的状态。其中比较成系统的有上海交通大学的艾剑良团队，他们研究了结冰后的参数辨识，就结冰条件下的容冰控制进行了研究 [144,145]，张智勇主要对智能防冰系统中的包线保护控制律设计问题进行了研究 [146]。

上述提到的结冰驾驶员辅助决策系统基本上采用的都是根据飞行安全关键参数 (通常为迎角、飞行速度、舵面偏角等) 的实时数值与预估的边界值来判断当前飞行状态是否安全。这些信息在必要时提供给驾驶员或飞控系统，进而采取相应的措施，从而避免受冰污染后飞机进入危险的飞行情形。这类方法对于提高飞机在结冰情形下的飞行安全而言是有效的，然而在这种飞行指示下飞行更多的是一种反应式的手段，而不是一种预测性很强的方法。很明显，确定飞机在某个参数空间中安全的飞行轨迹相对于确定当前飞行状态是否安全而言更具预测性，对保障飞行安全而言也更加有效。换而言之，如果能获取飞机在某个参数空间中的风险分布情况将有助于增强驾驶员安全飞行的能力。进而，对于构成参数空间的飞行参数的选择是一个重要的问题。

NASA Langley 研究中心的 Trujillo 与 Gregory[147] 以两组经验丰富的飞行员为调查对象，通过在地面模拟器上开展试飞进行对比分析。调查结果表明，当遭遇不利情形时，驾驶员更倾向于在机载显示器上获取可用滚转角、高度变化率、飞行速度信息，同时，提供这些信息并不会显著增加驾驶员工作负荷。另一方面，飞机的可用滚转角、高度变化率等信息相对于实时的飞行状态参数及其极限值而言，安全性保障的理念由以往的确定当前状态是否安全向预测飞机怎么飞安全性更高上来，这无疑是一种更具预测性的手段。

基于上述分析，本章提出了基于计算飞行动力学的方法来获取由滚转角、高度变化率、飞行速度这三个飞行参数的指令值构成的参数空间中飞行风险拓扑结构的方法。通过对飞行风险的量化来获取风险三维 (3D) 云图，从而为驾驶员提供形象而又更具预测性的信息。相比于现有的结冰驾驶员辅助决策系统，该方法使驾驶员在结冰情形下能够以更为超前的策略来操纵飞机，作为一种辅助性的手段能够始终确保飞机在安全的区域内飞行。

此外，当前对于结冰情形下的飞行风险事件的致因机理的分析通常只关注单个飞行情形，对不同结冰情形缺乏系统的分析方法及手段。在计算飞行安全空间的过程中，所运用到的安全谱方法对于风险事件演化过程的分析具有其独特的优势，可同时分析比较多个状态点的风险演化规律。利用这一点，本章同时系统地分析了不同结冰情形下飞行风险事件的致因机理，得出了一般性的规律，为驾驶员在不同结冰情形下的操纵提供了一定的指导。

5.1 结冰飞机闭环系统模型

由于涉及计算安全边界的问题，其中往往伴随着飞机纵横向耦合等非线性动力学特性。因此，在进行动力学仿真中必须要采用飞机 6-DOF 动力学方程进行解算。第 2 章中已经对结冰情形下飞机本体 6-DOF 动力学模型、结冰环境模型进行了描述，为完成飞机在给定飞行指令下的动力学仿真，还需要建立相应的驾驶员模型或者飞控系统模型，从而完成闭环系统的建模。

考虑到驾驶员操纵的随机性，对于获得的结果无法体现一般性，这里建立基于 PID 控制的飞行控制系统模型来完成对给定飞行指令 (即指令高度变化率 $\dot{H}_{\text{ref}}$、指令滚转角 ϕ_{ref}) 的跟踪。参照典型运输类飞机自驾仪设计方法 [148,149]，所设计的控制器结构框图如图 5.1 所示。

图 5.1 中所有的系数 K^* 均为增益值，与飞行速度有关。该结构图表明，飞机的指令高度变化率 $\dot{H}_{\text{ref}}$ 与飞机实际高度变化率 $\dot{H}$ 的差值经由比例环节、积分环节以及俯仰角速率 q 的反馈信号运算后，通过升降舵 δ_e 来控制高度变化率达到指令值。类似地，飞机指令滚转角 ϕ_{ref} 与实际滚转角的差值经由比例环节、积分环节以及实际滚转角 ϕ 的微分反馈信号进行叠加后，通过控制副翼 δ_a 来对滚转角进行控制。方向舵 δ_r 的作用主要是控制飞机在滚转过程中侧滑角 β 保持为零。图中舵机动力学模块用于模拟舵机在运算出的指令作用下输出舵机的实际偏转量，飞机动力学模块用于计算飞机在输入舵偏量的作用下的状态变量值。

飞行速度的控制，由一个简单的比例控制器来对指令飞行速度进行跟踪：

$$\delta_{\text{th}} = K_T(V - V_{\text{ref}}) \tag{5.1}$$

式中，K_T 为比例系数，V_{ref} 表示指令飞行速度。

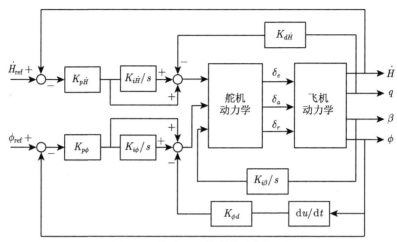

图 5.1　　指令跟踪控制律结构框图

5.2　飞行安全空间构建方法

5.2.1　飞行安全谱计算

飞行情形在这里表示飞机在给定飞行指令 (即指令飞行速度、指令滚转角、指令高度变化率已知) 情况下的动力学响应。飞行风险事件的发生往往伴随着飞行参数的异常变化，通过对单个飞行情形下的飞行参数数据变化情况进行分析，可以预判出飞行风险事件发生与否。本节将飞行参数数据在不同区间上的值以色彩化的形式呈现，通过对单个飞行情形下不同飞行参数的色谱信号叠加，来得到该飞行情形下的飞行安全谱。安全谱的获得可以很直观地看出单个飞行情形下飞行风险的演化过程。

当前对于飞行安全参数的限制的描述往往是确定性的，如某型飞机的手册中规定飞机的最大允许迎角 α 在 $Ma<0.55$ 时，不得超过 16°。其潜在的含义意味着迎角小于 16° 即是安全的，大于 16° 将会导致飞行事故的发生。Burdun[150,151]认为实际中人们对于这种限制的认识是带有模糊性质的，如迎角达到 15° 同样也是非常危险的状态。为此，他提出了用不同色彩来对飞行风险等级进行划分的方法，但该方法仅能用来表示飞行参数所处的风险等级，而不能表示此时飞行参数是处于正的风险区间还是负的风险区间。为此，本节提出了一种考虑飞行参数风险区间正负性的表示方法，该方法可以更加合理地表示飞行参数变化，进而体现飞行风险的演化过程。

针对背景飞机，在干净构型下，对于关注的飞行参数而言，它们在各自的区间上对应的风险色如表 5.1 所示，表格中的彩条表示对于所关注的飞行状态参数 x 对应的风险色彩化区间，$\underline{x}_f$、a、b、c、d、$\bar{x}_f$ 分别表示不同风险区间对应的边界值。当 $x < \underline{x}_f$ 或 $x > \bar{x}_f$ 时，均表示飞行参数超过极限值，飞行风险事件发生，其区别在于浅灰色表示状态参数超出了左边界 (即 $x < \underline{x}_f$)，深灰色表示状态参数超出了右边界 (即 $x > \bar{x}_f$)；当 $\underline{x}_f < x < a$ 或 $d < x < \bar{x}_f$ 时，表示飞行参数处在一个比较危险的区间，分别用浅红色与深红色表示；安全的参数范围用绿色表示。这些分界点的确定与飞机本身的性能及所处的飞行状态等有关，随着这两个因素的变化，飞行参数的色彩区间也随之而改变，参数的具体设定可参照相应的飞机性能手册。

表 5.1 干净构型下与安全相关的飞行参数色彩化区间 (扫描封底二维码可见彩图)

飞参	单位	节点					
		$\underline{x}_f$	a	b	c	d	$\bar{x}_f$
V	m/s	90	100	115	250	280	308
α	(°)	−10	−2.5	0	8	14	18
β	(°)	−45	−15	−10	10	15	45
ϕ	(°)	−75	−46	−30	30	46	75
θ	(°)	−40	−10	−5	16	25	55
$V_{\text{Vel}}(\dot{H})$	m/s	−25	−7	−4.5	15	25	—
n_y	—	−2.5	0.25	0.5	1.5	1.75	3.75
δ_e	(°)	−29.9	−23	−19	9	13	19.9
δ_a	(°)	−29.9	−23	−18	18	23	29.9
δ_r	(°)	−44.9	−38	−30	30	38	44.9

注：V_{Vel} 为垂直速度。

需要指出的是，表格中舵面操纵量浅灰/深灰色对应的值为舵面的极限偏转角度。对于舵面操纵量 δ_e、δ_a 和 δ_r 而言，舵面偏转至极限位置，飞行风险事件不一定会发生，其风险度设定为与浅红/深红一致，这里只是为了区分舵面操纵是否饱和，这一点与其他状态参数不同。

对于某个飞行情形而言，根据表 5.1 中飞行参数的色彩化区间分布，在动力学系统仿真结果的基础上，便得到每个与安全相关的关键飞行参数的变化情况。将这些关键飞行参数在每一时刻所属风险区间所对应的风险色按时间序列进行排列，即可得到这些关键飞行参数的色谱 $C_i(t)$，该情形的飞行安全谱即是在这些色谱带的基础上获得的。飞行安全是典型的木桶理论，任何一个关键飞行参数的异常都可能会导致飞行风险事件的发生，故最终的飞行安全谱上每一时刻对应的风险色与所有关键飞行参数在该时刻处在最危险状态的飞行参数的风险色相同。

为更好地阐述单个飞行情形安全谱的建立过程，以某型运输类飞机在平飞状态下 (H_0=2000m, V_0=120m/s) 以指定的飞行指令 ($\dot{H}_c$=10m/s, ϕ_c=35°, $V_c = V_0$)

协调爬升转弯为例, 计算出该飞行情形下与各安全相关的飞行参数及整个飞行情形的飞行安全谱如图 5.2 所示。其中, 每个飞行参数对应的安全谱为该飞行参数数据在预测时间段内的色谱, 最下面一行表示该飞行情形整个时间段内的风险变化情况, 定义为该飞行情形总的飞行安全谱, 其在每一时刻的风险值与该时刻处在最危险状态的与安全相关的飞行参数风险值相同。

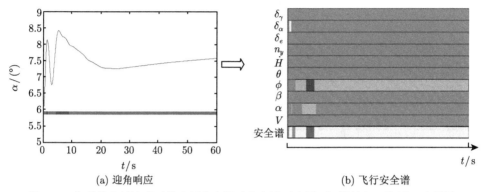

(a) 迎角响应　　　　　　　　　　(b) 飞行安全谱

图 5.2　典型的飞行情形下的飞行安全谱建立方法示意图 (扫描封底二维码可见彩图)

由于浅灰/深灰、浅红/深红、浅黄/深黄只是表示风险区间的正负, 其代表的风险值是相同的, 故在计算总的飞行安全谱时, 浅灰/深灰同用黑色表示, 浅红/深红同用红色表示, 浅黄/深黄同用黄色表示。由图 5.2 计算出的飞行安全谱可以很直观地看出该飞行情形下飞机在每一时刻所处的风险状态区间, 对于不同的飞行情形而言, 安全谱一般也是不同的, 如何根据获得的安全谱来对不同飞行情形的飞行风险值进行量化评估是 5.2.2 节的研究内容。

5.2.2　飞行风险量化

图 5.2 中由各种颜色构成的飞行安全谱, 代表了整个时间段内的风险度演变过程。然而, 不同飞行情形下的飞行安全谱都是不同的, 如何根据安全谱中所含的风险信息进行不同飞行情形风险度的对比, 是本节的研究内容。本节提出了单个飞行情形风险量化的方法: 采用对各种风险色所占百分比赋权相加的方法来得到该情形下的飞行风险值。

假定风险色黑、红、黄、绿分别占整个预测时间段的百分比为 P_k、P_r、P_y、P_g, 将每个风险色代表的风险值定义为 V_k、V_r、V_y、V_g, 那么在整个预测时间段内的风险值可表示为

$$R' = P_k V_k + P_r V_r + P_y V_y + P_g V_g \tag{5.2}$$

需要指出的是, 存在这样一种飞行情形, 所有的飞行参数在预测区间内维持

在各自的安全范围之内，然而飞机却无法达到给定的飞行指令，无法稳定在给定的飞行指令状态。例如，当飞行指令设定为 $\dot{H}_c = -15\text{m/s}$，$\phi_c = 0°$，$V_c=120\text{m/s}$ 时，飞机的动态响应如图 5.3 所示。

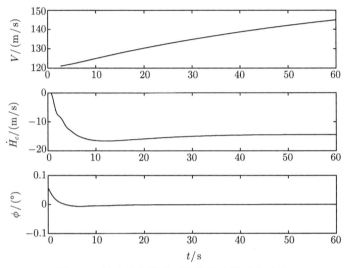

图 5.3   给定飞行指令下的飞行参数动态响应

从图 5.3 所示仿真结果来看，飞机的高度变化率与滚转角均达到了给定的飞行指令值，但是飞行速度一直在增加而不是稳定维持在设定的 120m/s 的速度值上。进而说明该飞行指令是无法完成的，应当排除出飞机的可用运行范围内。这里，定义惩罚因子 ε 来排除这种飞行情形。将单个情形的飞行风险值最终定义为

$$R = \varepsilon R' \tag{5.3}$$

式中，当飞行指令可达时，ε 等于 1；反之当其不可达时，ε 等于 2。

考虑到安全谱中一旦有黑色区域出现，表示至少有一个飞行参数的值超出了安全飞行的最大允许值，即认为飞行风险事件的发生，这是飞行中要极力避免的，可将黑色代表的风险值 V_k 取一个较大的值，这样一旦出现飞行风险事件，得到的飞行风险明显要大于其他飞行情形。本节各风险色代表的风险值分别为：$V_k=30$，$V_r=4$，$V_y=2$，$V_g=1$。以图 5.2 所示的飞行情形为例，得到该飞行情形的风险值为 2.062。

5.2.3 安全空间构建

根据安全谱可以很直观地看出飞机以某个目标航向指令飞行的风险演变过程。而单个飞行情形下风险的量化则是构建飞机在整个操纵空间的飞行风险拓扑

云图的基础。以指令滚转角与指令航向角构成的操纵空间为计算区域，将计算区域离散成许多计算单元，每个单元对应一个飞行情形，可以通过前述的方法计算出该飞行情形的风险值，进而可得到整个操纵空间风险场的拓扑云图。显然，每个计算单元之间是独立的，风险值的计算过程相互之间并不干扰，因此可以通过并行计算的方式来加快计算进程。

对整个飞行操纵范围的风险度进行计算需耗费一定的时长，采用并行仿真手段可以大大缩减计算时间，提高预测的时效性。而当前公开的文献中，还鲜见有将并行计算技术运用到飞机飞行动力学仿真中的报道。为此，本节提出了基于 Mat-lab/Simulink 平台的并行飞行仿真方法，来解决大量蒙特卡罗飞行仿真的耗时性问题，为计算飞行动力学的实施提供了便利，其实施过程如下。

(1) 在 Simulink 环境下针对飞机本体、舵机、飞控系统、结冰环境分别进行可视化建模，完成复杂系统飞行动力学仿真平台的搭建，并计算出飞机在给定初始飞行状态下的配平特性。

(2) 在 Simulink 环境下针对飞机本体、舵机、飞控系统、结冰环境分别进行可视化建模，完成复杂系统飞行动力学仿真平台的搭建，并将其中的舵面输入及飞机状态变量设定为步骤 (1) 中获得的配平值。

(3) 设置 Simulink 的仿真模式为 Rapid Accelerator 模式，并在 Configuration Parameters 设置中指定可调变量，如 V_c、ϕ_c 和 $\dot{H}_c$ 等。

(4) 调用 buildRapidAcceleratorTarget 命令生成步骤 (2)、(3) 中仿真模型的 Rapid Accelerator 目标对象，用 paramSets 命令对可调变量构成的结构体进行初始化。

(5) 运用并行计算命令 parfor 调用步骤 (2)、(3)、(4) 中的仿真模型 *.mdl 文件进行并行计算，根据由此计算出的飞机各状态参数的响应获得飞机在整个运行空间内每个计算单元的安全谱。

(6) 依据公式 (5.2)、(5.3) 计算出飞机在整个操纵范围上每个计算单元对应的风险值，并在此基础上，做出飞机操纵范围的风险拓扑云图。

需要指出的是，飞行风险事件的风险值明显要大于一般飞行情形。例如在干净构型下，当飞行指令设定为 V_c =120m/s，$\phi_c = 55°$，$\dot{H}_c$ =10m/s 时，通过上述方法得到的该飞行情形的风险值为 18.447。过高的风险值会导致在建立风险拓扑云图时，风险值较低的飞行情形的风险色几乎为同一颜色，在拓扑图中区别不明显。为此，将所有飞行风险值大于某个限定值的飞行情形的飞行风险设定为该限定值，这样使得风险色的分离度更加明显。本节将该限定值取为 4.5。根据风险值的设定可知，只要总的风险值 $R>4$，即意味着预测时间段内出现了参数超限的情形，将限定值定为 4.5 既保证了对风险事件状态点的区分，也确保了风险拓扑图中低风险状态点的风险色的分离度。

以飞机在 $H_0=2000$m，$V_0=120$m/s 水平匀速直线飞行的初始飞行状态下，计算飞机的安全飞行范围。计算在 4 核八线程处理器 Intel(R) Core(TM) i7-3770 CPU 3.40 GHz 计算机上进行，系统运行内存为 4GB，仿真运行环境为 Matlab 2010a，通过测试，得到并行和串行两种飞行仿真的计算信息对比如表 5.2 所示。

表 5.2 并行计算与串行飞行仿真的计算时间对比

计算方式	计算范围	计算节点数	计算时间/s
串行计算	$V_c \in [100:10:150]$	924	731.07
并行计算-4 个工况	$\dot{H}_c \in [-20:6:40]$	924	256.38
并行计算-8 个工况	$\phi_c \in [-65:10:65]$	924	161.85
串行计算	$V_c \in [100:10:150]$	9858	7708.78
	$\dot{H}_c \in [-20:6:40]$		
并行计算-8 个工况	$\phi_c \in [-65:10:65]$	9858	1582.01

从计算时间的对比结果来看，并行仿真的计算时间明显要快于串行仿真的时间，运算速度与很多因素有关，如 CPU 的运算性能，程序开发的复杂程度 Matlab 作为二次开发语言，其运算速度不及 C、C++ 等语言，

通过计算，便可得到每个计算节点上对应的飞行风险值，进而便可得到三维色彩云图呈现的安全空间，如图 5.4 所示，图中不同的颜色代表了不同的风险度，图右边的色例为不同的风险值 R 对应的风险色。

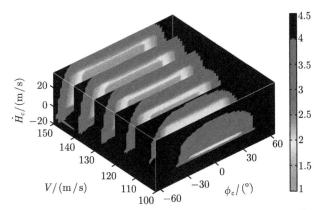

图 5.4　干净构型下的飞行安全空间 (扫描封底二维码可见彩图)

为进一步直观地显示出安全空间内部风险拓扑结构，我们将不同指令飞行速度下对应的风险分布情况在二维 (2D) 平面上展示出来，其结果如图 5.5 所示。这种二维空间上的风险分布图称为安全窗，它揭示了飞机在不同指令飞行速度下的安全运行范围。

图 5.5 中，每一个子图的横坐标与纵坐标分别表示指令滚转角与指令高度变

化率。很明显，在干净构型下，不管飞机指令飞行速度值为多少，飞机的飞行安全窗的分布都是以 $\phi_c = 0°$ 为对称轴呈对称分布的，并且随着飞行速度的增加，飞机安全运行范围也在逐渐增大。对于每一个安全窗底部的部分黑色区域而言，并不代表该范围内的飞行指令一定会导致飞行风险事件的发生，而是表示飞机无法在该区域内的飞行指令下保持稳定飞行。正如所描述的特殊飞行情形那样，这些情形下，飞机的高度下降率指令值设定得过大，势能的快速变化使得飞机的动能持续地增加，即使是发动机的推力为最小值时，飞机也无法稳定在指定的速度值上。

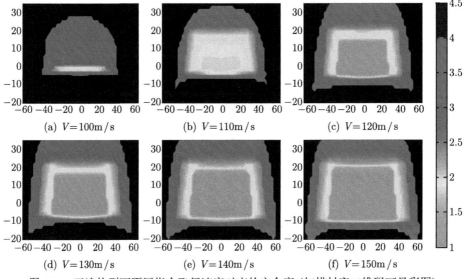

图 5.5　干净构型下不同指令飞行速度对应的安全窗 (扫描封底二维码可见彩图)

　　这里所计算出来的安全空间为驾驶员提供了一种新颖的安全飞行方式上的风险告警与指示。正如文献 [147] 所述的那样，驾驶员在遭遇不利飞行情形 (如控制舵面失效、单发故障、飞机结冰)，飞机的安全操纵边界改变时，最希望得到的便是飞机可用飞行速度、可用滚转角与可用高度变化率的范围，这正是本节提出的安全空间的意义所在。接下来将采用上述方法对飞机在不同结冰情形下的安全空间的变化以及飞行风险事件的致因机理进行分析。需要指出的是，在真实飞行过程中，驾驶员并不靠观察二维或三维的色彩云图来进行飞行，这里用色彩化云图的方式来呈现只是为了直观地显示出飞机在不同结冰情形下的可用运行范围的变化。在实际的工程运用中，如何将上述的风险信息以合适的方式提供给驾驶员，需要进行进一步的研究，可参照 Gingras 等所做的相关工作。

5.3　基于 APSO-RBF 神经网络的飞行安全空间智能预测方法

　　上述飞行安全空间的计算是针对单个飞行状态而言的,然而现实飞行过程中,飞行状态参数和飞行风险受到多重因素影响,各种影响因素都在实时变化,单纯依靠并行仿真计算手段,无法实时获取全过程、全包线、全因素的飞行安全空间。

　　人工智能算法自诞生以来,在数据处理、机器学习、模式识别等领域取得了突飞猛进的进展,神经网络作为人工智能算法的一种重要模型,具有极强的非线性适应性信息处理能力,能够从有限的数据中学习出具有一般性的规律,并通过这些规律对未知数据进行预测。为此,本节提出通过并行仿真计算手段,计算多个飞行状态对应的飞行安全空间,并存储在数据库中,然后应用神经网络算法对数据进行学习,获取空间飞行风险分布与状态参数等的映射关系,以便在实际飞行过程中,实时预测出当前状态下飞行安全空间的方法,从而保证飞行全过程、全包线内安全运行范围的智能预测。

　　径向基 (RBF) 神经网络是一种简洁有效的前馈神经网络,具有无限逼近和全局最优的性能。RBF 神经网络基于人脑的神经元细胞的局部响应特性提出,RBF神经网络结构模拟了人脑中局部调整、相互覆盖接受域的神经结构。激活函数根据插值理论选取具有多变量插值功能的径向基函数,结构简单易训练,不存在局部最优问题等,这些优点使得 RBF 神经网络在很多领域有较广泛的应用,比如,模型预测控制、函数逼近、分类、模式识别、回归问题以及预测、软测量等领域。但是,在 RBF 神经网络成功应用之前,首先要对其参数进行优化及结构进行精心设计。

　　粒子群优化 (PSO) 算法是一种基于种群的随机搜索算法,最早源于对鸟群觅食行为的研究。尽管鸟群的飞行行为似乎毫无规则,但研究者通过长期观察发现鸟群整体飞行路径总是存在协同关系,不仅整体运动流畅,而且个体之间也极其协调,似乎鸟群受到某种规则的约束。通过对鸟群飞行现象的研究,Craig Reynols 首先提出了 Boid 模型,而生物学家 Heppner 进一步分析栖息地对鸟的吸引,提出了一个仿生物群体行为的鸟群聚集模型。1995 年,美国的社会心理博士 Kennedy 和电子工程学博士 Eberhart 在鸟群聚集模型的基础上提出了粒子群优化算法。PSO 算法将鸟抽象为没有质量和体积的 “粒子”,通过模拟鸟群飞行过程中的协作行为,设计粒子间的相互协作及信息共享机制,并记忆自身及群体的历史运动信息,来协助粒子当前的运动行为,从而更好地在复杂空间中寻优。

5.3.1   RBF 神经网络

RBF 神经网络是一种典型的前馈型神经网络，RBF 神经网络结构一般由三层组成：输入层、隐含层及输出层。如图 5.6 所示为 RBF 神经网络拓扑结构图 (多输入单输出)。输入层直接将输入向量映射到隐含层，作为隐含层输入。从输入层到隐含层的是非线性映射，从隐含层到输出层的是线性映射，即网络的输出是隐含层输出结果的线性加权和。

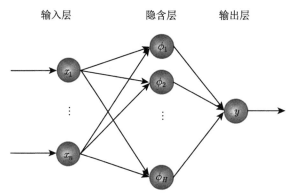

输入层　　　　　　　隐含层　　　　输出层

图 5.6　　RBF 神经网络拓扑结构示意图

第一层为输入层，由信号源节点组成，即 $x(t)=[x_1,\cdots,x_n]^{\mathrm{T}}$，样本列向量的每一个元素作为输入层的节点。该层主要是将输入样本传递给隐含层。在此之前，一般需要对输入样本的数据进行归一化处理，使得各节点输入值处于同一数量级，避免量纲影响。

第二层为隐含层，RBF 神经网络隐含层节点采用径向基函数作为激活函数。径向基函数是一类具有中心点对称、径向衰减的非负非线性特性的函数，并且这些函数具有局部响应特征。RBF 神经网络与其他前馈神经网络不同的地方主要是隐含层。隐含层空间的“基”采用径向基函数，这样一旦各隐含层节点的径向基函数的中心确定，不需要通过权值连接就可以将输入矢量映射到隐含层空间。神经网络的多样性不仅反映在由隐含层节点个数决定的网络模型上，也反映在选取的径向基函数上。RBF 神经网络隐含层里的 basis function(径向基函数里的基函数) 就是一个函数集，该函数集在将输入矢量映射至隐含层空间时，为其构建了一个任意的“基”。这个函数集内的函数都被称为径向基函数。径向基函数可以有多种形式，常见的径向基函数有标准高斯函数、反常 S 型函数、柯西函数等，而标准高斯函数是在 RBF 神经网络中最常用的径向基函数。

隐含层对输入矢量进行非线性变换，将低维的输入矢量映射到高维空间内，在高维空间中解决原本在低维空间内不可解的问题。隐含层第 k 个神经元的输出为

$$\phi_k(x) = \mathrm{e}^{\frac{\|x - \mu_k\|}{\sigma_k^2}}, \quad k = 1, 2, \cdots, K \tag{5.4}$$

式中，ϕ_k 是第 k 个隐含层神经元输出；μ_k 和 σ_k 分别表示第 k 个隐含层神经元的中心和宽度，在训练过程中，中心和宽度将根据样本动态调整；K 是隐含层神经元个数。

第三层为输出层，对隐含层的输出做出响应。映射函数是一个线性函数，通过连接权值对隐含层各层输出结果进行线性组合，表达式如下：

$$y = \sum_{k=1}^{K} w_k \cdot \phi_k \tag{5.5}$$

其中，w_k 是第 k 个隐含层神经元与网络输出的连接权值。通过 RBF 神经网络结构可知，RBF 神经网络的参数包括：中心值 μ_k、宽度 σ_k 及连接权值 w_k，这三个参数最终决定神经网络的性能，因此，如何更好地优化 RBF 神经网络参数显得尤为重要。

5.3.2 APSO 算法

PSO 算法中每个粒子都被看作是 d 维可行解空间中的一个解，粒子位置可表示为

$$\boldsymbol{A}_i = [a_{i1}, \cdots, a_{id}] \tag{5.6}$$

其中，d 是搜索空间维数，$i = 1, 2, \cdots, s$，s 是粒子数。并且粒子速度可以表示为

$$\boldsymbol{V}_i = [v_{i1}, \cdots, v_{id}] \tag{5.7}$$

在搜索过程中，通过适应度函数值 (fitness value) 来评价粒子的"好坏"程度，每个粒子在飞行过程中搜索到的最好位置，就是粒子本身的局部最优解，也叫做个体极值 $\boldsymbol{P}_i(t)$：

$$\boldsymbol{P}_i(t) = [p_{i1}(t), \cdots, p_{id}(t)] \tag{5.8}$$

而整个群体搜索到的最好位置，就是整个群体目前找到的全局最优解，也叫做全局极值记录群体全局最优解 $g(t)$：

$$\boldsymbol{G}(t) = [g_1(t), \cdots, g_d(t)] \tag{5.9}$$

每个粒子根据自身的速度、个体极值和全局极值更新自己的速度及位置。速度及位置更新如公式 (5.10) 和 (5.11) 所示

$$v_{id}(t+1) = v_{id}(t) + c_1 r_1(p_{id}(t) - a_{id}(t)) + c_2 r_2(g_d(t) - a_{id}(t)) \tag{5.10}$$

$$a_{id}(t+1) = a_{id}(t) + v_{id}(t+1) \tag{5.11}$$

其中，c_1，c_2 是加速度常数，通常 $c_1 = c_2$，且一般在 $[0,2]$ 之间取值。r_1 和 r_2 是 $[0,1]$ 之间均匀分布的随机数。ω 为惯性权重，通过粒子适应度值更新粒子个体最优，如公式 (5.12) 所示

$$\boldsymbol{P}_i(t+1) = \begin{cases} \boldsymbol{P}_i(t), & f(\boldsymbol{A}_i(t+1)) \geqslant f(\boldsymbol{P}_i(t)) \\ \boldsymbol{A}_i(t+1), & \text{其他} \end{cases} \tag{5.12}$$

其中，函数 $f(\boldsymbol{A}_i(t))$ 是适应度函数，用于表示解的优劣。选择个体最优适应度值最小解作为全局最优解，如公式 (5.13) 所示

$$\boldsymbol{G}(t+1) = \underset{\boldsymbol{P}_i}{\arg\min}(f(\boldsymbol{P}_i(t+1))), \quad 1 \leqslant i \leqslant s \tag{5.13}$$

由粒子的速度更新公式可知，粒子速度主要受三部分影响。第一部分是上一时刻的速度 $v_{id}(t)$，表示粒子受惯性行为的影响。第二部分是 $c_1 r_1(p_{id}(t) - a_{id}(t))$，也称为 "认知部分"，表示粒子的自学习过程。第三部分是 $c_2 r_2(g_d(t) - a_{id}(t))$，称为 "社会部分"，表示粒子向全局最优靠近的过程，表现了粒子间的协同信息共享。

研究者通过实验分析发现，第一部分的大小对粒子的全局和局部搜索能力具有很大影响。但是，在不同的搜索时期，群体需要不同的全局搜索能力和局部搜索能力，使得粒子不易陷入局部极小，且能找到全局最优解。为了更好地平衡种群的全局和局部搜索能力，Y. H. Shi 等提出了一种先进粒子群优化 (adaptive particle swarm optimizer，APSO) 算法，在原始 PSO 算法的基础上引入了惯性权重 ω。其速度更新如公式 (5.14) 所示

$$v_{id}(t+1) = \omega v_{id}(t) + c_1 r_1(p_{id}(t) - a_{id}(t)) + c_2 r_2(g_d(t) - a_{id}(t)) \tag{5.14}$$

其中，ω 是惯性权重，表示保留上一步搜索速度 $v_{id}(t)$ 的程度，而为了更好地平衡全局和局部搜索，使得惯性权重更加符合粒子飞行状态，在搜索过程中对惯性权重 ω 进行动态调整：算法初始阶段，ω 赋予较大值，算法后期阶段，ω 赋予较小值，保证搜索初期粒子以较大的速度步长在全局范围内探测较优解，搜索末期粒子以较小的速度步长在最优解附近做精细探测，从而使算法有较大的概率向全局最优解位置收敛。

对于 PSO 算法，多样性对提高进化的效果起着重要的作用。粒子过早收敛的表现是缺乏多样性。惯性权重将根据粒子多样性进行调整，多样性的定义为

$$S(t) = \frac{f_{\min}(\boldsymbol{A}(t))}{f_{\max}(\boldsymbol{A}(t))} \tag{5.15}$$

并且,

$$\begin{cases} f_{\min}(\boldsymbol{A}(t)) = \text{Min}(f_{\min}(\boldsymbol{A}_i(t))) \\ f_{\max}(\boldsymbol{A}(t)) = \text{Max}(f_{\min}(\boldsymbol{A}_i(t))) \end{cases} \tag{5.16}$$

其中,$f(\boldsymbol{A}_i(t))$ 是第 i 个粒子适应度值,$i = 1, 2, \cdots, s$,$f_{\min}(t)$ 和 $f_{\max}(t)$ 分别是 t 时刻最小和最大的适应度值。多样性 $S(t)$ 用来描述粒子的运动特性,表示粒子的聚散程度,反映了群体的整体搜索状态,并且能够反映粒子陷入局部最优的信息。基于多样性 $S(t)$ 设计非线性回归函数,用于调整惯性权重,使其更加符合粒子飞行状态,非线性函数如下:

$$\gamma(t) = (L - S(t))^{-1} \tag{5.17}$$

其中,L 是初始化常数,且 $L \geqslant 2$。此外,每个粒子的空间状态不同,需要根据粒子的状态自适应调整惯性权重,引导每个粒子的飞行。而粒子与最优粒子间的差异性能够很好地反映粒子当前最优的差异,从而指导粒子飞行,粒子与最优粒子的差异表示为

$$A_i(t) = \frac{f(g(t))}{f(a_i(t))} \tag{5.18}$$

其中,$f(g(t))$ 是全局最优适应度值。综合以上分析,自适应惯性权重策略被定义为

$$\omega_i(t) = \gamma(t)\,(A_i(t) + c) \tag{5.19}$$

$\omega_i(t)$ 是第 i 个粒子在 t 时刻的惯性权重,$c \geqslant 0$ 是一个预定义的常数,用来改善粒子的全局搜索能力。为了进一步提高粒子后期的局部搜索能力,提出一个粒子速度范围限制公式,如公式 (5.20) 所示,使得粒子随着迭代的进行,速度范围逐渐缩小,从而增强局部搜索能力。

$$\begin{cases} v_{\max} = m \times \mu^{-\text{iter}} \\ v_{\min} = -m \times \mu^{-\text{iter}} \end{cases} \tag{5.20}$$

式中,m 为常数,取值范围为 [0,1],μ 的取值范围是 [1,1.1],iter 是当前迭代步数。通过改进惯性权重调整公式,并且增加速度范围调整公式,提出 APSO 算法,能够较好地平衡 PSO 算法的全局搜索能力和局部搜索能力。为了更好地描述 APSO 算法,其流程图如图 5.7 所示。

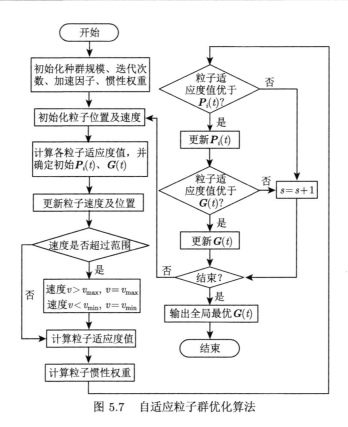

图 5.7　自适应粒子群优化算法

5.3.3　安全空间智能预测

1. 数据训练

APSO-RBF 神经网络中，参数分布在隐含层及输出层，隐含层第 k 个神经元的输出为

$$\phi_k(x) = \mathrm{e}^{\frac{\|x - \mu_k\|}{\sigma_k^2}}, \quad k = 1, 2, \cdots, K \tag{5.21}$$

网络输出为

$$y = \sum_{k=1}^{K} w_k \cdot \phi_k \tag{5.22}$$

因此，神经网络参数包括中心值 μ_k、宽度 σ_k 及连接权值 w_k，作为 APSO 算法优化变量，粒子的位置为

$$\boldsymbol{x} = \left[\mu_1^{\mathrm{T}}, \sigma_1, w_1, \mu_2^{\mathrm{T}}, \sigma_2, w_2, \cdots, \mu_K^{\mathrm{T}}, \sigma_K, w_K \right] \tag{5.23}$$

其中，K 为隐含层神经元数，粒子空间维数为

$$D = (2 + n)K \tag{5.24}$$

其中，n 为输入变量数。APSO-RBF 神经网络更新过程如图 5.8 所示。

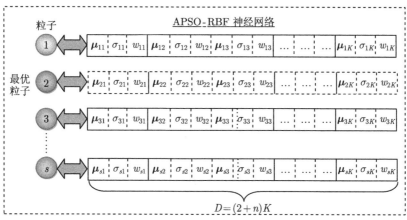

图 5.8 APSO-RBF 神经网络更新过程

为了利用 APSO 算法的强大搜索能力最小化网络误差函数，达到网络预测效果，将样本实际输出与网络输出之间的相对误差函数 (RMSE) 作为 APSO 算法的适应度函数。适应度函数公式如下：

$$f(x_i(t)) = \text{RMSE}_i(t) = \sqrt{\frac{1}{T} \sum_{t=1}^{T} (y(t) - y_d(t))^2} \tag{5.25}$$

其中，$y_d(t)$ 为实际输出，$y(t)$ 为网络输出，T 是样本数。APSO-RBF 神经网络详细流程步骤如下：

(1) 初始化种群数、加速度常数 c_1 和 c_2 及种群迭代次数、速度及位置范围，初始化 RBF 神经网络隐含层神经元数，初始化 RBF 参数，并将参数映射到粒子位置，并初始化速度；

(2) 开始训练 RBF 神经网络，根据 RBF 相对误差函数计算各粒子适应度值；

(3) 选择个体最优 $\boldsymbol{P}_i(t)$ 及全局最优 $\boldsymbol{G}(t)$；

(4) 更新惯性权重；

(5) 更新粒子速度及位置；

(6) 将位置映射到 RBF 神经网络，计算网络误差；

(7) 判断是否满足终止条件，若满足则转到 8，否则转到 2；

(8) 将粒子最优解作为一组最优参数输出，即为优化结果，RBF 神经网络训练结束。

以表 5.2 中的并行计算工况获得的 9858 个计算节点数据作为神经网络的样本集，对神经网络进行训练，训练误差随迭代次数的变化情况如图 5.9 所示，迭代计算次数超过 450 次，训练误差稳定在 10^{-8}。基于训练好的 APSO-RBF 神经网络获得的干净构型下不同指令飞行速度对应的安全窗如图 5.10 所示。与图 5.5 相对比，经过数据训练的 APSO-RBF 神经网络算法能够较为精确地逼近动力学仿真计算得出的结果，只是在局部小范围内有微小的误差，表明本章提出的基于 APSO-RBF 的神经网络能够用来对飞行中的风险进行预测。

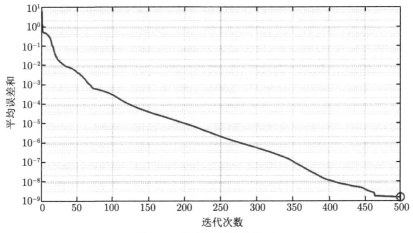

图 5.9　训练误差变化情况

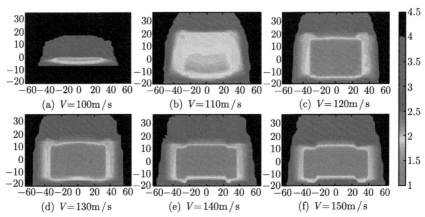

图 5.10　基于 APSO-RBF 神经网络的干净构型安全窗预测结果 (扫描封底二维码可见彩图)

2. 预测分析

基于训练好的神经网络，预测飞机在 V_0=90m/s、125m/s 和 160m/s 水平匀速直线飞行状态下的安全空间如图 5.11 所示。

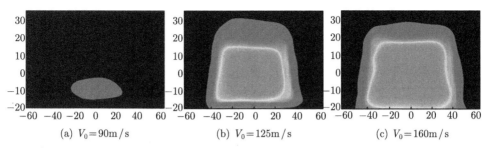

图 5.11 基于 APSO-RBF 神经网络获得预测安全空间 (扫描封底二维码可见彩图)

基于 Matlab/Simulink 平台的并行飞行仿真方法获得飞机在 V_0=90m/s、125m/s 和 160m/s 水平匀速直线飞行状态下的安全空间如图 5.12 所示。

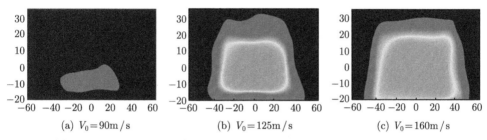

图 5.12 基于并行飞行仿真获得预测安全空间 (扫描封底二维码可见彩图)

图 5.11 和图 5.12 对比分析表明基于 APSO-RBF 神经网络的安全空间智能预测精确度较高。与并行计算仿真相比较，基于 APSO-RBF 神经网络的安全空间智能预测方法具有结构简单、计算速度快和预测精度高等优点。通过复杂系统建模仿真获得飞机复杂情形下全包线安全空间，当驾驶员在遭遇不利飞行情形时 (如控制舵面失效、单发故障、飞机结冰)，基于 APSO-RBF 神经网络实现安全空间智能预测，从而为驾驶员提供实时的风险告警与指示。

5.4 复杂结冰情形下结冰致灾机理分析

结冰破坏了飞机原有的气动外形，往往会导致飞机的稳定性、操纵性的恶化。在飞机设计的初期，借助于风洞试验或者流场仿真等手段，获得在不同结冰情形下飞机空气动力学特性的变化，通过 5.3 节描述的方法便可获取飞行安全操纵范围，进而为结冰条件下的边界保护系统、飞行控制律、驾驶员情景感知增强系统等的设计提供一定的指导意义。本节以飞机遭遇机翼对称结冰和非对称结冰两种飞行情形为例进行案例研究。飞行初始条件均设定为 H_0=2000m，V_0=120m/s，飞机保持平飞，计算范围均取为 $V_c \in [100:150]$m/s，$\phi_c \in [-65:65]°$，$\dot{H}_c \in [-20:40]$m/s。

5.4.1 对称结冰情形案例分析

1. 对称结冰情形下安全空间构建

假定结冰严重程度参数 $\eta = 0.1$，根据安全空间构建方法，可得到对称结冰情形下的飞行安全空间如图 5.13 所示，安全空间的二维形态——飞机在不同指令飞行速度下的安全窗如图 5.14 所示。

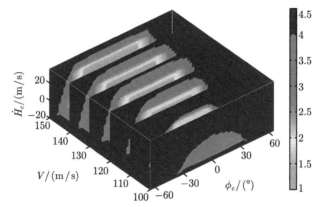

图 5.13　对称结冰情形下飞行安全空间云图 (扫描封底二维码可见彩图)

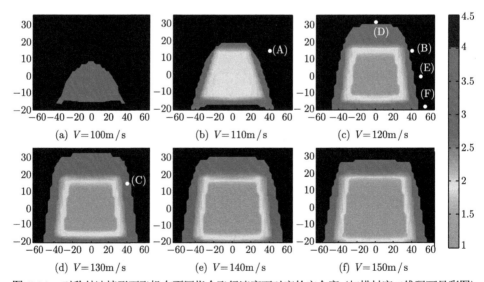

图 5.14　对称结冰情形下飞机在不同指令飞行速度下对应的安全窗 (扫描封底二维码可见彩图)

从图 5.14 中可以很明显地看出结冰导致飞机安全运行范围的缩减——黑色区域面积要明显大于图 5.5 中干净构型时的飞行情形，对飞机的可用滚转角而言这点尤为明显。对于飞机的可用高度变化率而言，其跨度范围的大小虽然基本能够保持不变，但是其上边界明显缩减而下边界明显延伸，即飞机的最大爬升速度下降而稳定下滑速度增大。这与结冰导致的飞机气动性能恶化有关：当飞机以一定速率爬升时，飞机的最大可用推力无法克服由于阻力增大带来的影响，因此最大爬升率减小；当下滑时，飞机损失的一部分势能由飞机增大的阻力消耗了，因此飞机飞行速度的增加量相对于干净构型时相对较小，也就相对容易稳定在一定的下滑率上。

2. 对称结冰情形风险事件致因机理分析

为研究对称结冰情形下飞行事故发生的致灾机理，在图 5.14 中选取 6 个典型状态点来进行研究。其中同一个指令飞行速度下的 4 个风险事件状态点 B、D、E、F 用来进行横向对比分析；A、C 两个状态点的指令滚转角与高度变化率与 B 状态点相同，只是飞行速度的指令值不同，进而用来进行纵向对比。具体每个状态点对应的飞行指令值以及各自的飞行安全谱如图 5.15 所示。图 5.15(f) 中的空白区域是由于飞机坠地，仿真提前结束引起的。

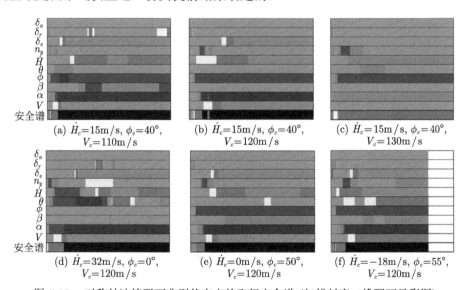

图 5.15　对称结冰情形下典型状态点的飞行安全谱 (扫描封底二维码可见彩图)

从图 5.15 中所示结果来看，在飞机指令飞行速度相同的情况下，不管是指令高度变化率的值设定过高，还是指令滚转角的值设定过大，亦或者二者同时设定过高，迎角对应的风险谱总是很快进入了深灰色区域，也就意味着飞机迎角超出其右边界，即大于失速迎角。与此同时，飞机高度变化率对应的色谱都出现了浅灰色区域，这说明风险事件演化过程与飞机下降速度过快密切相关。对于飞行速度而言，除非另飞机以较大的下降率下滑，否则其风险谱总是会出现浅灰色区域。

除此之外，通过对比图 5.15(a)~(c) 的安全谱，当飞机的指令高度变化率及指令滚转角相同时，飞行风险随着速度的增加而减小，指令飞行速度越低，风险事件的演化速度越快。这是由于飞机的升力与飞行速度直接相关，增加飞行速度能够为迎角提供更大的安全裕度。

为增强仿真结果的可信度，将图 5.15(d) 仿真结果与国外公开发表的文献中关于飞机在对称结冰情形下爬升的动力学响应进行对比，结果表明，对于飞机迎角、飞行速度等安全关键参数的响应在仿真的大部分时间里趋势都是基本一致的，不同之处在于仿真时间段末期飞行速度与滚转角的响应，这可能是由于不同飞机的推重比不同以及本节在进行仿真过程中考虑到了飞控系统的作用。总体来说，本节关于飞机在对称结冰情形下的仿真结果是可信的。

通过上述对称结冰情形下典型风险事件状态点的分析，可以得出飞机在对称结冰情形下风险事件演化的一般规律：飞机在对称结冰情形下飞行风险事件的发生往往开始于迎角超出结冰后的失速迎角，飞机的推力不足以维持安全飞行的需要，导致飞行速度减小到极限值，随后飞机开始急速下降，此时很难避免事故的发生。因此，为确保对称结冰情形下的飞行安全，驾驶员或者飞控系统应当重点关注飞行过程中迎角变化率、速度变化率和高度变化率这 3 个安全关键参数的变化情况。

5.4.2 非对称结冰情形案例分析

1. 非对称结冰情形下安全空间构建

假定飞机在上述初始飞行条件及结冰严重程度下，右侧机翼除冰系统出现故障而左侧机翼除冰系统工作正常，根据所建立的非对称结冰模型，通过 5.2 节所提出的飞行安全空间的计算理论，得到飞机在非对称结冰情形下飞行安全空间如图 5.16 所示，进而得到对应的安全窗如图 5.17 所示。

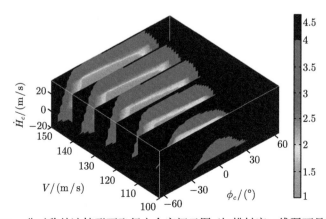

图 5.16　非对称结冰情形下飞行安全空间云图 (扫描封底二维码可见彩图)

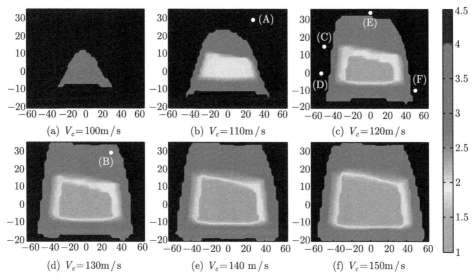

图 5.17 非对称结冰情形下飞机不同指令飞行速度对应的安全窗 (扫描封底二维码可见彩图)

从计算的结果来看，非对称结冰情形下，结冰不但导致安全范围的缩减，同时当结冰的不对称性超过一定程度时，飞机的安全飞行范围还出现了明显的不对称现象：对于绿色安全飞行区域，当飞机爬升时，飞机偏向除冰系统故障那一侧的安全飞行范围相对大一些；不过当飞机下降时，飞机安全运行范围的不对称性则相对不那么明显。为了探索这种不对称现象的原因，选取如图 5.18 中的六个蓝色三角形标注的典型状态点 (A~F) 来进行具体的分析，这六个点对应的安全谱分别如图 5.19(a)~(f) 所示。

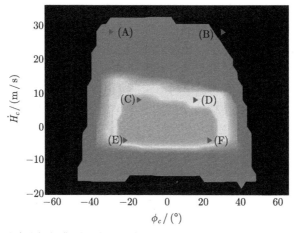

图 5.18 不对称分析的典型状态点在安全窗中的分布 (扫描封底二维码可见彩图)

从图 5.19(a) 和 (b) 所示的安全谱来看，当飞机滚转爬升时，在同样的指令滚转角下，飞机向着除冰系统故障一侧更易导致飞行风险事件的发生；图 5.19(b) 中空白的区域是由于滚转角到了一个预先给定的限制值，仿真在滚转角达到该值时停止，即认为飞机滚转角达到一定值之后驾驶员无法挽回，飞行风险事件发生。本节中将该值设定为 $\phi_{\text{crical}} = 150°$。

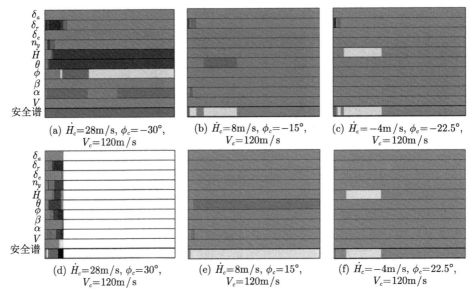

(a) $\dot{H}_c = 28\text{m/s}$, $\phi_c = -30°$,
$V_c = 120\text{m/s}$

(b) $\dot{H}_c = 8\text{m/s}$, $\phi_c = -15°$,
$V_c = 120\text{m/s}$

(c) $\dot{H}_c = -4\text{m/s}$, $\phi_c = -22.5°$,
$V_c = 120\text{m/s}$

(d) $\dot{H}_c = 28\text{m/s}$, $\phi_c = 30°$,
$V_c = 120\text{m/s}$

(e) $\dot{H}_c = 8\text{m/s}$, $\phi_c = 15°$,
$V_c = 120\text{m/s}$

(f) $\dot{H}_c = -4\text{m/s}$, $\phi_c = 22.5°$,
$V_c = 120\text{m/s}$

图 5.19　用于安全窗不对称性分析的典型状态点安全谱 (扫描封底二维码可见彩图)

图 5.19 中的安全谱还表明飞机在非对称结冰情形下，安全运行范围的非对称性主要是由于飞机向左滚转与向右滚转时俯仰角的差异带来的。当飞机指令滚转角的绝对值相同时，飞机向左滚转爬升时 (图 5.19(c)) 的俯仰角相对于向右滚转爬升时 (图 5.19(d)) 的值要小。也就是说当飞机需要进行滚转爬升时，向着除冰系统工作正常的一侧滚转时的安全性相对于向着除冰系统故障的一侧滚转的安全性要大一些。另一方面，当飞机滚转下滑时 (图 5.19(e) 和 (f))，飞行安全谱的变化基本上是一致的，只是仿真的初期副翼的偏转不同，使得图 5.18 中 E 状态点的风险值 (1.3742) 要稍大于图 5.17 中 F 状态点的风险值 (1.2759)。

2. 非对称结冰情形风险事件致因机理分析

为研究非对称结冰情形下飞行事故发生的致灾机理，选取另外 6 个典型的飞行状态点来进行研究，状态点的选择原则同对称结冰情形致因机理分析中满足纵横向对比的需要。它们的位置如图 5.17 中白点所示。这 6 个状态点对应的飞行安全谱如图 5.20 所示。

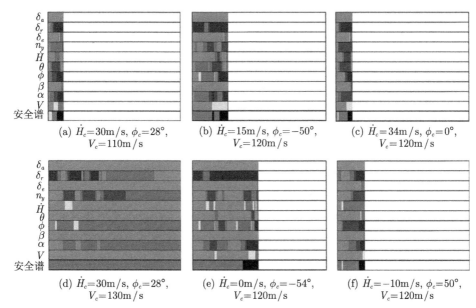

(a) $\dot{H}_c=30\mathrm{m/s}$, $\phi_c=28°$, $V_c=110\mathrm{m/s}$

(b) $\dot{H}_c=15\mathrm{m/s}$, $\phi_c=-50°$, $V_c=120\mathrm{m/s}$

(c) $\dot{H}_c=34\mathrm{m/s}$, $\phi_c=0°$, $V_c=120\mathrm{m/s}$

(d) $\dot{H}_c=30\mathrm{m/s}$, $\phi_c=28°$, $V_c=130\mathrm{m/s}$

(e) $\dot{H}_c=0\mathrm{m/s}$, $\phi_c=-54°$, $V_c=120\mathrm{m/s}$

(f) $\dot{H}_c=-10\mathrm{m/s}$, $\phi_c=50°$, $V_c=120\mathrm{m/s}$

图 5.20　非对称结冰情形下致因机理分析典型状态点的飞行安全谱 (扫描封底二维码可见彩图)

　　从图 5.20(a) 和 (b) 与图 5.19(b) 这三个状态点对应的安全谱中可以看出，当指令滚转角与高度变化率的值相同时，飞行速度越低，飞行风险事件就越有可能发生，而且一旦发生，风险事件的演化速度随着速度的减小而变得更快，这点与对称结冰情形是一致的。当飞机设定为向着除冰系统工作正常的一侧滚转时 (图 5.20(c) 和 (d))，飞机滚转角对应的安全谱出现了时而浅红、浅灰，时而深红、深灰，最终终止在深灰色风险状态，这说明飞机的滚转角出现了大幅发散振荡，最终都右滚转至不可挽回的边界。图 5.20(e) 所示的情形表明，当飞机仅受到一个过大的高度变化率指令控制时，飞机倾向于迅速滚转至故障的一侧，而副翼的操纵效能不足以纠正这一趋势。至于当飞机的滚转角设定为向着故障的一侧以较大指令值运动时 (图 5.19(b)、图 5.20(f))，飞机的滚转角将会迅速地发散至不可控的地步。

　　除此之外，从非对称结冰情形下飞行风险事件的发生，还可以看出一些普遍性的规律：非对称结冰情形下，风险事件的演化过程往往很迅速；飞机飞行速度与高度变化率这两个参数在风险事件的演化过程中通常不会超出其临界值；副翼往往会出现使飞机向左滚转的操纵效能不足的现象；几乎所有的非对称结冰风险事件都伴随着飞机迎角的超限。

　　综上所述，飞机出现非对称结冰时，引起飞行事故的原因主要是滚转角超限，而且向着除冰系统故障的一侧滚转很容易超限，即使是目标航迹滚转角设定为向除冰系统工作正常的一侧偏转，飞机也会由于副翼正向偏转操纵效能的不足而最终演化为向着除冰系统故障的一侧异常偏转。此外，迎角也很容易在事故演化过程中达到其极限值。而此时飞机飞行速度、高度变化率基本处在安全的范围之内，只有在仿真的末期，才会出现超限的可能，这与对称结冰情形下的致灾机理有所差异。

因此，在非对称结冰情形下，驾驶员或者飞行控制系统还应当首要关注飞行过程中的滚转角和迎角这两个安全关键参数的变化情况，尤其是当飞机向着除冰系统故障的一侧滚转时。

5.5　本 章 小 结

本章创新性地提出了一种包含飞行风险等级的飞行安全运行范围表示方法和智能预测方法，并就飞机在对称结冰与非对称结冰情形下的风险事件致因机理进行了分析，揭示了不同结冰情形下，由于驾驶员可能的操纵失误带来的飞行事故发生机理，并给出驾驶员应对策略建议。

(1) 所提出的安全谱表示方法很好地阐述了非对称结冰情形下不同飞行参数的演化情况，该方法合理地说明了安全关键参数的限制边界及其演化速度之间的关系，为从飞行动力学特性的角度系统地分析结冰致灾机理方面提供了非常好的应用工具。

(2) 与传统的实时提供飞机安全相关的飞行参数状态及其边界值方法不同的是，基于人-机-环复杂系统动力学仿真获得的安全空间使得机组人员能够以更加超前的意识来规划飞行策略，进而提高飞行安全，可作为未来驾驶员辅助决策系统的一种支撑手段。

(3) 基于 APSO-RBF 神经网络的安全空间智能预测算法，具有结构简单、计算速度快和预测精度高等优点。通过有限的数据训练，有望实时预测出飞机复杂情形下全包线安全空间。

本章所提出的方法还可以用在飞行控制系统设计 (控制律参数优化)、验证控制律、飞机性能计算、飞机遭遇各种不利情形时 (如单发失效、多不利因素情形) 的操纵范围。

第 6 章 结冰飞行控制律重构设计方法

结冰破坏了飞机的气动外形，使飞机的飞行品质和飞行性能恶化。目前，结冰条件下的安全飞行主要通过飞机上的防/除冰系统来实现。但是防/除冰系统总会出现故障，当遭遇严重结冰条件时，即使防/除冰系统正常运行也不能保证完全将飞机部件上的冰层清除干净。因此，仅仅依靠防/除冰系统来保证飞机结冰以后的飞行安全并非完全可靠，有必要对飞机结冰以后的飞行安全保障方法进行研究分析。控制律重构是保证飞机安全飞行的一种有效途径，通常将飞机在结冰状态下的飞行以及相应的控制律重构称为容冰控制问题。从现有公开发表的文献来看，国内外针对结冰条件下重构控制问题的研究成果还比较少。本章分别研究了 PID 控制、鲁棒伺服 LQR 控制和反馈线性化-模糊控制等几种飞机结冰后的控制律重构设计方法，用以确保结冰条件下的飞行品质以及飞行性能。

6.1 基于鲁棒伺服 LQR 的结冰飞行控制律重构

本节针对结冰条件下飞机数学模型出现摄动的问题，在结冰检测结果已知的情况下，以飞机纵向控制通道为例，采用鲁棒伺服 LQR 最优控制技术研究了飞机结冰后的控制律重构问题，分别设计了俯仰角速率和俯仰角控制器，模拟了飞机在俯仰姿态保持模式下遭遇不同严重程度结冰后的动态响应特性，并与常规 PID 控制进行了对比。

6.1.1 鲁棒伺服 LQR 最优控制理论

1. LQR 控制方法

飞机运动状态空间表达式的状态矩阵和控制矩阵出现摄动，其表达式如下：

$$\dot{\boldsymbol{x}}(t) = (\boldsymbol{A} + \Delta\boldsymbol{A})\boldsymbol{x}(t) + (\boldsymbol{B} + \Delta\boldsymbol{B})\boldsymbol{u}(t)$$
$$\boldsymbol{y}(t) = \boldsymbol{C}\boldsymbol{x}(t) \tag{6.1}$$
$$\boldsymbol{x}(0) = \boldsymbol{x}_0$$

式中，$\boldsymbol{x}(t) \in \boldsymbol{R}^n$，$\boldsymbol{y}(t) \in \boldsymbol{R}^n$ 和 $\boldsymbol{u}(t) \in \boldsymbol{R}^m$ 分别表示状态变量、输出变量和控制变量；$\boldsymbol{A}$、$\boldsymbol{B}$ 和 $\boldsymbol{C}$ 分别表示未结冰飞机数学模型的状态矩阵、控制矩阵和输出矩阵，且 $\boldsymbol{A}$、$\boldsymbol{B}$、$\boldsymbol{C}$ 维数适当；$\Delta\boldsymbol{A}$ 和 $\Delta\boldsymbol{B}$ 分别表示结冰引起的状态矩阵和控制矩

阵的摄动，为不确定矩阵，且 $\Delta \boldsymbol{A} = \Delta \boldsymbol{A}(\eta)$，$\Delta \boldsymbol{B} = \Delta \boldsymbol{B}(\eta)$，揭示了飞机运动状态空间表达式中参数的不确定性；$\boldsymbol{x}(0) = \boldsymbol{x}_0$ 表示系统的初始条件。

由于在实际飞行过程中，结冰对飞机的影响具有很强的不确定性，难以通过精确的数学模型来描述结冰状态飞机的运动。因此，本节运用鲁棒伺服 LQR 最优控制的宗旨是，在结冰引起的状态矩阵和控制矩阵摄动 $\Delta \boldsymbol{A}$ 与 $\Delta \boldsymbol{B}$ 的不确定性下，分析系统的响应特性和稳定性。为便于设计鲁棒控制器，针对飞机运动状态空间表达式 (6.1)，定义如公式 (6.2) 所示的二次型性能指标函数：

$$J = \int_0^\infty \left[\boldsymbol{x}^{\mathrm{T}}(t)\boldsymbol{Q}\boldsymbol{x}(t) + \boldsymbol{u}^{\mathrm{T}}(t)\boldsymbol{R}\boldsymbol{u}(t) \right] \mathrm{d}t \tag{6.2}$$

式中，$\boldsymbol{Q} = \boldsymbol{Q}^{\mathrm{T}} \geqslant 0$，表示性能加权矩阵；$\boldsymbol{R} = \boldsymbol{R}^{\mathrm{T}} > 0$，表示控制加权矩阵。

对于公式 (6.1) 所示系统状态方程，传统 LQR 控制方法要求确定控制律 $\boldsymbol{u}$，使公式 (6.2) 所示的二次型性能指标函数最小。图 6.1 所示为传统 LQR 控制结构图。

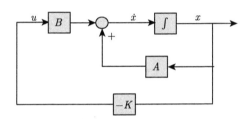

图 6.1　传统 LQR 控制结构图

根据极大值原理，最优控制律 $\boldsymbol{u}$ 由公式 (6.3) 给出

$$\boldsymbol{u} = -\boldsymbol{R}^{-1}\boldsymbol{B}^{\mathrm{T}}\boldsymbol{P}\boldsymbol{x}(t) = -\boldsymbol{K}\boldsymbol{x}(t) \tag{6.3}$$

式中，$\boldsymbol{K}$ 为控制增益矩阵。

黎卡提方程如公式 (6.4) 所示，对称矩阵 $\boldsymbol{P}$ 是其半正定解

$$\boldsymbol{P}\boldsymbol{A} + \boldsymbol{A}^{\mathrm{T}}\boldsymbol{P} - \boldsymbol{P}\boldsymbol{B}\boldsymbol{R}^{-1}\boldsymbol{B}^{\mathrm{T}}\boldsymbol{P} + \boldsymbol{Q} = 0 \tag{6.4}$$

由公式 (6.3) 和式 (6.4) 可知，当确定结冰严重程度后，状态矩阵 $\boldsymbol{A}$ 和控制矩阵 $\boldsymbol{B}$ 基本上是确定的，控制加权矩阵 $\boldsymbol{R}$ 和性能加权矩阵 $\boldsymbol{Q}$ 的选取将决定控制增益矩阵 $\boldsymbol{K}$ 的取值，从而直接影响控制系统的控制效果。但 $\boldsymbol{R}$ 和 $\boldsymbol{Q}$ 的选择是无规律可言的，只有一些定性的指导原则。一般来讲，若要提高调节速度，则增大 $\boldsymbol{Q}$ 的取值；若要有效抑制控制变量的作用力，则增大 $\boldsymbol{R}$ 的取值。为了便于工程应用，在确定 $\boldsymbol{R}$ 和 $\boldsymbol{Q}$ 时，一般选取二者为对角阵，由于两者有相对比例关系，可以令 $\boldsymbol{R} = \boldsymbol{I}$，性能加权矩阵 $\boldsymbol{Q}$ 的选取流程如图 6.2 所示。

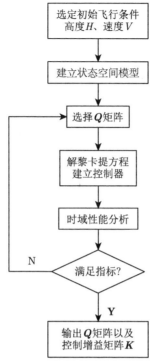

图 6.2 性能加权矩阵 $\boldsymbol{Q}$ 的选取流程

2. 鲁棒伺服 LQR 最优控制方法

鲁棒伺服 LQR 最优控制方法是在传统 LQR 控制方法的基础上发展起来的,它的思想是将积分环节引入控制律的前向回路中,把状态偏差量定义为新的状态向量引入系统中,使系统能够准确跟踪驾驶员的输入控制指令,增强控制器对扰动的适应能力[153]。

设系统要跟踪的输出为 y_c, $y_c = C_c x$,跟踪误差表示为 $e = r - y_c$,将其定义为新的状态变量引入系统中,则新系统的状态方程为

$$\dot{z} = \bar{A}z + \bar{B}\boldsymbol{\mu} \tag{6.5}$$

式中,$\boldsymbol{z} = \begin{bmatrix} e \\ \dot{x} \end{bmatrix}$;$\bar{\boldsymbol{A}} = \begin{bmatrix} 0 & C_c \\ 0 & A_c \end{bmatrix}$;$\bar{\boldsymbol{B}} = \begin{bmatrix} 0 \\ B_c \end{bmatrix}$;$\boldsymbol{\mu} = \dot{\boldsymbol{u}}$。

此时公式 (6.5) 所示新系统的性能指标函数为

$$\boldsymbol{J} = \int_0^\infty \left(\boldsymbol{z}^{\mathrm{T}} \boldsymbol{Q} \boldsymbol{z} + \boldsymbol{\mu}^{\mathrm{T}} \boldsymbol{R} \boldsymbol{\mu} \right) \mathrm{d}t \tag{6.6}$$

公式 (6.7) 所示为新系统的黎卡提方程

$$P\bar{A} + \bar{A}^{\mathrm{T}}P - P\bar{B}R^{-1}\bar{B}^{\mathrm{T}}P + Q = 0 \tag{6.7}$$

在选取合适的 R 阵和 Q 阵后，通过求解黎卡提方程 (6.7)，得到控制增益矩阵的数学表达式为

$$K = R^{-1}\bar{B}^{\mathrm{T}}P = \begin{bmatrix} k_1 & k_2 \end{bmatrix} \tag{6.8}$$

由于 $\boldsymbol{\mu} = \dot{\boldsymbol{u}}$，$\boldsymbol{\mu} = -\boldsymbol{K}\boldsymbol{z}$，通过积分得到控制输入的数学表达式为

$$\boldsymbol{u} = \int \boldsymbol{\mu}\mathrm{d}\tau = -\boldsymbol{K}\int \boldsymbol{z}\mathrm{d}\tau = -k_1\int e\mathrm{d}\tau - k_2\int \dot{x}\mathrm{d}\tau = -k_1\int e\mathrm{d}\tau - k_2 x \tag{6.9}$$

图 6.3 给出了鲁棒伺服 LQR 控制的结构图。

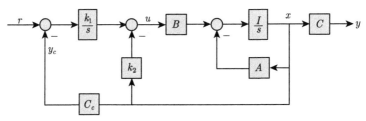

图 6.3　鲁棒伺服 LQR 控制的结构图

6.1.2　基于鲁棒伺服 LQR 的结冰飞机控制律重构设计

近年来，LQR 控制、H_∞ 控制等鲁棒控制理论得到了快速发展，并已经在现代飞行控制系统的设计过程中得到应用 [152]。当飞机在空中飞行遭遇结冰后，如果能够得到精确的结冰严重程度，确定其对飞行性能和操稳特性的影响，那么通过控制律重构就能够使飞机在安全边界内按照预定的航线飞行，保证飞机在结冰条件下的飞行安全。基于此，本节针对结冰造成的飞机数学模型的不确定性问题，根据公式 (6.2) 所示的性能指标函数，采用鲁棒伺服 LQR 最优控制方法对飞机结冰后的控制律进行了重构，以确保飞机在结冰条件下仍然具有满意的飞行品质以及飞行性能，保证结冰飞行的安全性。

以某轻型飞机的纵向控制通道为例，研究飞机结冰后的控制律重构问题。飞机的纵向自动驾驶仪包括俯仰姿态保持、速度保持、高度保持等。俯仰姿态保持作为高度保持和某些速度保持的内回路，其性能直接影响外回路的控制效果，因此俯仰姿态保持是纵向控制的关键。本节主要基于鲁棒伺服 LQR 最优控制，对飞机俯仰姿态保持模式下的结冰后控制律重构方法进行研究。

在控制律的设计过程中，不可能对包线范围内的每一种配平状态都进行设计，只可能选取一种或几种典型的易结冰飞行状态进行设计，使其兼顾到所有的状态，

控制律的初步设计完成后，在给定的平衡点处对其进行检验和调整，直至满足指标要求为止。根据联邦航空条例 25 部 (FAR-25) 附录 C——大气结冰条件，典型易结冰初始飞行条件设定为 $H = 3000\mathrm{m}$，$V = 100\mathrm{m/s}$。

1. 俯仰角速率控制器设计

为设计俯仰角速率控制器，纵向运动线性模型式中提取状态 $x = q$，$y = q$。在 $H = 3000\mathrm{m}$，$V = 100\mathrm{m/s}$ 初始飞行条件下，依据 $\eta = 1$ 时的最严重结冰情况，得到背景飞机的 $A_c = -0.6753$，$B_c = -1.8551$，$C_c = 1$。

选取输出信号为俯仰角速率 q，则跟踪误差表示为

$$e = q_{\mathrm{ref}} - q \tag{6.10}$$

式中，q_{ref} 为俯仰角速率指令。

将跟踪误差 e 作为新的状态变量引入系统中，得到新的状态方程为

$$\dot{z} = \bar{A}z + \bar{B}\mu \tag{6.11}$$

式中，$z = \begin{bmatrix} e \\ \dot{q} \end{bmatrix}$；$\bar{A} = \begin{bmatrix} 0 & 1 \\ 0 & -0.6753 \end{bmatrix}$；$\bar{B} = \begin{bmatrix} 0 \\ -1.8551 \end{bmatrix}$；$\mu = \dot{u}$。

经迭代运算得到满足指标要求的性能加权矩阵 $Q = \begin{bmatrix} 144 & 0 \\ 0 & 0.6 \end{bmatrix}$，将 Q 代入式 (6.7) 黎卡提方程，可得最优控制增益矩阵为 $K = \begin{bmatrix} k_1^q & k_2^q \end{bmatrix} = \begin{bmatrix} -12 & -3.33 \end{bmatrix}$。

于是控制输入表达式为

$$u = \int \mu \mathrm{d}\tau = -K \int z \mathrm{d}\tau == -k_1^q \int e \mathrm{d}\tau - k_2^q q \tag{6.12}$$

根据公式 (6.12)，可以得到俯仰角速率控制器的结构如图 6.4 所示。

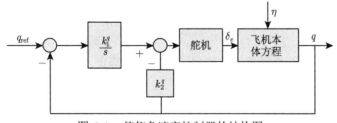

图 6.4　俯仰角速率控制器的结构图

俯仰角速率控制器的数学表达式如公式 (6.13) 所示

$$\delta_e = \frac{k_1^q}{s} (q_{\mathrm{ref}} - q) - k_2^q q \tag{6.13}$$

2. 俯仰角控制器设计

在俯仰角速率控制器的基础上，增加俯仰角回路，得到俯仰角控制器的结构框图，如图 6.5 所示。为了保证俯仰角控制的精度，俯仰角回路采用比例积分控制。

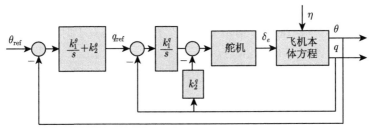

图 6.5　俯仰角控制器的结构图

式 (6.14) 所示为俯仰角控制器的数学表达式

$$\begin{cases} q_{\mathrm{ref}} = \left(\dfrac{k_1^\theta}{s} + k_2^\theta \right) \left(\theta_{\mathrm{ref}} - \theta \right) \\ \delta_e = \dfrac{k_1^q}{s} \left(q_{\mathrm{ref}} - q \right) - k_2^q q \end{cases} \tag{6.14}$$

式中，θ_{ref} 为俯仰角指令；k_1^θ、k_2^θ 分别为俯仰角回路的积分系数和比例系数。

由公式 (6.14) 可得

$$\dot{\theta} = q = \left(\dfrac{k_1^\theta}{s} + k_2^\theta \right) \left(\theta_{\mathrm{ref}} - \theta \right) \tag{6.15}$$

通过对公式 (6.15) 进行拉氏变换，可得俯仰角控制器的传递函数为

$$\frac{\theta}{\theta_{\mathrm{ref}}} = \frac{s k_2^\theta + k_1^\theta}{s^2 + s k_2^\theta + k_1^\theta} \tag{6.16}$$

由公式 (6.16) 可知，俯仰角控制器的传递函数可近似看成是二阶低通环节，自然频率为 $\sqrt{k_1^\theta}$，阻尼比为 $k_2^\theta/(2\sqrt{k_1^\theta})$，其中积分系数 k_1^θ 和比例系数 k_2^θ 可根据内外环带宽匹配关系以及最佳阻尼比原则进行确定。对于本节的背景飞机，可得 $k_1^\theta = 0.04$，$k_2^\theta = 0.28$。

6.1.3　仿真验证及结果分析

以某轻型飞机为研究对象，利用第 2 章构建的结冰影响模型和纵向运动线性模型，在不同结冰严重程度下对设计的俯仰角控制器进行仿真验证，并与常规 PID 俯仰角控制器进行对比。初始飞行条件为 $H = 3000\mathrm{m}$，$V = 100\mathrm{m/s}$，飞机结冰严重程度依次为 $\eta = 0, 0.3, 0.5, 0.7$ 和 1。

1. 基于鲁棒伺服 LQR 控制的俯仰角速率控制器

飞机初始状态为平飞状态，1s 出现不同严重程度的结冰，图 6.6 为基于鲁棒伺服 LQR 控制的俯仰角速率控制器阶跃响应曲线。

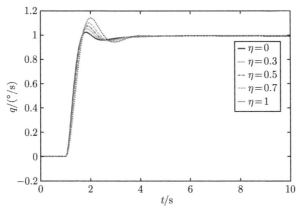

图 6.6 俯仰角速率控制器阶跃响应曲线

表 6.1 为基于鲁棒伺服 LQR 控制的俯仰角速率控制器时域性能品质。

表 6.1 俯仰角速率控制器时域性能品质

结冰因子	t_r/s	$\sigma/\%$	$e_{\mathrm{ss}}/(°/\mathrm{s})$	t_r/s
$\eta = 0$	0.44	2	0	1.59
$\eta = 0.3$	0.44	5	0	1.86
$\eta = 0.5$	0.44	7	0	2.04
$\eta = 0.7$	0.44	10	0	2.18
$\eta = 1$	0.44	14	0	2.36

从图 6.6、表 6.1 可以看出，在不同严重程度结冰条件下，俯仰角速率响应较快，稳态误差为零，能实现对俯仰角速率的精确跟踪。随着 η 值的增大，超调量和调节时间逐渐增大，但仍符合性能品质要求。

2. 基于鲁棒伺服 LQR 控制的俯仰角控制器

飞机初始状态为平飞状态，仿真时输入俯仰角指令为 8°，0s 出现不同严重程度的结冰，图 6.7 为采用鲁棒伺服 LQR 控制后的状态参数响应曲线。

如图 6.7(c) 俯仰角响应曲线所示，在不同严重程度结冰条件下，该控制器均能无误差地跟踪给定的俯仰角指令，且响应速度较快。系统的超调量和调节时间随着结冰因子 η 的增大逐渐增大，但仍在可接受范围之内。由图 6.7(a) 速度响应曲线和图 6.7(b) 高度响应曲线可知，飞机的爬升性能随结冰因子 η 的增大而逐渐恶化，由于未控制油门，速度 V 的损失也逐渐增大，但最终都趋于稳定。而由图

6.7(d) 俯仰角速率响应曲线、图 6.7(e) 迎角响应曲线和图 6.7(f) 升降舵偏角响应曲线可知，为确保飞机结冰时也能准确跟踪给定的参考指令，结冰越严重即 η 越大，迎角 α 稳态值越大，俯仰角速率 q、升降舵偏角 δ_e 初期振荡越剧烈，但最终都能在短时间内达到稳态值。其中迎角 α 初始响应峰值为 $7.45°$，最终稳定极值

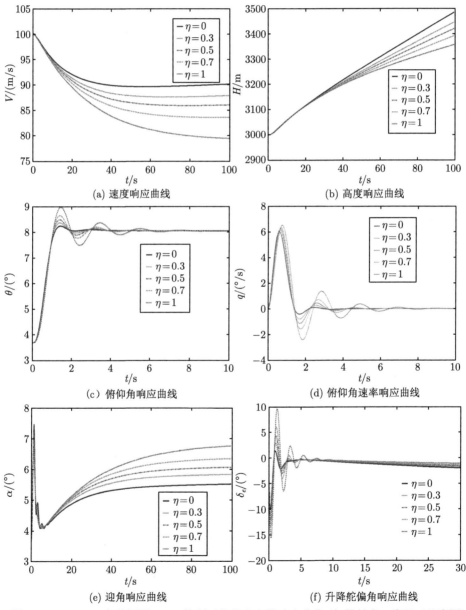

图 6.7　$\theta_{ref} = 8°$ 鲁棒伺服 LQR 控制后的状态参数响应曲线 (扫描封底二维码可见彩图)

为 6.7°，均远小于失速迎角。可见该控制器有效地抑制了结冰扰动的影响，且鲁棒性与动态性能优越。

3. 鲁棒伺服 LQR 控制与 PID 控制对比分析

飞机初始状态为平飞状态，仿真时输入俯仰角指令为 8°，针对未结冰 ($\eta = 0$) 和最严重结冰 ($\eta = 1$) 进行仿真，图 6.8 和图 6.9 分别为 $\eta = 0$ 和 $\eta = 1$ 时采用

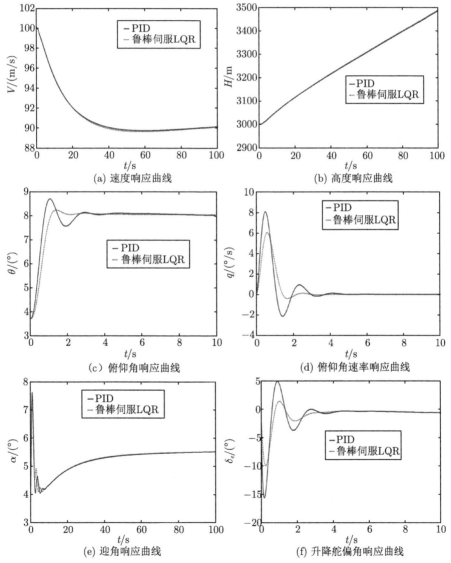

图 6.8　$\eta = 0$ 常规 PID 控制和鲁棒伺服 LQR 控制响应曲线 (扫描封底二维码可见彩图)

鲁棒伺服 LQR 控制及常规 PID 控制后的状态参数响应曲线。

表 6.2 为 $\eta = 0$ 时鲁棒伺服 LQR 控制和常规 PID 控制作用下的俯仰角控制器时域性能品质。

表 6.2　俯仰角控制器时域性能品质 ($\eta = 0$)

时域性能品质	PID	鲁棒伺服 LQR
上升时间 t_r/s	0.48	0.63
超调量 σ/%	8.8	3
稳态误差 e_{ss}/(°)	0.02	0
调节时间 t_s/s	2.30	1.68

由图 6.8(c) 俯仰角响应曲线和表 6.3 可知，在飞机未结冰 ($\eta = 0$) 情况下，两种控制律的控制效果均满足性能品质要求，都能准确地跟踪给定的俯仰角指令，但鲁棒伺服 LQR 控制稳态误差为 0，跟踪更精确，比常规 PID 控制超调量减小 66%，调节时间减小 27%，且响应更平缓。由图 6.9(a) 速度响应曲线和图 6.9(b) 高度响应曲线可知，两种控制律作用下，高度 H 和速度 V 的变化几乎一致，爬升性能差别不大。而从图 6.9(d)~(f) 中可知，俯仰角速率 q、迎角 α、升降舵偏角 δ_e 的最终稳态值相同，但 PID 控制在响应初期振荡幅度较大，且衰减相对较慢，尤其是升降舵偏角 δ_e，在 0.2s 达到极值 $-15.7°$，响应极不平稳。

如图 6.9(c) 俯仰角响应曲线和表 6.3 所示，飞机严重结冰 ($\eta = 1$) 后，俯仰角 θ 的初期振荡幅度和振荡持续时间均增大，两种控制律的动态性能和鲁棒性均变差，但仍满足性能指标要求，且鲁棒伺服 LQR 控制响应更平缓，可以无稳态误差地跟踪给定的参考指令，比常规 PID 控制超调量减小 30%，调节时间减小 17%。由图 6.9(a) 速度响应曲线和图 6.9(b) 高度响应曲线可知，结冰后速度 V 损失增大，高度 H 增量减小，爬升性能恶化，且两种控制律作用下的变化趋势一致。而从图 6.9(d) 俯仰角速率响应曲线、图 6.9(e) 迎角响应曲线和图 6.9(f) 升降舵偏角响应曲线中可知，为确保结冰时也具有良好的跟踪性能，迎角 α 的稳态值增大，俯仰角速率 q、升降舵偏角 δ_e 的初期振荡持续时间均增大，但均能在 8s 内恢复到原平衡状态。在鲁棒伺服 LQR 控制作用下，虽然升降舵偏角 δ_e 的后期振荡幅度略大于 PID 控制，但俯仰角 θ 响应比 PID 控制更平缓，跟踪更精确，且 PID 控制作用下的升降舵偏角 δ_e 初期振荡幅度更剧烈，在 0.24s 达到极值 $-17.3°$，响应极不平缓，使舵机瞬间产生较大过载，对飞机结构设计时的可用过载要求更高。

通过两种控制律在未结冰 ($\eta = 0$) 和严重结冰 ($\eta = 1$) 时的对比仿真可以发现，鲁棒伺服 LQR 控制在 $\eta = 0$ 和 $\eta = 1$ 时均能无稳态误差地跟踪给定的参考指令，鲁棒性能更优越，响应相对平稳，对结冰扰动的抑制效果好于 PID 控制，在超调量和调节时间等性能指标方面明显优于 PID 控制，动态性能更优异。

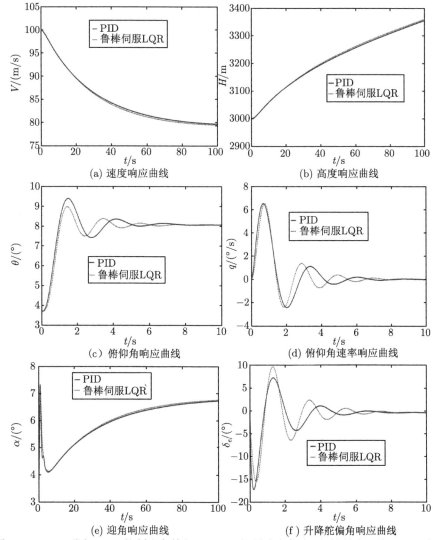

图 6.9 $\eta = 1$ 常规 PID 控制和鲁棒伺服 LQR 控制响应曲线 (扫描封底二维码可见彩图)

表 6.3 为 $\eta = 1$ 时鲁棒伺服 LQR 控制和常规 PID 控制作用下的俯仰角控制器时域性能品质。

表 6.3　俯仰角控制器时域性能品质 $(\eta = 1)$

时域性能品质	PID	鲁棒伺服 LQR
上升时间 t_r/s	0.60	0.64
超调量 σ/%	17.2	12.1
稳态误差 e_{ss}/(°)	0.03	0
调节时间 t_s/s	4.64	3.85

6.2 基于 PID 控制的平尾结冰控制律设计

本节以飞机进近与着陆下滑遭遇平尾结冰为例，模拟了阵风和紊流对平尾结冰飞机进近与着陆下滑的动态响应特性的影响，采用 PID 控制设计俯仰控制律，并验证其风险情形下纵向改出的有效性。

6.2.1 进近与着陆下滑阶段配平与仿真分析

首先进行进近与着陆下滑阶段配平和仿真。选取高度为 500m，初始速度为 75m/s，襟翼角度为 25°，航迹俯仰角为 −3° 为初始条件进行配平，将结果代入非线性六自由度方程中进行仿真计算，可得到进近与着陆下滑阶段的配平与仿真结果，如图 6.10 所示。

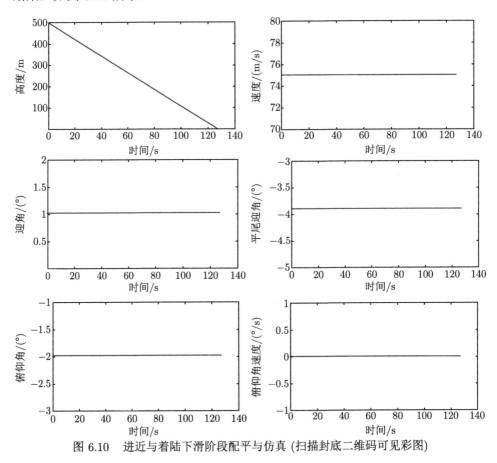

图 6.10　进近与着陆下滑阶段配平与仿真 (扫描封底二维码可见彩图)

由图 6.10 可以看出，飞机由 500m 开始进近与着陆，平尾迎角、俯仰角、速度、俯仰角速度均保持稳定值，表明飞机处于稳定飞行状态，能够较好地进行进近与着陆下滑阶段的飞行仿真。

6.2.2 复杂情况下平尾结冰动力学仿真

1. 进近与着陆下滑阶段遭遇阵风仿真案例

为直观看出平尾结冰后飞机对阵风风场的响应特性，本节在无驾驶员操纵及阵风风场强度变化和平尾结冰严重程度变化条件下，对飞机进近与着陆下滑阶段飞行动力学特性的影响进行仿真分析。分别选取 f1、f2、f3 这 3 组不同的阵风风场 (风速矢量 d_x, d_y, d_z 是在美系坐标下表示的，三组风场矢量角度变化不大) 以及 0.15，0.3，0.45 这 3 组不同平尾结冰严重程度，动力学仿真结果如图 6.11 和图 6.12 所示。

f1：$(d_x = 120, d_y = 120, d_z = 80; W_x = 2.5, W_y = 2.5, W_z = 2)$

f2：$(d_x = 120, d_y = 120, d_z = 80; W_x = 3, W_y = 3, W_z = 2.5)$

f3：$(d_x = 120, d_y = 120, d_z = 80; W_x = 3.5, W_y = 3.5, W_z = 3)$

(1) 平尾结冰严重程度 $\eta = 0.15$ 条件下，分别选取 f1, f2, f3 这 3 组不同的阵风风场，对飞机进近与着陆下滑阶段进行动力学仿真分析，结果如图 6.11 所示。

从图 6.11 中可以看出：当 $\eta = 0.15$ 时，随着阵风强度的增加，飞机的部分飞行状态变化明显，高度下降更快，飞机提前坠地，侧滑角与偏航角也有一定程度的增加。由此可见，在平尾结冰条件下，阵风越强，飞行动力学特性所受影响越大。

(2) 阵风风场为 f1 条件下，分别选取 η 为 0.15，0.3，0.45 这 3 组不同平尾结冰严重程度，对飞机进近与着陆下滑阶段进行动力学仿真，结果如图 6.12 所示。

从图 6.12 中可以看出：当飞机在进近与着陆下滑阶段遭遇阵风后，平尾结冰对飞行状态影响较大。当阵风风场为 f1 时，随着平尾结冰严重程度的增加，飞机高度下降更加显著，滚转角和俯仰角也有一定程度的增加。由此可见，遭遇阵风条件下，平尾结冰严重程度越大，飞行动力学特性所受影响越大，需进行有效的改出控制。

2. 进近与着陆下滑阶段遭遇大气紊流仿真案例

本节针对大气紊流强度、尺度变化对平尾结冰进近与着陆下滑阶段飞行动力学特性的影响进行仿真分析。图 6.13 是飞机以 500m 高度，75m/s 速度，35° 襟翼为初始条件进入进近与着陆下滑阶段遭遇的 3 组完整大气紊流风场 (f1、f2、f3 紊流风场以白噪声作为输入，按照 5.1.2 节和 5.2 节生成的大气紊流样本，其强度、尺度依次为轻、中和强三个级别)，仿真步长均为 0.02s，具体风场如图 6.13 所示。

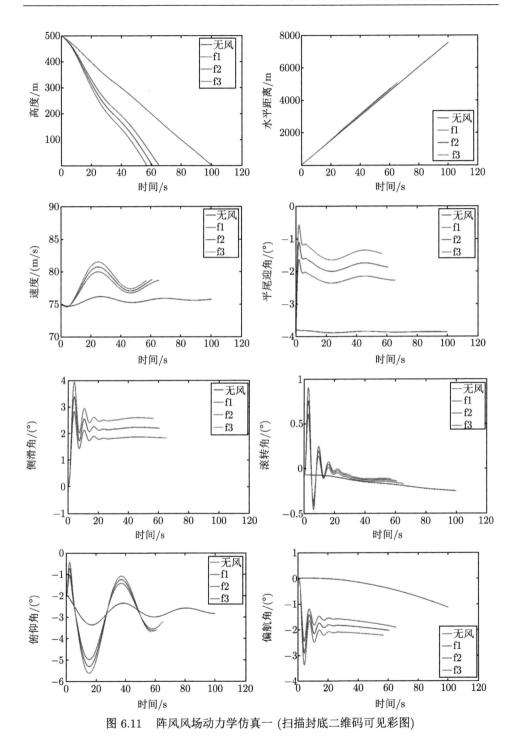

图 6.11　阵风风场动力学仿真一 (扫描封底二维码可见彩图)

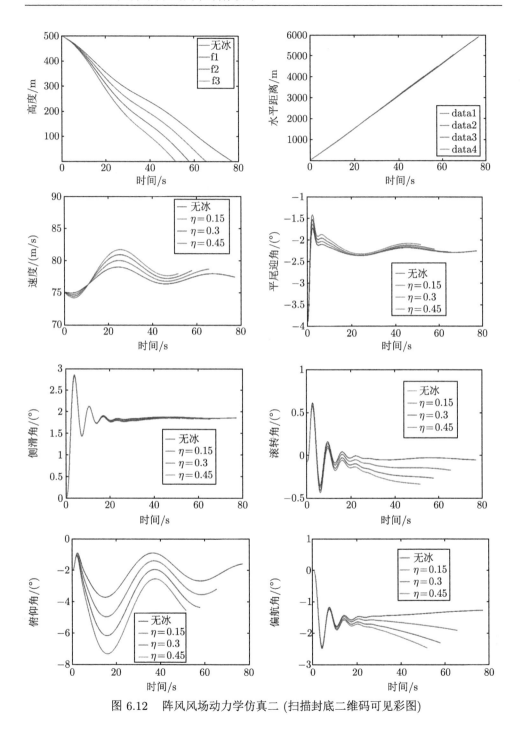

图 6.12 阵风风场动力学仿真二 (扫描封底二维码可见彩图)

(1) 平尾结冰严重程度 $\eta = 0.15$ 条件下，选取 f1，f2，f3 这 3 组不同的大气素流风场进行飞行仿真分析。以下穿越大气素流的平尾结冰飞行仿真是在无驾驶员操纵条件下进行的, 能够直接观察到平尾结冰后飞机对大气素流的响应特性。

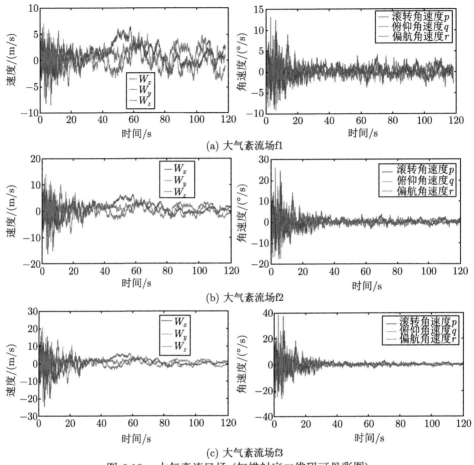

(a) 大气素流场f1

(b) 大气素流场f2

(c) 大气素流场f3

图 6.13　大气素流风场 (扫描封底二维码可见彩图)

从图 6.14 中可以看出: 大气素流对进近与着陆下滑阶段平尾结冰飞行动力学特性的影响较为严重, 当 $\eta = 0.15$ 时, 随着大气素流风场强度、尺度的增加, 出现较强滚转和偏航, 侧滑角也有一定程度增大, 同时平尾迎角波动范围明显增大。当大气素流风场为 f3 时, 飞机平尾迎角在某一时刻接近平尾临界迎角 $(-10° \sim 12°)$, 但没有发生平尾结冰失速现象。由此可见, 在平尾结冰条件下, 大气素流越强, 飞行动力学特性受到的影响越大。

(2) 大气素流为 f1 条件下, 分别选取平尾结冰严重程度 η 为 0.15、0.3、0.45 这 3 组不同平尾结冰严重程度, 对飞机进近与着陆下滑阶段进行动力学仿真分析, 结果如图 6.15 所示。

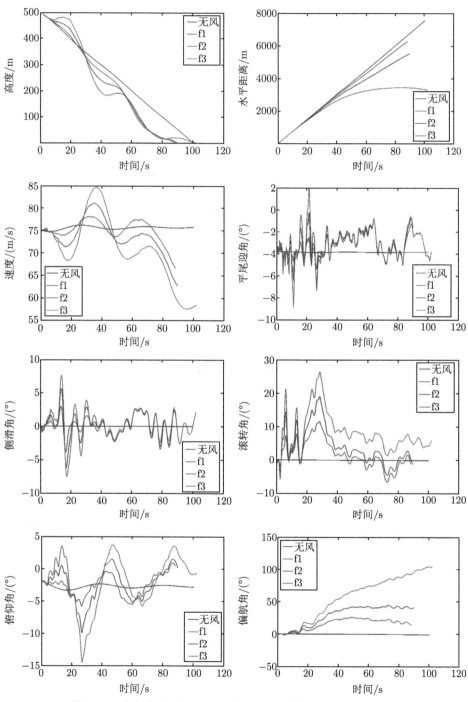

图 6.14 大气紊流风场动力学仿真一 (扫描封底二维码可见彩图)

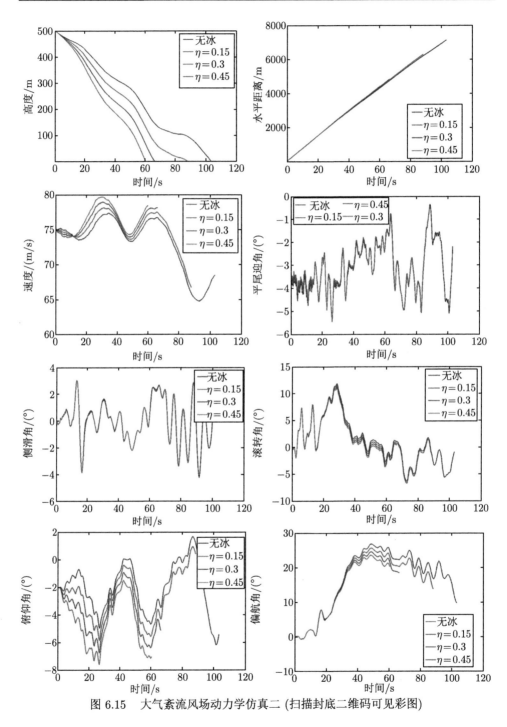

图 6.15　大气紊流风场动力学仿真二 (扫描封底二维码可见彩图)

从图 6.15 中可以看出：当飞机在进近与着陆下滑阶段遭遇大气紊流后，平尾结冰对飞行有一定影响。当大气紊流场为 f1 时，随着平尾结冰严重程度的增加，高度下降更加明显，俯仰角和速度有一定程度的增加，但平尾迎角增加不明显。当平尾结冰严重程度 $\eta = 0.45$ 时，高度较仅遭遇大气紊流情况而言下降更快，导致飞机提前坠地。由此可见，在遭遇大气紊流条件下，平尾结冰严重程度越大，飞行动力学特性受到的影响越大。

6.2.3 基于 PID 控制的纵向危险改出

1. 常规 PID 控制方法

目前工程上常用的控制器结构一般为 PID 控制器，以俯仰角控制器为例，若俯仰角参考指令 $\theta_{\rm ref}$ 与飞机当前俯仰角反馈 θ 有差异，俯仰角控制器通过调节升降舵偏角 δ_e 来控制俯仰角，跟踪保持飞行员给定的俯仰姿态指令。比例和积分控制器用来消除俯仰角的稳态误差 $(\theta_{\rm ref} - \theta)$；俯仰角速率 q 的反馈作为控制增稳，增加俯仰姿态保持下飞机的稳定性。图 6.16 所示为常规 PID 俯仰角控制器结构框图，公式 (6.17) 所示为俯仰角控制器的数学表达式。

$$\Delta\delta_e = k_\theta\Delta\theta + k_\theta k_i \int \Delta\theta{\rm d}t + k_q\Delta\dot\theta \tag{6.17}$$

式中，k_θ、k_i 和 k_q 为控制器的增益。

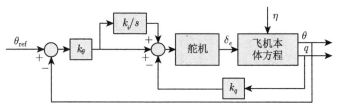

图 6.16 常规 PID 俯仰角控制器结构框图

随着现代飞行控制系统的不断发展，对飞机运动姿态转变的快速性以及在结冰、风等复杂气象条件下飞行的控制精度提出了更高的要求。常规 PID 控制由于其控制参数固定，控制响应速度较慢，难以满足现代飞行控制在响应快速性及控制精度方面的要求。而为了弥补或者解决常规 PID 控制存在的不足，参数自整定 PID 控制、LOR 控制、模糊控制等，新的控制理论不断被提出并应用于飞行控制。其中，LQR 控制是目前改进的解决这类问题的主要有效方法之一，并已经在现代飞行控制系统的设计过程中得到应用，具有跟踪性能好，响应速度快的特点。

2. 基于 PID 控制的俯仰控制律重构设计

在平尾结冰进近与着陆下滑阶段，飞机遭遇风场影响后，飞行动力学特性进一步恶化，因此需要进行纵向改出以防止飞行事故的发生。本节通过俯仰角速度反馈和俯仰角反馈,跟踪目标俯仰角速度和目标俯仰角,实现俯仰角姿态控制。其俯仰控制律如图 6.17 所示。

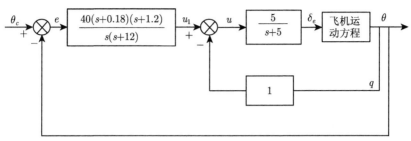

图 6.17　俯仰控制律设计图

3. 基于 PID 控制的纵向改出验证

FAA 针对飞机穿越低空风切变给出了三种纵向改出策略,本节根据其中的俯仰引导 (pitch-guidance) 改出,设计本节风场相应改出策略。设置目标改出高度为 200m,当飞机到达此目标高度时,以 15° 的俯仰角从目标高度爬出风场区域。将设计的俯仰控制律加入动力学仿真模型进行非线性仿真,对其进行验证,具体仿真结果如图 6.18 所示。

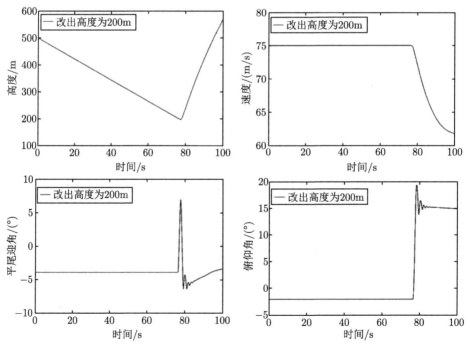

图 6.18　俯仰控制律验证

从图 6.18 中可以看出，飞机经过较短时间就能够保持 15° 的俯仰角，使飞机高度迅速升高并脱离风场，因此改出控制有效，俯仰控制律得以验证。

4. 纵向危险改出案例分析

本节以阵风为例，对纵向改出控制进行说明。图 6.19 是阵风强度为 f1，平尾结冰严重程度为 0.15 无改出；以及阵风强度为 f1，平尾结冰严重程度分别为 0.15、0.3、0.45 时，以目标高度 200m 改出的动力学仿真。

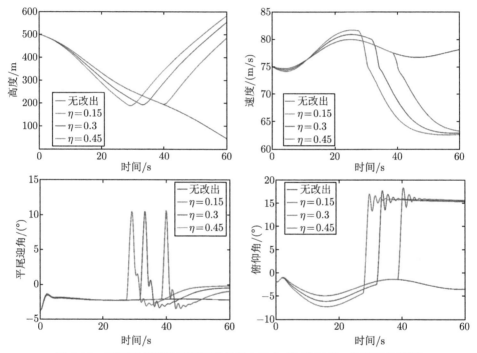

图 6.19　不同平尾结冰严重程度的纵向改出 (扫描封底二维码可见彩图)

如图 6.20 所示，平尾结冰严重程度为 0.15，阵风强度为 f1 时，无改出；平尾结冰严重程度为 0.15，阵风强度分别为 f1、f2、f3 时，以目标高度 200m 改出的动力学仿真。

如图 6.21 所示，平尾结冰严重程度为 0.15，阵风强度为 f1 时，无改出；平尾结冰严重程度为 0.15，阵风强度为 f1，改出高度分别为 250m、200m 和 150m 时的动力学仿真。

由图 6.19 ~ 图 6.21 可以看出：实施纵向改出后，飞机能够始终保持 15° 的俯仰角，使得飞机安全脱离阵风风场，并且改出高度设定越低，飞机在阵风中保持飞行的时间越长，改出高度越高，改出飞行越安全。

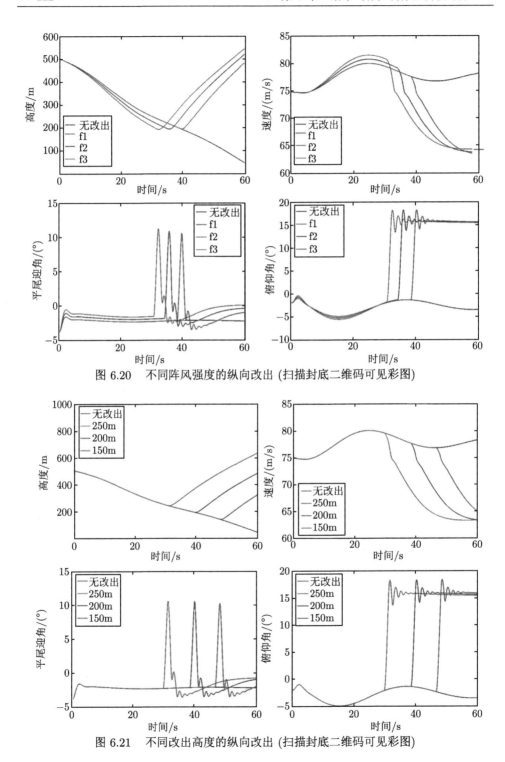

图 6.20　不同阵风强度的纵向改出 (扫描封底二维码可见彩图)

图 6.21　不同改出高度的纵向改出 (扫描封底二维码可见彩图)

6.3 基于反馈线性化-模糊控制的结冰飞行控制律重构

本节主要针对结冰后的飞行控制律重构设计方法进行研究，以纵向俯仰运动为例，由于反馈线性化理论在非线性系统控制中具有良好的动态响应特性以及模糊控制器较强的抗干扰能力，通过二者的结合重构设计了结冰情形下的纵向飞行控制律，使飞机在结冰条件下具备一定的继续飞行的能力。

6.3.1 反馈线性化理论与模糊控制原理

将反馈线性化理论与模糊控制原理相结合而设计的控制器，在迎角响应和滚转角响应上具有快速跟踪和无超调量的特点，利用这一特点计算出来的舵面偏转的最大允许值来限制飞机操纵舵的实际偏转，从而有效地抑制了迎角和滚转角的继续增大，实现了关键安全参数的边界保护。该方法简单、易于实现，且得到的操纵舵面偏转范围是动态变化的，具有良好的实时性。

以往的线性化处理方式主要是针对某一状态点并利用小扰动线性化来完成的，但是随着扰动幅度的增大，其中存在的误差也越来越大，难以满足各种复杂环境和复杂任务的需求。反馈线性化理论则很好地解决了该问题，并表现出良好的工程应用价值。所谓反馈线性化理论，就是通过数学形式上的转换将非线性形式的控制系统变换为等效的线性形式，并在此基础上进行控制律的设计问题。

1. 反馈线性化数学基础

1) 李导数和李括号

给定一个光滑的向量场：

$$f(x) = \begin{bmatrix} f_1(x_1, \cdots, x_n) \\ \vdots \\ f_n(x_1, \cdots, x_n) \end{bmatrix} \tag{6.18}$$

则定义光滑标量函数 $h(x_1, \cdots, x_n)$ 沿向量场 $f(x)$ 的李导数为

$$L_f h = \sum_{i=1}^{n} f_i(x) \frac{\partial h}{\partial x_i} = \frac{\partial h}{\partial x^{\mathrm{T}}} f(x) \tag{6.19}$$

利用递推的形式，其他阶次的李导数可定义为

$$L_f^0 h = h, \quad L_f^k h = L_f(L_f^{k-1} h), \quad k = 1, 2, \cdots \tag{6.20}$$

给定两个光滑向量场 $f(x)$、$g(x)$，则李括号的定义为

$$[f, g] = L_f g - L_g f \tag{6.21}$$

2) 相对阶定义

对于一个单入单出的非线性控制系统：

$$\dot{\boldsymbol{x}} = \boldsymbol{f}(\boldsymbol{x}) + \boldsymbol{g}(\boldsymbol{x})u$$
$$y = h(x) \tag{6.22}$$

如果在点 $\boldsymbol{x}_0 \in \mathbf{R}^n$ 存在一个正整数 ρ，且满足：

$$L_g L_f^{\rho-1} h = 0$$
$$L_g L_f^{k-1} h \neq 0 \quad (k = 1, 2, \cdots, \rho - 1) \tag{6.23}$$

则存在系统在点 $x_0 \in \mathbf{R}^n$ 的相对阶 ρ。

在控制系统理论中，相对阶是一个常用且非常重要的数学定义，并具备以下准则：

(1) 通常情况下，线性系统传递函数分母与分子多项式的阶数之差即为该系统的相对阶；

(2) 对于一个 n 阶系统，相对阶须满足 $\rho \leqslant n$；

(3) 对于非线性系统，对输出 y 进行求导，当第一次出现输入 u 时所求导的次数等于该系统的相对阶 ρ，该方法可简化求相对阶的过程。

(4) 当非线性控制系统有多个输入输出变量时，对每一个输出值 y_i 分别求导得到对应的相对阶 ρ_i，则系统的总相对阶为 $\rho = \rho_1 + \rho_2 + \cdots$。

2. 非线性系统反馈线性化

对于如下的多输入多输出非线性控制系统：

$$\dot{\boldsymbol{x}} = \boldsymbol{f}(\boldsymbol{x}) + \boldsymbol{g}(\boldsymbol{x})\boldsymbol{u}$$
$$\boldsymbol{y} = \boldsymbol{h}(\boldsymbol{x}) \tag{6.24}$$

其中，$\boldsymbol{u} = (u_1, \cdots, u_m)^{\mathrm{T}}$ 为非线性系统的控制输入量，$\boldsymbol{y} = (y_1, \cdots, y_m)^{\mathrm{T}}$ 为系统的输出量，$\boldsymbol{x} = (x_1, \cdots, x_n)^{\mathrm{T}}$ 为系统的状态量。该系统的 $m \times m$ 解耦矩阵为

$$\boldsymbol{E}(\boldsymbol{x}) = \begin{bmatrix} L_{g_1} L_f^{\rho_1-1} h_1(x) & \cdots & L_{g_m} L_f^{\rho_1-1} h_1(x) \\ L_{g_1} L_f^{\rho_2-1} h_2(x) & \cdots & L_{g_m} L_f^{\rho_2-1} h_2(x) \\ \cdots & \cdots & \cdots \\ L_{g_1} L_f^{\rho_m-1} h_m(x) & \cdots & L_{g_m} L_f^{\rho_m-1} h_m(x) \end{bmatrix} \tag{6.25}$$

如果 $\boldsymbol{E}(\boldsymbol{x})$ 对 $\forall x \in \mathbf{R}^n$ 为非奇异，则该系统存在状态变换向量 $(\boldsymbol{z}, \eta) = \boldsymbol{\phi}(\boldsymbol{x})$，

系统的相对阶为 $\rho = \rho_1 + \cdots + \rho_m$，且状态变换向量为

$$\boldsymbol{z}_i = \begin{bmatrix} z_{i,1} \\ \vdots \\ z_{i,\rho_i} \end{bmatrix} = \begin{bmatrix} \phi_{i,1}(\boldsymbol{x}) \\ \vdots \\ \phi_{i,\rho_i}(\boldsymbol{x}) \end{bmatrix} = \begin{bmatrix} h_i(\boldsymbol{x}) \\ \vdots \\ L_f^{\rho_i-1} h_i(\boldsymbol{x}) \end{bmatrix}, \quad \boldsymbol{z} = \begin{bmatrix} \boldsymbol{z}_1 & \cdots & \boldsymbol{z}_m \end{bmatrix}^{\mathrm{T}} \tag{6.26}$$

令 $\boldsymbol{B}(\boldsymbol{x}) = \begin{bmatrix} b_1(x) \\ \vdots \\ b_m(x) \end{bmatrix} = \begin{bmatrix} L_f^{\rho_1} h_1(x) \\ \vdots \\ L_f^{\rho_m} h_m(x) \end{bmatrix}$，且控制变换 $\boldsymbol{v} = \boldsymbol{B}(\boldsymbol{x}) + \boldsymbol{E}(\boldsymbol{x})\boldsymbol{u}$，

则系统 (6.24) 的控制输入向量为

$$\boldsymbol{u} = \boldsymbol{E}^{-1}(\boldsymbol{x})\left[-\boldsymbol{B}(\boldsymbol{x}) + \boldsymbol{v}\right] \tag{6.27}$$

通过状态转换和控制变换，系统 (6.24) 可变为如下的线性形式：

$$\begin{cases} \dot{z}_{i,\rho_k} = z_{i,\rho_{k+1}}, \quad k = 1, \cdots, \rho_i - 1 \\ \dot{z}_{i,\rho_i} = b_i(x) + \sum_{j=1}^{m} L_{g_j} L_f^{\rho_i-1} h_i(x), \quad 1 \leqslant i \leqslant m \\ y_i = z_{i,1} \end{cases} \tag{6.28}$$

3. 模糊控制器设计

模糊控制理论是加利福尼亚大学 Zadeh 教授在 1965 年首先提出来的，其主要思想为针对某个复杂过程创建一种用通俗语言描述的数学模型，通过推理来得到系统输出量或执行决策的一种现代控制方法。模糊控制原理体现人的一种知识经验和思维方式，通常用 "if...then..." 的形式来描述，适用于含有不确定性因素和各种外界干扰下的复杂系统，不严格依赖于数学模型，具有较好的鲁棒性。

模糊控制器的基本结构主要包括模糊化接口、知识库、模糊推理模块以及解模糊处理，如图 6.22 所示，表 6.4 给出了各个模块在控制器中承担的功能角色。

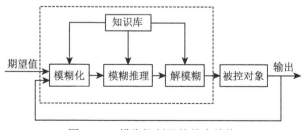

图 6.22　模糊控制器的基本结构

表 6.4   各模块功能

模块	功能内容
模糊化	输入接口
知识库	模糊控制规则：专家知识或积累的经验
模糊推理	根据模糊量和规则推理得到输出量
解模糊	输出接口

6.3.2 结冰飞机纵向飞行控制律重构设计与验证

1. 重构控制律设计

针对背景飞机的纵向俯仰运动，基于反馈线性化理论将非线性形式的动力学模型转化为等效的线性形式来进行控制律设计。考虑到反馈线性化理论在控制问题中具有较好的动态响应特性，但是易受模型精度和干扰的影响，而模糊控制器在抗干扰方面表现突出。因此，本节将反馈线性化理论与模糊控制原理相结合，进行了结冰条件下的飞行控制律重构设计。

以在结冰条件下的纵向俯仰运动为例，其简化的动力学模型可表示为

$$\begin{cases} \dot{V} = \dfrac{T\cos\alpha - D}{m} - g\sin(\theta - \alpha) \\[2mm] \dot{\alpha} = q - \dfrac{L + T\sin\alpha}{mV} + \dfrac{g\cos(\theta - \alpha)}{V} \\[2mm] \dot{\theta} = q \\[2mm] \dot{q} = \dfrac{M}{I_y} \end{cases} \tag{6.29}$$

该模型可写为 (6.24) 的形式，状态向量取 $\boldsymbol{x} = (V, \alpha, \theta, q)^{\mathrm{T}}$，控制输入向量取 $\boldsymbol{u} = (\delta_e, \delta_p)^{\mathrm{T}}$，输出向量取 $\boldsymbol{y} = (V, \theta)^{\mathrm{T}}$。利用 6.3.1 节中关于相对阶的定义及其准则，分别对 y_1、y_2 求导可得

$$\begin{aligned} \dot{y}_1 &= \dot{V} = f_1(x) + g_{1p}(x)\delta_p \\ \dot{y}_2 &= \dot{\theta} = f_3(x) \\ \ddot{y}_2 &= f_4(x) + g_{4e}(x)\delta_e + g_{4p}(x)\delta_p \end{aligned} \tag{6.30}$$

则系统的相对阶为 $\rho = \rho_1 + \rho_2 = 3 < 4$，并且有 2×2 的解耦矩阵为

$$\boldsymbol{E}(\boldsymbol{x}) = \begin{bmatrix} L_{g_1}L_f^{r_1-1}h_1(x) & L_{g_2}L_f^{r_1-1}h_1(x) \\ L_{g_1}L_f^{r_2-1}h_2(x) & L_{g_2}L_f^{r_2-1}h_2(x) \end{bmatrix} = \begin{bmatrix} 0 & g_{1p}(x) \\ g_{4e}(x) & g_{4p}(x) \end{bmatrix} \tag{6.31}$$

$\boldsymbol{E}(\boldsymbol{x})$ 的各项实际上就是模型中控制输入向量的系数，显而易见，$\boldsymbol{E}(\boldsymbol{x})$ 对 $\forall x \in \mathbf{R}^n$

为非奇异，则存在状态变换向量 $(z, \eta) = \phi(x)$ 为

$$\boldsymbol{z} = \begin{bmatrix} z_1 \\ z_2 \\ z_3 \end{bmatrix} = \begin{bmatrix} x_1 \\ x_3 \\ x_4 \end{bmatrix} \tag{6.32}$$

令 $\boldsymbol{B}(\boldsymbol{x}) = \begin{bmatrix} b_1(x) \\ b_2(x) \end{bmatrix} = \begin{bmatrix} L_f^{\rho_1} h_1(x) \\ L_f^{\rho_2} h_2(x) \end{bmatrix} = \begin{bmatrix} f_1(x) \\ f_2(x) \end{bmatrix}$，则可假设原系统 (6.13)

的等效控制输入量 $\boldsymbol{v} = \boldsymbol{B}(\boldsymbol{x}) + \boldsymbol{E}(\boldsymbol{x})\boldsymbol{u}$，且转换过后的线性形式为

$$\begin{cases} \dot{z}_1 = v_1 \\ \dot{z}_2 = z_3 \\ \dot{z}_3 = v_2 \end{cases} \tag{6.33}$$

为提高反馈线性化理论在控制问题中的抗干扰能力，本节通过构建模糊控制器来解决这一问题，具体实施办法为：将期望值与真实响应值之间的误差及误差变化率作为模糊控制器的输入量，而将输出量作为模型 (6.33) 的等效控制输入量 $\boldsymbol{v}$，实现反馈线性化理论与模糊控制原理的结合，图 6.23 为纵向控制系统的结构模块图。

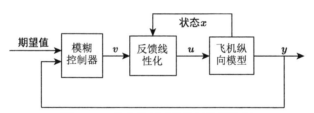

图 6.23　纵向控制系统的结构模块图

设置离散论域 $\{-8, -7, \cdots, 7, 8\}$，对数学意义上连续的精确变量"误差 e"、"误差变化率 ec"以及输出"v"定义语言变量"误差 E"、"误差变化率 EC"和"控制量 U"，并将语言变量 E、EC 和 U 进行分挡，文中划分为正大 (PB)、正中 (PM)、正小 (PS)、零 (ZO)、负小 (NS)、负中 (NM) 和负大 (NB) 共七挡。其中，连续精确变量 x_0^* (这里指 e 和 ec)、v 和对应的语言变量 x_0、U 满足如下关系：

$$x_0 = k \cdot \left(x_0^* - \frac{x_{\max}^* + x_{\min}^*}{2} \right), \quad k = \frac{16}{x_{\max}^* - x_{\min}^*}$$
$$v = k_v \cdot U + \frac{v_{\max} + v_{\min}}{2}, \quad k_v = \frac{v_{\max} - v_{\min}}{16} \tag{6.34}$$

本节采用较为常见的三角形隶属函数来进行模糊化处理，其形状和分布如图 6.24 所示。

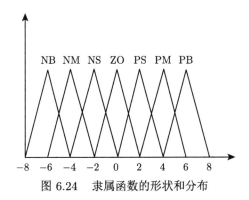

图 6.24　隶属函数的形状和分布

根据人们长期对过程控制的经验积累，建立如表 6.5 所示的推理语言规则库。

表 6.5　推理语言规则库

$E\backslash EC$	NB	NM	NS	ZO	PS	PM	PB
NB	PB	PB	PM	PM	PS	ZO	ZO
NM	PB	PB	PM	PS	PS	ZO	NS
NS	PB	PM	PM	PS	ZO	NS	NS
ZO	PM	PM	PS	ZO	NS	NM	NM
PS	PS	PS	ZO	NS	NS	NM	NB
PM	PS	ZO	NS	NM	NM	NM	NB
PB	ZO	ZO	NM	NM	NM	NB	NB

根据上述的设计过程，利用 Matlab 中使用便捷的模糊控制工具箱，构建所需要的控制器，其 Simulink 结构图如图 6.25 所示。

将图 6.25 中的输出信号作为公式 (6.33) 中的等效控制输入 v，则可得到飞机的纵向飞行控制律，表达式为

$$\boldsymbol{u} = \boldsymbol{E}^{-1}(\boldsymbol{x})[-\boldsymbol{B}(\boldsymbol{x}) + \boldsymbol{v}] \tag{6.35}$$

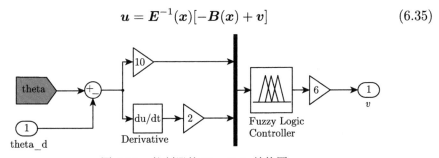

图 6.25　控制器的 Simulink 结构图

2. 重构控制律验证分析

以某型飞机为研究对象，设定初始飞行条件为 $H = 3000\text{m}$、$V = 140\text{m/s}$。在实际过程中，由于飞机是一个极其复杂的系统，在仿真建模过程中会忽略掉误差

和来自飞机本体、驾驶员及外界环境中各种因素的影响，因此在模型中引入零均值随机白噪声来模拟系统模型中的不确定性因素和其他各种因素的干扰。

假设飞机从 $t = 0\text{s}$ 时开始遭遇结冰 ($\eta = 0.15$，$\eta = 0.3$)，驾驶员给定俯仰角指令 $\theta_d = 8°$ 且保持飞行速度不变，仿真计算了设计控制律作用下的动态响应特性及性能品质，并将仿真结果与经典 PID 控制作用下的结果进行对比，其中 PID 控制器中的各个参数为 $k_P = -5.694$，$k_I = -4.238$，$k_D = -6.612$。图 6.26 和图 6.27 分别为结冰因子 $\eta = 0.15$ 和 $\eta = 0.3$ 时的纵向响应曲线，表 6.6 为两种控制方式下仿真计算得到的性能品质结果。

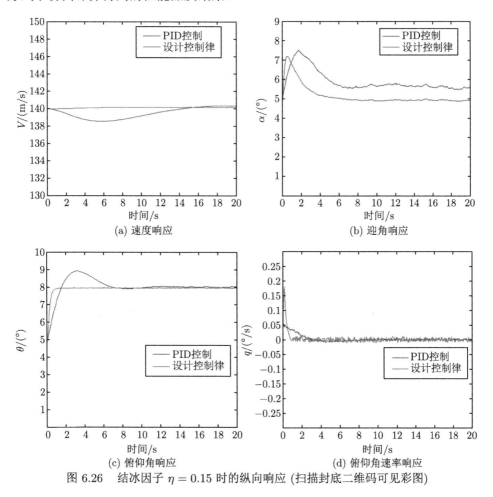

(a) 速度响应 (b) 迎角响应

(c) 俯仰角响应 (d) 俯仰角速率响应

图 6.26 结冰因子 $\eta = 0.15$ 时的纵向响应 (扫描封底二维码可见彩图)

从图 6.27 中的速度响应来看，两种控制方式作用下的变化趋势基本一致。而从俯仰角响应来看，虽然 PID 控制也能跟踪到指令值，但是相比之下，设计控制律能使俯仰角以更快的速度和更高的精度跟踪到指令值，其动态响应特性远远优于 PID 控制,并且受结冰和其他干扰因素的影响不大。从图 6.26 和图 6.27 的迎角曲线来看,随着飞机结冰严重程度的增加,迎角响应增大,并且 PID 控制下的响应幅值更大、衰减更慢,面临失速的可能性更大,对飞行安全的威胁性也更大。这说明在结冰情形下,设计控制律在迎角失速问题上具有更宽的安全裕度,即容冰飞行能力比 PID 控制更强。对比两者的俯仰角速率变化曲线,设计控制律下的俯仰角速率幅值更大、衰减更快,这样才能使俯仰角更快地收敛。

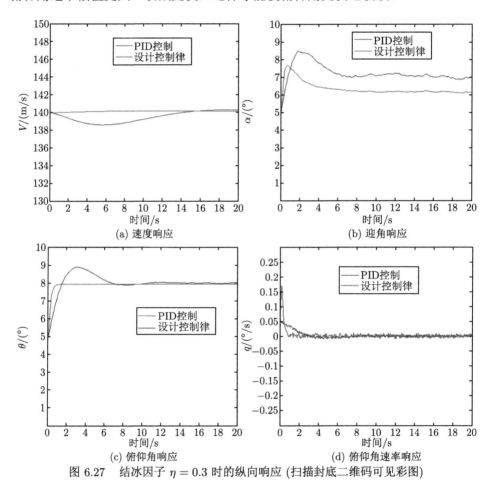

图 6.27   结冰因子 $\eta = 0.3$ 时的纵向响应 (扫描封底二维码可见彩图)

根据表中的计算结果也可以看出,在设计控制律作用下的响应速度更快,且稳态误差和超调量均为 0。随着飞机结冰严重程度的增加,俯仰角响应的上升时间和调节时间均有所增加,但仍满足性能品质要求。相比较而言,本节设计的控制律重构方案在性能品质方面要远远优于经典 PID 控制器,即使在结冰因子 $\eta = 0.3$ 时,其上升时间也只有 0.51s,调节时间仅有 0.92s。

表 6.6 俯仰角响应的性能品质

参数	设计控制律		PID 控制器	
	$\eta = 0.15$	$\eta = 0.3$	$\eta = 0.15$	$\eta = 0.3$
上升时间 t_r/s	0.47	0.51	1.54	1.63
调节时间 t_s/s	0.9	0.92	5.23	6.68
超调量 σ	0	0	10.29%	11.14%
稳态误差 e_{ss}	0	0	0.02	0.02

通过对比两种控制方案在不同结冰条件 ($\eta = 0.15$、$\eta = 0.3$) 和干扰作用下的动态响应特性,可以发现,本节所设计的控制律能快速、无误差、无超调地跟踪到给定的指令值,在俯仰角响应的性能指标上明显优于 PID 控制,并且在迎角失速方面具有更宽的安全裕度,更有力地保障了结冰飞机在一定程度上保持继续飞行的能力。

6.3.3 结冰飞机纵向-横向耦合控制律重构设计与验证

1. 结冰控制律重构设计

飞机在结冰情形下,迎角和滚转角变化较为明显,而侧滑角响应受到的影响较小,造成迎角失速和滚转异常的可能性较大。因此,针对飞机纵向-横向耦合的控制律重构设计展开了研究,取状态向量 $\boldsymbol{x} = [\alpha, \phi, \beta, p, q, r]^{\mathrm{T}}$、输入向量 $\boldsymbol{u} = [\delta_e, \delta_a]$ 和输出向量 $\boldsymbol{y} = \boldsymbol{h}(\boldsymbol{x}) = [\alpha, \phi]^{\mathrm{T}}$,构成如下的非线性控制系统:

$$\dot{\boldsymbol{x}} = \boldsymbol{f}(\boldsymbol{x}) + \boldsymbol{g}(\boldsymbol{x})\boldsymbol{u}$$
$$\boldsymbol{y} = \boldsymbol{h}(\boldsymbol{x}) \tag{6.36}$$

并且有

$$\boldsymbol{f}(\boldsymbol{x}) = \begin{bmatrix} f_1(\boldsymbol{x}) \\ f_2(\boldsymbol{x}) \\ f_3(\boldsymbol{x}) \\ f_4(\boldsymbol{x}) \\ f_5(\boldsymbol{x}) \\ f_6(\boldsymbol{x}) \end{bmatrix} = \begin{bmatrix} q - (p\cos\alpha + r\sin\alpha)\tan\beta - \dfrac{L(\alpha) + T_z - G_z}{mV\cos\beta} \\ p + \tan\theta(q\sin\phi + r\cos\phi) \\ p\sin - r\cos + \dfrac{Y + T_y + G_y}{mV} \\ (c_1 r + c_2 p)q + c_3 M_x(\beta, p, r) + c_4 M_z(\beta, p, r) \\ c_5 pr - c_6(p^2 - r^2) + c_7 M_y(\alpha, q) \\ (c_8 p - c_2 r)q + c_4 M_x(\beta, p, r) + c_9 M_z(\beta, p, r) \end{bmatrix}$$

$$\tag{6.37}$$

$$\boldsymbol{g}(\boldsymbol{x}) = \begin{bmatrix} g_{1\delta_e} & 0 \\ 0 & 0 \\ 0 & 0 \\ 0 & g_{4\delta_a} \\ g_{5\delta_e} & 0 \\ 0 & g_{6\delta_a} \end{bmatrix} = \begin{bmatrix} QC_L^{\delta_e} & 0 \\ 0 & 0 \\ 0 & 0 \\ 0 & c_3QbC_l^{\delta_a} + c_4QbC_n^{\delta_a} \\ c_7Qc(C_m^{\delta_e} + 0.5C_m^{\dot\alpha} \cdot c \cdot g_{1\delta_e}/V) & 0 \\ 0 & c_4QbC_l^{\delta_a} + c_9QbC_n^{\delta_a} \end{bmatrix}$$

$$\text{(6.38)}$$

式中，$L(\alpha)$ 为升力中与迎角 α 有关的多项式，Y 表示在 Y 轴上的空气动力，T_y、T_z 分别表示发动机推力在 Y 轴和 Z 轴上的投影，G_y、G_z 分别表示重力在 Y 轴和 Z 轴上的投影，$M_x(\beta,p,r)$、$M_z(\beta,p,r)$ 分别表示滚转力矩和偏航力矩中与侧滑角 β、滚转速率 p、偏航速率 r 有关的项，$M_y(\alpha,q)$ 表示俯仰力矩中与状态 α、q 有关的项。$Q = 0.5\rho V^2 S$ 表示动压，c 表示展长，$c_1 \sim c_9$ 表示系数，且有

$$c_1 = [(I_y - I_z)I_z - I_{xz}^2]/\lambda, \quad c_2 = [(I_x - I_y + I_z)I_{xz}]/\lambda, \quad c_3 = I_z/\lambda$$

$$c_4 = I_{xz}/\lambda, \quad c_5 = (I_z - I_x)/I_y, \quad c_6 = I_{xz}/I_y, \quad c_7 = 1/I_y$$

$$c_8 = [(I_x - I_y)I_x + I_{xz}^2]/\lambda, \quad c_9 = I_x/\lambda, \quad \lambda = I_xI_z - I_{xz}^2$$

其中，I_x、I_y、I_z、I_{xz} 表示飞机的惯性矩和惯性积。

参照推导过程对公式 (6.36)~(6.38) 进行反馈线性化处理，则变换后的等效线性系统为

$$\begin{aligned} \dot\xi_1 &= w_1 \\ \dot\xi_2 &= \xi_3 \\ \dot\xi_3 &= w_2 \end{aligned} \tag{6.39}$$

输入量 w 与系统 (6.36) 的输入量 u 之间满足如下的数学关系：

$$\boldsymbol{w} = \boldsymbol{B}_1(\boldsymbol{x}) + \boldsymbol{E}_1(\boldsymbol{x})\boldsymbol{u} \tag{6.40}$$

$$\boldsymbol{B}_1(\boldsymbol{x}) = \begin{bmatrix} b_1(\boldsymbol{x}) \\ b_2(\boldsymbol{x}) \end{bmatrix}$$

$$= \begin{bmatrix} f_1(\boldsymbol{x}) \\ f_4(\boldsymbol{x}) + \tan\theta[\sin\phi f_5(\boldsymbol{x}) + (q\cos\phi - r\sin\phi)f_2(\boldsymbol{x}) + \cos\phi f_6(\boldsymbol{x})] \end{bmatrix}$$

$$\text{(6.41)}$$

$$\boldsymbol{E}_1(\boldsymbol{x}) = \begin{bmatrix} a_1(\boldsymbol{x}) \\ a_2(\boldsymbol{x}) \end{bmatrix} = \begin{bmatrix} g_{1\delta_e}\delta_e & 0 \\ \tan\theta\sin\phi g_{5\delta_e} & g_{4\delta_a} + \tan\theta\sin\phi g_{6\delta_a} \end{bmatrix} \tag{6.42}$$

模糊控制器与上文相同，并将其输出信号作为公式 (6.39) 中的等效控制输入量 $\boldsymbol{w}$，则可得到系统 (6.36) 的设计控制律为 $\boldsymbol{u} = \boldsymbol{E}_1^{-1}(\boldsymbol{x})[-\boldsymbol{B}_1(\boldsymbol{x}) + \boldsymbol{w}]$。

2. 重构控制律验证

以干净构型下的背景飞机为例进行仿真，设定初始飞行条件为：高度 $H = 3000\mathrm{m}$，飞行速度 $V = 120\mathrm{m/s}$，并保持平飞状态。在 $t = 0\mathrm{s}$ 驾驶员输入迎角指令 $\alpha_{\mathrm{ref}} = \alpha_{\mathrm{stall}} = 19°$ 和滚转角指令 $\phi_{\mathrm{ref}} = \phi_{\mathrm{min}} = -45°$ 并进行仿真，结果如图 6.28 和图 6.29 所示。

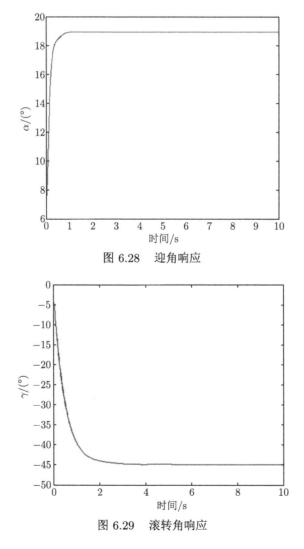

图 6.28　迎角响应

图 6.29　滚转角响应

从图 6.28 和图 6.29 中可以看出，在设计控制器作用下，飞机的迎角和滚转角均能迅速、平稳、无超调地收敛到指令值。利用这一特点，当被控对象选取为飞机关键安全参数的边界值时，如将失速迎角和滚转角极限值作为控制器的输入信号，即可得到相应舵面的最大允许偏转角，并将该值用于限制飞机的实际舵面偏角。

6.4　本 章 小 结

本章采用 PID 控制、鲁棒伺服 LQR 控制和反馈线性化-模糊控制等方法，设计结冰飞行的重构控制，并通过飞机遭遇不同严重程度结冰后的动态响应特性进行仿真验证，结果表明：

(1) 在不同结冰严重程度下，本章设计的重构控制律均具有良好的跟踪性，保证了系统的动态性能和鲁棒性，能有效地改善结冰飞机的飞行性能和飞行品质。

(2) 重构控制律的控制效果随结冰因子的增大而变差，但仍符合性能品质要求。研究结果可为结冰飞机的重构控制问题和自动飞行控制提供一定的参考和思路，具有一定的工程应用价值。

第 7 章　容冰飞行时非线性动力学系统稳定域分析

飞行安全边界的确定是边界保护系统的重要前提，通常是基于某个或某几个关键参数的临界值来确定结冰后的飞行边界，其中最为常见的是根据结冰后的失速迎角来对飞行迎角进行限制。然而不管是基于单参数还是多参数限制的结冰边界保护方法，一方面没有考虑到飞机状态参数之间的相互影响，仅就参数是否超过其临界值作为限制条件。另一方面，没有考虑到外界扰动的情况，飞机在运行过程中难免会遭遇阵风、紊流等不利干扰的影响，飞机存在着关键飞行参数处在临界值以内，一旦受到外界扰动便失稳的可能。因此，确定结冰后的飞行安全边界，对于确保飞机始终在安全的飞行区域内飞行，保证飞行安全，提升乘员的舒适性，具有重要的意义。

结冰飞机的动力学模型是一个典型的非线性动力学系统，在稳定平飞阶段，我们期望飞机受到外界扰动后，不需对飞机进行操纵，速度、高度、迎角等参数能够自发回到稳态。在起飞、着陆阶段，我们期望在飞行员的操纵下，飞机水平速度、航迹倾斜角、垂直速度等参数保持在安全范围内。针对上述扰动后的失稳问题，可以利用非线性动力学系统稳定域分析理论确定飞机容冰飞行过程中的稳定边界，而这正是当前国内外研究比较缺乏的地方。本章借助于非线性动力学稳定域分析的相关理论和方法，研究结冰条件下飞行稳定边界确定方法，为飞行安全边界保护中飞行安全边界的确定以及控制律参数的优化设计提供支撑。

7.1　非线性系统稳定域基本概念

定理 7.1　针对非线性自治系统

$$\dot{x} = f(x) \tag{7.1}$$

若 $\boldsymbol{x}_s$ 为系统 (7.1) 的稳定平衡点 (stable equilibrium point，SEP)，则存在邻域 $\boldsymbol{A}$，满足：$\forall \boldsymbol{x} \in \boldsymbol{A}$，使 $t \to +\infty$ 时，轨线或流 $\phi_t(\boldsymbol{x}) = \boldsymbol{x}_s$，则邻域 $\boldsymbol{A}$ 称为稳定域 (region of attraction，ROA) 或吸引区，其边界表示为 $\partial \boldsymbol{A}$。

根据定理 7.1 可知，ROA 的特性可表示为

$$\boldsymbol{A}(\boldsymbol{x}_s) = \left\{ \boldsymbol{x} \in \mathbf{R}^n \mid \lim_{t \to \infty} \phi_t(\boldsymbol{x}) = \boldsymbol{x}_s \right\} \tag{7.2}$$

定理 7.2　针对非线性自治系统 (公式 (7.1))，若满足：① $f(\boldsymbol{x}_s) = 0$；② $f(\boldsymbol{x})$ 在 $\boldsymbol{x}_s$ 的 Jacobian 矩阵特征值的实部全部小于 0；则 $\boldsymbol{x}_s$ 为非线性自治系统 (公式 (7.1)) 的稳定平衡点。

定理 7.3　针对非线性自治系统 (公式 (7.1))，若满足：① $f(\boldsymbol{x}_u) = 0$；② $f(\boldsymbol{x})$ 在 $\boldsymbol{x}_u$ 的 Jacobian 矩阵特征值中存在大于 0 的实部；则 $\boldsymbol{x}_u$ 为非线性自治系统 (公式 (7.1)) 的不稳定平衡点 (unstable equilibrium point，UEP)。

且根据 Jacobian 矩阵特征值中实部大于 0 的个数，可将 UEP 分成不同的型别，如表 7.1 所示。

表 7.1　UEP 型别判定

EP	Jacobian 矩阵实部大于 0 的个数
SEP	0
1-UEP	1
n-UEP	n

针对 UEP $\boldsymbol{x}_u$，存在稳定流形 $W^s(\boldsymbol{x}_u)$ 和不稳定流形 $W^u(\boldsymbol{x}_u)$，其表达式如下：

$$W^s(\boldsymbol{x}_u) = \left\{ \boldsymbol{x} \in \mathbf{R}^n \mid \lim_{t \to \infty} \varPhi_t(\boldsymbol{x}) = \boldsymbol{x}_u \right\}$$
$$W^u(\boldsymbol{x}_u) = \left\{ \boldsymbol{x} \in \mathbf{R}^n \mid \lim_{t \to -\infty} \varPhi_t(\boldsymbol{x}) = \boldsymbol{x}_u \right\} \tag{7.3}$$

根据公式 (7.3) 可知，稳定流形为收敛于 UEP$\boldsymbol{x}_u$ 的流或轨迹，而不稳定流形为远离 UEP 的 $\boldsymbol{x}_u$ 流或轨迹。

根据定理 7.1 可知，ROA 为微分动力学系统稳定平衡点附近具有收敛特性的邻域，且针对非线性系统 (线性系统为全局稳定，故不考虑)，状态超出稳定域边界 $\partial \boldsymbol{A}$ 后，系统将发散或趋近于其他的 SEP。结合 LOC 事故的一般特点 (飞行状态超出设定的飞行安全包线，且较长时间被驾驶员或控制系统忽视)，可知，稳定域作为微分动力学系统稳定与不稳定的界限，充分地反映出微分动力学系统空间状态的运动趋势，而飞机本质为复杂微分动力学系统，其飞行包线在一定程度上也具有分割安全飞行与不安全飞行的性质，因此可将微分动力学系统的稳定域作为飞机的某种飞行包线，具体原因如下。

(1) 飞机的本质特征是非线性微分动力学系统；ROA 主要也是针对非线性系统存在的概念。

(2) 飞行安全问题与飞机稳定性问题密切相关，一般认为：飞行安全问题不一定由飞机失稳引起，而飞机失稳一定属于飞行安全问题，且极易诱发飞行事故，因此可以通过预防飞机失稳来减少飞行事故；ROA 给出了非线性系统可保持稳定的区域。

(3) 飞行状态超出预设包线将诱发 LOC 问题; 而根据定理 7.1 可知, 系统状态超出 ROA 边界将导致系统因发散或状态漂移而发生故障。

(4) LOC 问题可归结于动力学和控制问题; ROA 可用于解决受控动力学系统的稳定性问题。

(5) 飞机的控制律设计及驾驶员操纵涉及预定的工作状态, 且这些工作状态一般为稳定的飞行状态; 基于 ROA 的稳定性分析方法也是针对特定的 SEP。

综上所述, ROA 的特征、特性都与 LOC 问题密切相关, 因此可以将 ROA 定义为判断 LOC 的某种包线。由于该种方法与非线性系统的动力学特性密切相关, 因此, 本节将综合考虑传统飞机状态限制 (迎角限制等) 的 ROA 定义为飞机的 LOC 包线——动力学包线, 其边界为动力学边界。综合考虑 LOC 致灾特点及动力学包线特性, 可确定如下 LOC 判断准则。

LOC 判断准则 飞行状态超出动力学边界, 将判定为 LOC 问题。通过边界保护系统控制或驾驶员操纵后无法短时间内实现状态恢复的, 将诱发飞行事故。

动力学边界相比于其他方法确定的 LOC 边界具有如下优势。

(1) 判断准则方面: NASA 的 LOC 边界需判断飞行状态是否超出五种包线的任意三种, 而本节方法只须判断是否超出动力学边界即可判定是否发生 LOC 现象。

(2) 边界保护策略方面: 基于可达集理论的边界保护/恢复策略一般基于最优控制方法, 而基于动力学边界的控制策略可基于传统的 PID 控制策略, 更贴近于工程实践。

(3) 外部环境干扰方面: 与可达集理论确定的包线类似, 动力学边界可以考虑外部环境的影响 (如机翼结冰), 而传统的状态限制包线和 NASA 的 LOC 边界必须根据经验重新进行设计。

(4) 动力学特性方面: 动力学边界可以充分考虑飞行状态之间的动力学耦合特性, 而其他边界无法直接反映出该特性。

7.2 基于平方和理论的容冰飞行稳定域分析方法

本节以飞机纵向动力学特性为研究对象, 在对结冰后非线性气动力模型进行研究的基础上, 建立起飞机纵向多项式模型, 运用平方和 (sum of square, SOS) 理论, 计算出飞机结冰后系统的局部渐近稳定区域, 从而构建起结冰条件下纵向稳定边界。

7.2.1 基于平方和理论的多项式非线性系统吸引域估计

考虑多项式非线性自治动力学系统 [131]:

$$\dot{\boldsymbol{x}} = f(\boldsymbol{x}), \quad \boldsymbol{x}(0) = \boldsymbol{x}_0 \tag{7.4}$$

其中，$\boldsymbol{x}(t) \in \mathbf{R}^n$ 为状态向量。假定 $\boldsymbol{x} = \boldsymbol{0}$ 是系统的局部渐近稳定平衡点，那么平衡点附近的吸引域 (region of attraction，ROA) 定义为

$$\text{ROA} := \left\{ \boldsymbol{x}_0 \,\middle|\, \lim_{t \to \infty} \varphi(t, \boldsymbol{x}_0) = \boldsymbol{0} \right\} \tag{7.5}$$

式中，$\varphi(t, \boldsymbol{x}_0)$ 为初始状态为 $\boldsymbol{x}_0$ 时，动力学系统的解。所有初始状态位于吸引域内的点最终都将收敛于平衡点。对于飞机而言，意味着如果飞机遇到阵风或者其他不利情形，导致飞行状态偏离平衡点时，只要其状态参数在吸引域范围内，那么飞机都会回到其初始状态。吸引域的大小表明初始点能远离平衡点而不失稳的程度，吸引域的范围越小，系统越容易受到外界干扰的影响[132]。

定理 7.4　若存在一个连续可微的函数 $L : \mathbf{R}^n \to \mathbf{R}$ 使得[133]

(1) $L(\boldsymbol{0}) = 0$ 且 $\forall \boldsymbol{x} \neq \boldsymbol{0}, L(\boldsymbol{x}) > 0$；

(2) $\Omega_\gamma := \{\boldsymbol{x} \in \mathbf{R}^n | L(x) \leqslant \gamma\}$ 有界；

(3) $\Omega_\gamma \subset \{\boldsymbol{x} \in \mathbf{R}^n | \nabla L(\boldsymbol{x}) f(\boldsymbol{x}) < 0\} \cup \{\boldsymbol{0}\}$。

则对于所有的 $\boldsymbol{x}_0 \in \Omega_\gamma$，公式 (7.5) 的解存在且满足 $\lim \boldsymbol{x}(t) \in 0$。从而，$\Omega_\gamma$ 是公式 (7.5) 吸引域的子集。

满足定理 7.4 的函数 L 称为李雅普诺夫函数 (Lyapunov function)，而 Ω_γ 可作为吸引域的一个估计。为最大化 Ω_γ，可定义一个可变区域 $p(\boldsymbol{x})$，在约束 $\varepsilon_\beta \subseteq \Omega_\gamma$ 的条件下最大化 β。

$$\varepsilon_\beta := \{\boldsymbol{x} \in \mathbf{R}^n | p(\boldsymbol{x}) \leqslant \beta\} \tag{7.6}$$

其中，β 是大于零的值，$p(\boldsymbol{x})$ 为正定多项式。利用代数几何中的 Positivstellensatz 定理[134]，可将该最优化问题转化成下面的平方和规划 (SOSP) 问题：

$$\max_{L \in P^n, L(0)=0, l_1, l_2, s_1, s_2 \in \Sigma_n} \beta$$

$$\text{s.t.} \begin{cases} L - l_1 \in \Sigma_n \\ -[(\beta - p)s_1 + (L - \gamma)] \in \Sigma_n \\ -\left[(\gamma - L)s_2 + \dfrac{\partial L}{\partial x} f + l_2\right] \in \Sigma_n \end{cases} \tag{7.7}$$

式中，P^n 为所有 n 个变量的多项式的集合，Σ_n 表示 n 个变量的平方和多项式的集合。结合 $V\text{-}s$ 迭代算法，可对上述最优化问题进行优化求解，即可估计出多项式非线性动力学系统的吸引域 Ω_γ，动力学系统的稳定边界 E_S 即为

$$E_S := \{\boldsymbol{x} \in \mathbf{R}^n | L(\boldsymbol{x}) = \gamma\} \tag{7.8}$$

在进行估算时，可假定 ε_β 为一椭球体，如对于二维问题，可假设

$$p(\boldsymbol{x}) = \boldsymbol{x}^{\mathrm{T}} \boldsymbol{N} \boldsymbol{x} = (x_1/a)^2 + (x_2/b)^2 \tag{7.9}$$

其中，$N = \mathrm{diag}(a, b)^{-2}$ 为形状函数。

利用 SOS 理论对非线性动力学系统吸引域求解的前提是动力学系统的模型多项式模型。为此，在对飞机结冰后的稳定边界进行分析时，首先要在合理的区间范围内将飞行动力学模型转化为多项式模型，在此基础上计算飞机在平衡点附近的稳定域及稳定边界。

7.2.2 飞机纵向多项式动力学模型

1. 常规动力学模型

常规的飞机非线性动力学模型可表示为

$$\begin{cases} \dot{V} = \dfrac{1}{m}(-D - mg\sin(\theta - \alpha) + T_x \cos\alpha + T_z \sin\alpha) \\[2mm] \dot{\alpha} = \dfrac{1}{mV}(-L + mg\cos(\theta - \alpha) - T_x \sin\alpha + T_z \cos\alpha) + q \\[2mm] \dot{q} = \dfrac{M + T_m}{I_{yy}} \\[2mm] \dot{\theta} = q \end{cases} \tag{7.10}$$

其中，V、α、θ、q 分别表示空速、迎角、机体俯仰角、俯仰角速率。T_x、T_z 分别为推力在机体坐标系 x、z 轴上的投影，T_m 是由推力产生的俯仰力矩。L、D、M 分别表示飞机受到的升力、阻力与俯仰力矩，其计算方式如公式 (7.11) 所示

$$\begin{cases} L = \bar{q} S C_L(\alpha, \delta_e, \hat{q}) \\ D = \bar{q} S C_D(\alpha, \delta_e, \hat{q}) \\ M = \bar{q} S \bar{c} C_m(\alpha, \delta_e, \hat{q}) \end{cases} \tag{7.11}$$

其中，$\bar{q}$ 为动压，$\hat{q} = (\bar{c}/2V)q$ 为无量纲化后的俯仰角速率，$\bar{c}$ 表示平均气动弦长。气动参数 C_L、C_D、C_m 的计算是通过与 α、δ_e、$\hat{q}$ 有关的插值表直接插值获得。考虑到飞机结冰通常发生在小速度范围，因此这里忽略马赫数对气动参数的影响。

2. 飞机纵向多项式动力学模型转化

为利用基于平方和的多项式非线性动力学系统吸引域估计理论来对飞机的稳定飞行区域进行计算，首先需要将常规的飞机非线性动力学模型 (式 (7.10)、(7.11)) 转化为多项式模型。从公式 (7.10) 和 (7.11) 中所包含的表达式来看，存在着一些非多项式项：如三角函数项、气动力 (矩) 系数、速度的逆等。为此，在

进行吸引域估计之前需要将这些非多项式项转化为多项式的形式。很明显，在转换过程中，多项式的阶数越高，计算精度也就越高，然而同时也会带来计算量的增加。因此，确立合适的多项式阶数显得十分重要。

对三角函数的转化，可对其进行泰勒级数展开，一般展开至三阶即可

$$\begin{cases} \sin(x) \approx x - \dfrac{1}{6}x^3 \\ \cos(x) \approx 1 - \dfrac{1}{2}x^2 \end{cases} \tag{7.12}$$

在 $[-45°, 45°]$ 的范围内，sin 与 cos 函数估算值的误差都比较小，例如 45°时，sin 与 cos 函数估计值与实际值之间的误差分别为 0.35％与 2.2％(图 7.1)。

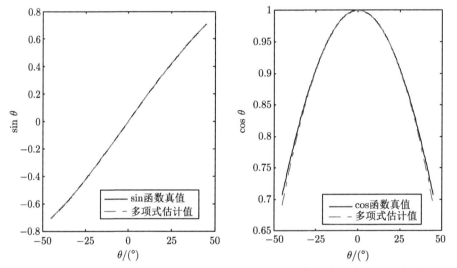

图 7.1　三角函数的真值及其多项式估计值的对比 (扫描封底二维码可见彩图)

方程组 (7.10) 中含速度 V 的逆，即 $1/V$。由于理想情况下，动力学系统的多项式模型不应该含有指数为负的项。为此，在合适的速度区间上用二次多项式来拟合速度的逆，从而得到近似的多项式表达式：

$$V^{-1} = aV^2 + bV + c \tag{7.13}$$

式中，a、b、c 为待定常系数，通过曲线拟合来计算。飞机结冰一般是在速度较低的情形下发生，考虑到飞机的最小平飞速度限制，在对速度进行拟合时，拟合区间选定为 $(70 \sim 160)\mathrm{m/s}$，拟合的多项式为

$$V^{-1} = 7.5873 \times 10^{-7}V^2 + 0.0002V + 0.0283 \tag{7.14}$$

拟合的结果与速度逆的真实值之间的对比关系如图 7.2 所示，可以看出在选定的速度区间范围内，多项式的拟合结果与实际值之间的差距比较小，多项式拟配结果可运用于动力学仿真。

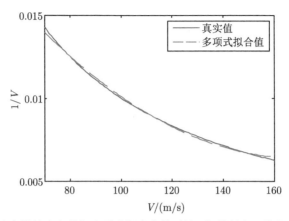

图 7.2　速度逆的真实值与多项式拟合值的对比 (扫描封底二维码可见彩图)

在飞机动力学模型 (式 (7.10)) 中，空气动力 (矩) 以及发动机的推力一般与飞机状态参数、操纵参数有关，由于可用插值算法进行计算。运用最小二乘拟合算法便可得到飞机升力系数、阻力系数、俯仰力矩系数的多项式表达式。这里以某型运输类飞机在干净构型下的升力系数为例进行说明，升力系数 C_L 可分解为

$$C_L = C_L(\alpha) + C_L(\alpha, \delta_e) + C_L(\alpha, \hat{q}) \tag{7.15}$$

其中，$C_L(\alpha)$ 项只与迎角有关，是飞机的基本气动参数，选定用一元四阶多项式进行拟合，可得到其多项式表达形式为

$$C_L(\alpha) = -0.5959\alpha^4 + 3.8619\alpha^3 - 7.4697\alpha^2 + 5.1457\alpha + 0.0689 \tag{7.16}$$

$C_L(\alpha, \delta_e)$ 是与升降舵操纵量有关的项，这里选定用二元二阶多项式进行拟合，可得到其多项式表达形式为

$$\begin{aligned} C_L(\alpha, \delta_e) = &\ 0.0042\alpha^2 - 0.3439\alpha\delta_e + 0.0929\delta_e^2 \\ &- 0.0350\alpha + 0.4611\delta_e + 0.0025 \end{aligned} \tag{7.17}$$

$C_L(\alpha, \hat{q})$ 是与飞机动态参数有关的项，这里同样选择用二元二阶多项式进行拟合，可得到其多项式表达形式为

$$C_L(\alpha, \hat{q}) = 6.9959 \times 10^{-6}\alpha^2 - 0.0237\alpha\hat{q} - 856.7208\hat{q}^2$$

$$-0.0003\alpha + 34.3863\hat{q} + 0.0037 \tag{7.18}$$

升力系数各项的多项式拟合结果与真实值之间的对比如图 7.3 所示。

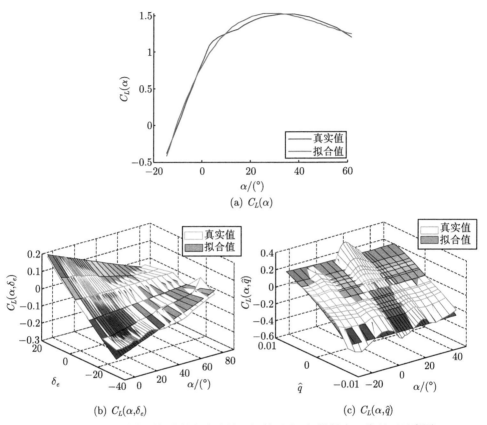

(a) $C_L(\alpha)$

(b) $C_L(\alpha,\delta_e)$

(c) $C_L(\alpha,\hat{q})$

图 7.3 升力系数各项拟合值与真实值之间的对比 (扫描封底二维码可见彩图)

公式 (7.18) 中的 $\hat{q}$ 为无量纲化后的值，而在进行稳定域的计算时，更希望得到飞机实际的俯仰角度率的范围，故将 $\hat{q} = (\bar{c}/(2V))q$ 及速度逆的多项式表达式 (7.14) 代入 (7.18) 中，进一步可得

$$\begin{aligned}
C_L(\alpha,\hat{q}) = &-3.1728 \times 10^{-9}V^4q^2 + 2.1587 \times 10^{-6}V^3q^2 - 2.6163 \times 10^{-6}V^2\alpha q \\
&-0.0006V^2q^2 + 6.6174 \times 10^{-5}V^2q + 0.0009V\alpha q + 0.0806Vq^2 \\
&-0.0225Vq + 0.0229\alpha^2 - 0.0977\alpha q - 4.4209q^2 \\
&-0.0167\alpha + 2.4701q + 0.0037
\end{aligned} \tag{7.19}$$

将式 (7.16)、(7.17)、(7.19) 代入 (7.15) 便可得到升力系数 C_L 的多项式表达式。利用同样的方法，可得到阻力系数 C_D、俯仰力矩系数 C_m 的多项式表达式。

在进行飞机稳定性分析时，通常不考虑发动机推力的变化，而是把发动机的推力维持在配平状态，这里发动机的推力采用简化的推力模型进行计算，认为发动机的推力只与油门偏度 δ_{th} 有关。根据发动机推力值与油门偏度之间关系的差值数据，同样可用多项式拟合的方法，得到发动机推力的多项式模型：

$$T(\delta_{\text{th}}) = 7.6659\delta_{\text{th}}^2 + 830.4894\delta_{\text{th}} + 9023.6264 \tag{7.20}$$

该模型与真实的发动机推力数据对比如图 7.4 所示。

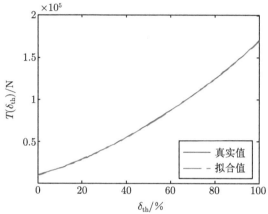

图 7.4   发动机推力数据拟合值与真实值的对比 (扫描封底二维码可见彩图)

通过上述对常规动力学模型中非线性项的多项式转化，可将常规的飞机纵向非线性动力学模型转化为多项式形式的微分方程组。例如，对于该飞机，在干净构型下，在飞行高度 $H = 2000\text{m}$ 上，飞机的纵向多项式动力学模型如公式 (7.21) 和 (7.22) 所示。限于篇幅，这里保留三位有效数字

$$
\begin{aligned}
\dot{V} = {} & 7.028 \times 10^{-13}V^6q^2 + 0.019V^2\alpha^6 - 4.782 \times 10^{-10}V^5q^2 - 0.046V^2\alpha^5 \\
& - 8.122 \times 10^{-8}V^4\alpha q + 1.338 \times 10^{-7}V^4q^2 + 0.047V^2\alpha^4 + 2.344 \times 10^{-9}V^4q \\
& + 2.763 \times 10^{-5}V^3\alpha q - 1.785 \times 10^{-5}V^3q^2 - 0.017V^2\alpha^3 - 1.977 \times 10^{-6}\alpha^3\delta_{\text{th}}^2 \\
& - 7.974 \times 10^{-7}V^3q - 0.002V^2\alpha^2 - 1.804 \times 10^{-4}V^2\alpha\delta_e - 0.003V^2\alpha q \\
& - 7.501 \times 10^{-5}V^2\delta_e^2 + 9.793 \times 10^{-4}V^2q^2 - 2.142 \times 10^{-4}\alpha^3\delta_{\text{th}} \\
& - 1.583 \times 10^{-4}\alpha^2\delta_{\text{th}}^2 + 1.935 \times 10^{-4}V^2\alpha - 3.435 \times 10^{-5}V^2\delta_e \\
& + 8.750 \times 10^{-5}V^2q - 1.637\alpha^3 - 0.017\alpha^2\delta_{\text{th}} + 4.903\alpha^2\theta + 1.186 \times 10^{-5}\alpha\delta_{\text{th}}^2 \\
& - 4.903\alpha\theta^2 + 1.634\theta^3 - 4.084 \times 10^{-5}V^2 - 0.186\alpha^2 + 1.285 \times 10^{-3}\alpha\delta_{\text{th}} \\
& + 3.165 \times 10^{-4}\delta_{\text{th}}^2 + 9.821\alpha + 0.034\delta_{\text{th}} - 9.807\theta + 0.373 \tag{7.21}
\end{aligned}
$$

$$
\begin{aligned}
\dot{\alpha} =\ & 3.026 \times 10^{-18} V^8 q^2 - 3.088 \times 10^{-15} V^7 q^2 + 2.495 \times 10^{-15} V^6 \alpha q \\
& + 1.389 \times 10^{-12} V^6 q^2 + 5.683 \times 10^{-10} V^4 \alpha^4 - 6.310 \times 10^{-14} V^6 q \\
& - 1.698 \times 10^{-12} V^5 \alpha q - 3.496 \times 10^{-10} V^5 q^2 - 3.683 \times 10^{-9} V^4 \alpha^3 \\
& - 1.933 \times 10^{-7} V^3 \alpha^4 + 4.003 \times 10^{-11} V^2 \alpha^3 \delta_{\text{th}}^2 + 4.293 \times 10^{-11} V^5 q \\
& + 7.097 \times 10^{-9} V^4 \alpha^2 + 3.279 \times 10^{-10} V^4 \alpha \delta_e + 4.750 \times 10^{-10} V^4 \alpha q \\
& - 8.863 \times 10^{-11} V^4 \delta_e^2 + 5.186 \times 10^{-8} V^4 q^2 + 1.253 \times 10^{-6} V^3 \alpha^3 \\
& + 2.121 \times 10^{-5} V^2 \alpha^4 + 4.336 \times 10^{-9} V^2 \alpha^3 \delta_{\text{th}} - 4.499 \times 10^{-12} V^2 \alpha^2 \delta_{\text{th}}^2 \\
& - 1.362 \times 10^{-8} V \alpha^3 \delta_{\text{th}}^2 - 4.858 \times 10^{-9} V^4 \alpha - 4.397 \times 10^{-10} V^4 \delta_e \\
& - 1.201 \times 10^{-8} V^4 q - 2.414 \times 10^{-6} V^3 \alpha^2 - 1.116 \times 10^{-7} V^3 \alpha \delta_e \\
& - 6.337 \times 10^{-8} V^3 \alpha q + 3.015 \times 10^{-8} V^3 \delta_e^2 - 4.303 \times 10^{-6} V^3 q^2 \\
& - 1.374 \times 10^{-4} V^2 \alpha^3 - 4.875 \times 10^{-10} V^2 \alpha^2 \delta_{\text{th}} - 2.402 \times 10^{-10} V^2 \alpha \delta_{\text{th}}^2 \\
& - 1.480 \times 10^{-6} V \alpha^3 \delta_{\text{th}} + 1.531 \times 10^{-9} V \alpha^2 \delta_{\text{th}}^2 + 1.494 \times 10^{-6} \alpha^3 \delta_{\text{th}}^2 \\
& - 7.168 \times 10^{-11} V^4 + 1.653 \times 10^{-6} V^3 \alpha + 1.496 \times 10^{-7} V^3 \delta_e \\
& + 1.603 \times 10^{-6} V^3 q + 2.612 \times 10^{-4} V^2 \alpha^2 + 1.224 \times 10^{-5} V^2 \alpha \delta_e \\
& - 2.602 \times 10^{-8} V^2 \alpha \delta_{\text{th}} + 3.477 \times 10^{-6} V^2 \alpha q + 7.441 \times 10^{-6} V^2 \alpha \theta \\
& - 3.308 \times 10^{-6} V^2 \delta_e^2 + 8.999 \times 10^{-12} V^2 \delta_{\text{th}}^2 + 1.574 \times 10^{-4} V^2 q^2 \\
& - 3.720 \times 10^{-6} V^2 \theta^2 - 1.603 \times 10^{-5} V \alpha^3 + 1.658 \times 10^{-7} V \alpha^2 \delta_{\text{th}} \\
& + 8.170 \times 10^{-8} V \alpha \delta_{\text{th}}^2 + 1.619 \times 10^{-4} \alpha^3 \delta_{\text{th}} - 1.680 \times 10^{-7} \alpha^2 \delta_{\text{th}}^2 \\
& + 2.438 \times 10^{-8} V^3 - 1.816 \times 10^{-4} V^2 \alpha - 1.641 \times 10^{-5} V^2 \delta_e \\
& + 9.749 \times 10^{-10} V^2 \delta_{\text{th}} - 8.793 \times 10^{-5} V^2 q + 1.267 \times 10^{-3} V \alpha^2 \\
& + 8.851 \times 10^{-6} V \alpha \delta_{\text{th}} - 2.531 \times 10^{-3} V \alpha \theta - 3.061 \times 10^{-9} V \delta_{\text{th}}^2 \\
& + 1.266 \times 10^{-3} V \theta^2 + 1.759 \times 10^{-3} \alpha^3 - 1.820 \times 10^{-5} \alpha^2 \delta_{\text{th}} \\
& - 8.965 \times 10^{-6} \alpha \delta_{\text{th}}^2 + 4.776 \times 10^{-6} V^2 + 9.617 \times 10^{-5} V \alpha \\
& - 3.317 \times 10^{-7} V \delta_{\text{th}} - 0.139 \alpha^2 - 9.712 \times 10^{-4} \alpha \delta_{\text{th}} + 0.278 \alpha \theta \\
& + 3.359 \times 10^{-7} \delta_{\text{th}}^2 - 0.139 \theta^2 - 2.535 \times 10^{-3} V - 0.011 \alpha \\
& + 3.64 \times 10^{-5} \delta_{\text{th}} + q + 0.278
\end{aligned}
\tag{7.22}
$$

$$
\begin{aligned}
\dot{q} =\ & -5.009 \times 10^{-9} V^4 q + 2.917 \times 10^{-5} V^2 \alpha^3 + 1.704 \times 10^{-6} V^3 q - 1.672 \\
& \times 10^{-8} V^2 \alpha^2 + 7.968 \times 10^{-5} V^2 \alpha \delta_e - 9.898 \times 10^{-5} V^2 \alpha - 1.191 \times 10^{-4} V^2 \delta_e \\
& - 1.870 \times 10^{-4} V^2 q + 1.045 \times 10^{-5} V^2 + 4.874 \times 10^{-6} \delta_{\text{th}}^2
\end{aligned}
$$

$$+ 5.280 \times 10^{-4} \delta_{\text{th}} + 0.006 \tag{7.23}$$

$$\dot{\theta} = q \tag{7.24}$$

在得到飞机纵向多项式动力学模型后，进而可用 SOS 理论分析系统在平衡点附近的吸引域，即稳定范围。需要指出的是，上述转化的多项式动力学模型的有效范围受到以下几个方面的限制：一是给定的气动参数范围的限制，对于迎角而言，其有效范围为 $[-5°, 50°]$，俯仰角速率有效范围为 $[-30, 30]°/s$，升降舵偏角有效范围为 $[-30°, 20°]$；二是，模型转换过程中参数的限制，如三角函数转换过程中，迎角有限范围为 $[-45°, 45°]$，飞行速度有效范围为 $[70, 160]$m/s。综上所述，转换后的多项式动力学模型有效范围为

$$\begin{cases} V \in [70, 160] \text{m/s} \\ \alpha \in [-5°, 45°] \\ q \in [-25, 25](°)/s \\ \delta_e \in [-30°, 20°] \end{cases} \tag{7.25}$$

3. 飞机纵向多项式动力学模型准确性检验

从上述推导过程可以看出，纵向多项式模型是常规动力学模型的一种近似的表达式，在进行转换的过程中，难免会产生误差，进而影响动力学特性的分析结果。为验证转化后的多项式模型的准确性，这里通过对比两种模型的配平特性以及它们在相同输入及初始状态情形下的动态响应特性来进行分析。

两种模型配平特性的差异反映的是多项式模型在特定状态点 (即平衡点) 附近拟合的好坏。以飞机在 $H=2000$m，平飞速度分别设定为 90m/s,100m/s,110m/s,120m/s，130m/s，140m/s,150m/s,160m/s 时迎角、油门、升降舵的值进行对比分析，计算结果如图 7.5 所示。

从仿真结果来看，多项式动力学模型的配平特性随着速度的变化趋势基本上与常规动力学模型保持一致，且在大多数平衡点上，两者的值具有较高的一致性，进而在一定程度上说明了转化后的多项式模型的准确性。

为了使动态特性的对比结果具有普遍意义，选取一系列的初始状态点，为便于显示，将飞机迎角 α、俯仰角速率 q 的动态响应投影到 a-q 所在的相平面内，初始状态选择了 $\alpha = -5°$ 以及 $q = 18°/s$ 的一系列初始状态点，如图 7.6 所示，这些状态点的初始飞行高度、飞行速度均为 $H = 2000$m，$V = 120$m/s。黑色实线表示常规动力学模型 (式 (7.10)) 的响应，红色虚线表示转换后的多项式动力学模型 (式 (7.21) 和 (7.22)) 的响应。如果始于同一个初始状态点的黑色实线与红色虚线能够完全一致，则说明两种动力学模型的匹配程度完全一致。

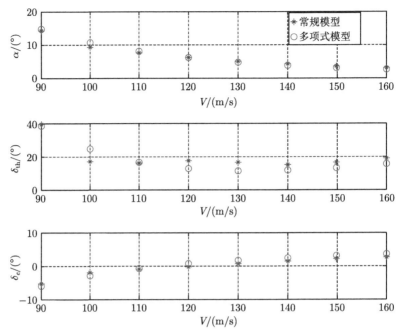

图 7.5　常规动力学模型与多项式模型配平特性对比 (扫描封底二维码可见彩图)

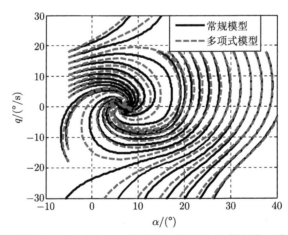

图 7.6　两种模型的动态响应在 a-q 相平面内的投影 (扫描封底二维码可见彩图)

从图 7.6 中的仿真结果来看，两种模型的动力学响应基本一致，特别是在稳定收敛的初始状态点以及不稳定发散的初始状态点的匹配程度较高。虽然在个别点处误差较大，但从总体来看，两种模型的拟配程度是比较高的，在进行稳定性分析时，用多项式动力学模型来代替常规动力学模型是可行的。

需要指出的是，图 7.6 中同种模型的相曲线在相平面上存在着交叉，并不意味着交叉点处飞机的状态是相同的，这是因为该图只是飞机四个状态向量 V、α、q、θ 在 a-q 相平面内的投影，因此出现了相平面上位于同一位置的状态点而最终的演化结果不同的现象。

综上，从常规动力学模型与多项式动力学模型配平特性及动态特性的对比结果来看，用多项式动力学模型来代替传统的非线性动力学模型进行稳定性分析是可行的，只是在稳定与不稳定区域的边界处，会有较大的误差。

7.2.3 基于平方和理论的飞行稳定边界计算

1. 飞机多项式动力学模型的简化

飞机受到扰动后，首先是短周期模态参数 α、q 的变化较为迅速，一旦发散对飞行安全造成很大影响；长周期模态参数 V、θ 的变化较为缓慢，在短时间内可视为不变的，并且驾驶员具有较长的时间对其进行修正。同时，只考虑短周期的多项式模型与全量多项式模型之间在短时间内的动态响应差别不大，其主要的区别在于扰动后飞行轨迹趋于平衡点阶段，单纯的短周期模型能很快地趋于平衡点，而全量模型由于其中长周期模态的存在，状态参数趋于平衡点过程中存在着低频小幅振荡。这些差别对于计算稳定边界影响不大，同时考虑到状态变量增多引起的计算量增大的问题，选择短期模态参数进行计算，在计算过程中将 V、θ 视为定值 (即配平值)，将全量的多项式模型简化为只含短周期模态参数 α、q 的多项式短周期模型。

假设飞机的初始飞行状态设定为在 $H = 2000\text{m}$ 高度上以 $V = 120\text{m/s}$ 的速度做水平直线飞行，求得模型的平衡点为 $V_0 = 120\text{m/s}$，$\theta_0 = \alpha_0 = 6.06°$，$q_0 = 0°/\text{s}$，此时的输入变量为 $\delta_{\text{th}0} = 22.10$，$\delta_{e0} = 0.48°$。将 V、θ、δ_{th}、δ_e 分别替换为它们各自的配平值，便可得到代表飞机短周期模态的多项式模型：

$$\dot{\alpha} = 0.0892\alpha^4 - 0.5772\alpha^3 + 1.0739\alpha^2 + 0.0043\alpha q$$
$$+ 0.0565q^2 - 0.7610\alpha + 0.8919q + 0.0691 \tag{7.26}$$

$$\dot{q} = 0.4201\alpha^3 + 8.4006q^3 - 0.0002\alpha^2 - 1.4157\alpha - 0.7866q + 0.1492 \tag{7.27}$$

按照吸引域的定义，在进行多项式系统的吸引域估计时，平衡点为零点。为满足这一条件，将模型 (7.26) 和 (7.27) 的平衡点移动至原点，可以通过将 α、q 分别替换为 $\alpha + \alpha_t$、$q + q_t$ 来进行计算。为简化计算，可略去系数小于 10^{-8} 的项。最终得到的平衡点移动后的多项式短周期动力学模型：

$$\dot{\alpha} = 0.0892\alpha^4 - 0.5395\alpha^3 + 0.8968\alpha^2 + 0.0043\alpha q$$
$$+ 0.0565q^2 - 0.5528\alpha + 0.8924q \tag{7.28}$$

$$\dot{q} = 0.4201\alpha^3 + 8.4006q^3 + 0.1330\alpha^2 - 1.4017\alpha - 0.7866q \tag{7.29}$$

2. 飞行稳定边界计算

将公式 (7.9) 中的形状函数 N 定义为 $N = \mathrm{diag}(20°/\mathrm{s}, 30°/\mathrm{s})^{-2}$，便可得到正定多项式：

$$p(\boldsymbol{x}) = 8.2070\alpha^2 + 3.6476q^2 \tag{7.30}$$

基于 SOS 理论，利用 V-s 迭代算法，便可得到飞机在原点附近的吸引域：

$$\Omega_\gamma = \left\{ \alpha, q \in R \,\middle|\, 0.6067\alpha^2 - 0.2803\alpha q + 0.5420q^2 \leqslant 0.0649 \right\} \tag{7.31}$$

其相应的稳定边界 E_{s0}、可变区域 ε_β 分别为

$$E_{s0} = \left\{ \alpha, q \in R \,\middle|\, 0.6067\alpha^2 - 0.2803\alpha q + 0.5420q^2 = 0.0649 \right\} \tag{7.32}$$

$$\varepsilon_\beta := \left\{ \alpha, q \in R \,\middle|\, 8.2070\alpha^2 + 3.6476q^2 \leqslant 0.4143 \right\} \tag{7.33}$$

考虑到常规动力学模型向多项式模型转化的过程中，难免会引入误差，为避免模型转换过程中的误差，可在 E_{s0} 的基础上乘以一个缩减系数 ζ，由此得到修正后的稳定边界 E'_s，即

$$E'_s = \zeta E_{s0} \tag{7.34}$$

其中，ζ 可取为 0.9。

上述计算稳定边界的过程中，需要将平衡点从配平状态点移至坐标原点，所以在获得原点附近的稳定边界 E'_s 后，将稳定边界中心平移至原配平状态点，即可得到飞机在配平状态点附近的稳定边界 E_s。从图 7.7 中可直观地看出 E_{s0}、E'_s、ε_β、E_s 这四者之间的关系。其中红色实线围成的区域为计算吸引域过程中用到的可变区域 ε_β，通过 V-s 迭代算法最大化该区域的过程即是寻求原点附近最优稳定边界 E_{s0} 的过程，在 E_{s0} 的基础上乘以缩减系数便可得到原点附近修正后的稳定边界 E'_s。绿色实线为飞机在配平状态点附近的稳定边界 E_s，通过将原点附近吸引域平移至配平状态点后来获得。

吸引域的物理意义为：当飞机受到阵风或其他不利扰动后，只要其状态参数位于吸引域内，飞机就仍能回到原来的平衡状态。为验证多项式模型转化及 SOS 方法计算吸引域方法的有效性，将飞机常规动力学模型的短周期模态在各个初始状态点上的动态响应投影到 α-q 相平面上与所计算出的稳定边界进行对比分析，如图 7.8 所示。

图 7.8 中，每一条相轨迹始于平面内设定的初始状态点矩阵，红色曲线表示初始状态点最终演化至发散的轨迹，蓝色曲线表示初始状态点最终演化至平衡点的轨迹。绿色曲线围成的区域为计算出公式 (7.31) 所示的吸引域在相平面图中的区域。显然，计算出的吸引域位于平衡点附近的稳定范围内且占据了大部分的面

积，始于计算出的吸引域内每个状态点均能回到平衡点，说明采用 SOS 理论计算得出的稳定边界虽然偏于保守，不能完全包含整个稳定范围，但基本上能够反映出飞机在平衡点附近的吸引域。

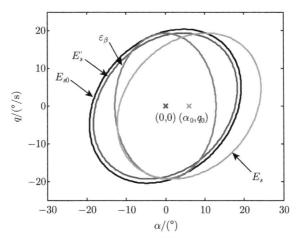

图 7.7 稳定域计算过程中各边界的关系示意图 (扫描封底二维码可见彩图)

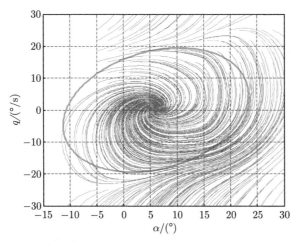

图 7.8 干净构型时 α-q 的相平面图 (扫描封底二维码可见彩图)

在上述部分研究的基础之上，将飞行稳定边界构建过程总结如下：

步骤 1 利用多项式拟合对每项气动系数、推力特性、状态变量的逆等建立起相应的多项式模型。

步骤 2 将建立起的各多项式模型代入常规动力学模型中，进而推导出飞机动力学模型的多项式表达式。

步骤 3 为便于计算，通过坐标变换将飞机多项式动力学模型的平衡点移动到原点,并去除不必要的项 (系数很小或阶数很高)。

步骤 4　基于 SOS 理论计算出飞机在原点附近的吸引域。

步骤 5　通过坐标反变换将计算出来的吸引域映射到以原平衡点为中心点的区域,该区域即为飞机状态参数的局部渐近稳定区域,吸引域的边界即为估算的稳定边界。

7.2.4　容冰飞行稳定边界构建案例

1. 不同结冰严重程度的稳定边界计算

对于背景飞机,同样假定飞机以 $H = 2000\mathrm{m}$,$V = 120\mathrm{m/s}$ 的初始状态保持水平直线飞行,当结冰严重程度因子 $\eta = 0.1$ 时,根据上述多项式动力学模型的转化过程,可得到飞机多项式动力学模型的平衡点:

$$\begin{cases} \alpha_0 = 6.6643° \\ q_0 = 0°/\mathrm{s} \\ \delta_{\mathrm{th}0} = 41.1373\% \\ \delta_{e0} = 1.3710° \end{cases} \tag{7.35}$$

与之相对应的短周期纵向多项式动力学模型为

$$\begin{aligned} \dot{\alpha} &= 0.4683\alpha^4 - 1.0268\alpha^3 + 0.9267\alpha^2 + 0.0043\alpha q \\ &\quad + 0.05578q^2 - 0.4672\alpha + 0.8948q \\ \dot{q} &= 0.7299\alpha^3 + 11.1812q^3 - 0.4092\alpha^2 - 1.1582\alpha - 0.7458q \end{aligned} \tag{7.36}$$

基于 SOS 理论,得出飞机在该结冰严重程度下,未修正的原点附近的吸引域边界 E_{s1} 为

$$E_{s1} = \left\{ \alpha, q \in R \,\middle|\, 0.6248\alpha^2 - 0.2712\alpha q + 0.6170q^2 = 0.0511 \right\} \tag{7.37}$$

为验证该结冰严重程度下,所计算出的稳定边界的准确性,在 $\alpha\text{-}q$ 的相平面图上作出飞机常规动力学模型的稳定与不稳定相轨迹以及移动平衡点后修正的稳定边界,如图 7.9 所示,红色曲线为不稳定的相轨迹曲线,蓝色曲线为稳定的相轨迹曲线,绿色实线为移动平衡点后修正的稳定边界。由于迎角的有效数据范围为 $\alpha \in [-5°, 45°]$,故初始状态点的选择从 $\alpha = -5°$ 开始。从图中可以看出,当结冰严重程度因子 $\eta = 0.1$ 时,所计算出的稳定边界完全位于稳定的相轨迹区域内,意味着任何始于稳定边界内的初始状态点,最终都会收敛至平衡点,从而证明所计算出的稳定边界是有效的。

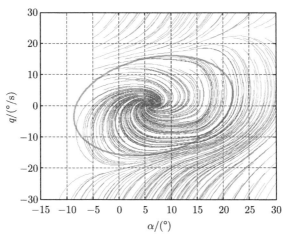

图 7.9   结冰严重程度 $\eta = 0.1$ 时 α-q 相平面图与稳定边界 (扫描封底二维码可见彩图)

当结冰严重程度因子 $\eta = 0.2$ 时，根据上述多项式动力学模型的转化过程，可得到飞机多项式动力学模型的平衡点：

$$\begin{cases} \alpha_0 = 7.1301° \\ q_0 = 0°/\text{s} \\ \delta_{\text{th}0} = 61.8892\% \\ \delta_{e0} = 3.7788° \end{cases} \tag{7.38}$$

与之相对应的短周期纵向多项式动力学模型为

$$\begin{cases} \dot{\alpha} = 0.4683\alpha^4 - 1.0268\alpha^3 + 0.9267\alpha^2 + 0.0043\alpha q \\ \qquad + 0.05578q^2 - 0.4672\alpha + 0.8948q \\ \dot{q} = 0.7299\alpha^3 + 11.1812q^3 - 0.4092\alpha^2 - 1.1582\alpha - 0.7458q \end{cases} \tag{7.39}$$

基于 SOS 理论，得出飞机在该结冰严重程度下，未修正的原点附近的吸引域边界 E_{s2} 为

$$E_{s2} = \left\{ \alpha, q \in R \left| 0.6124\alpha^2 - 0.3025\alpha q + 0.7408q^2 = 0.0313 \right. \right\} \tag{7.40}$$

同样，为验证该结冰严重程度下，所计算出的稳定边界的准确性，在 α-q 的相平面图上作出飞机常规动力学模型的稳定与不稳定相轨迹以及移动平衡点后修正的稳定边界，如图 7.10 所示，从图中可以看出，当结冰严重程度因子 $\eta = 0.2$ 时，所计算出的稳定边界在稳定的相轨迹区域内。

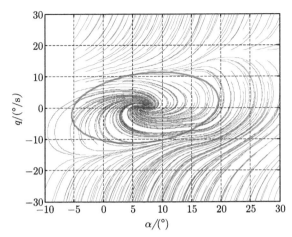

图 7.10　结冰严重程度 $\eta = 0.2$ 时 α-q 相平面图与稳定边界 (扫描封底二维码可见彩图)

当结冰严重程度因子 $\eta = 0.3$ 时，根据上述多项式动力学模型的转化过程，可得到飞机多项式动力学模型的平衡点：

$$
\begin{cases}
\alpha_0 = 8.2744° \\
q_0 = 0°/\text{s} \\
\delta_{\text{th}0} = 92.1276\% \\
\delta_{e0} = 7.9193°
\end{cases}
\tag{7.41}
$$

与之相对应的短周期纵向多项式动力学模型为

$$
\begin{cases}
\dot{\alpha} = 1.1126\alpha^4 - 1.6299\alpha^3 + 0.7636\alpha^2 + 0.0043\alpha q \\
\qquad + 0.0543q^2 - 0.3114\alpha + 0.8997q \\
\dot{q} = 0.0975\alpha^3 + 42.7459q^3 - 0.6040\alpha^2 - 0.5763\alpha - 0.6642q
\end{cases}
\tag{7.42}
$$

基于 SOS 理论，得出飞机在该结冰严重程度下，未修正的原点附近的吸引域边界 E_{s3} 为

$$
E_{s3} = \left\{ \alpha, q \in R \,\middle|\, 0.5617\alpha^2 - 0.2798\alpha q + 0.9145q^2 = 0.0160 \right\}
\tag{7.43}
$$

同样，为验证该结冰严重程度下，所计算出的稳定边界的准确性，在 α-q 的相平面图上作出飞机常规动力学模型的稳定与不稳定相轨迹以及移动平衡点后修正的稳定边界，如图 7.11 所示，从图中可以看出，当结冰严重程度因子 $\eta = 0.3$ 时，飞机的渐近稳定区域更小，所计算出的稳定边界仍位于稳定的相轨迹区域内，所计算出的稳定边界是有效的。

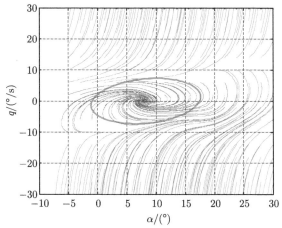

图 7.11 结冰严重程度 $\eta = 0.3$ 时 α-q 相平面图与稳定边界 (扫描封底二维码可见彩图)

从上述得到的结果来看，不管结冰严重程度如何，采用 SOS 算法计算得到的稳定边界均位于飞机的稳定域范围之内。

2. 不同结冰严重程度的稳定边界对比分析

为更清晰地表明不同结冰严重程度下吸引域的变化，将在结冰严重程度因子 $\eta = 0$、0.1、0.2、0.3 时的吸引域在同一坐标系下表示出来，如图 7.12 所示。将平衡点移动至配平状态点后的稳定边界在同一坐标系下的对比如图 7.13 所示，由于多项式转化及气动参数范围的限制，将计算结果的有效范围在图中用蓝色虚线进行标注，只有位于蓝色虚线框内与计算所得吸引域的交集才为有效吸引域。

从图 7.12 和图 7.13 中可以清楚地看出：随着结冰严重程度的增加 (即 η 的增大)，吸引域的范围越来越小，即飞机越容易进入不稳定飞行区域内。为定量比较不同结冰严重程度带来的吸引域大小的变化，分别计算出不同结冰严重程度下，吸引域有效区域的面积。经过计算，在给定初始状态下，干净构型时的有效吸引域面积为 1001.99，结冰严重程度为 $\eta = 0.1$、0.2、0.3 时的有效吸引域面积分别为 778.43、489.17、261.75 (不考虑单位)。很容易得到，随着结冰的出现以及结冰严重程度的增加，飞机的吸引域范围分别减小了 22.31%、51.18%、73.88%。这与结冰会导致飞机性能下降的实际情况相符合。

需要指出的是，由于时间的限制，本节并没有考虑横航向的因素，即纵横向耦合的影响，特别是当飞机处于大迎角阶段时，飞机很容易发生失稳现象，所以只考虑短周期模态所计算出来的稳定范围较实际要大一些。

基于 SOS 理论得出动力学系统的吸引域及稳定边界。结果表明：

(1) 结冰会导致飞行包线萎缩，稳定域变小。随着结冰严重程度的增大，这种影响也越来越严重。

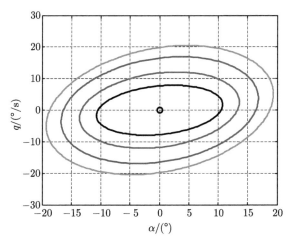

图 7.12　平衡点为原点时不同结冰严重程度吸引域对比 (扫描封底二维码可见彩图)

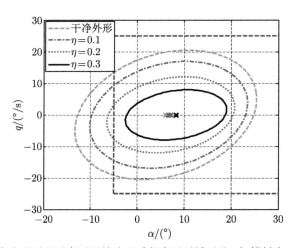

图 7.13　平衡点移动至配平点不同结冰严重程度吸引域对比 (扫描封底二维码可见彩图)

(2) 运用 SOS 理论计算飞机吸引域的方法始终能够计算出飞机在不同结冰严重程度下的吸引域, 随着结冰严重程度的增加, 吸引域的范围也越来越小, 也就意味着飞机更容易进入不稳定飞行区域内, 发生飞行风险的概率也就越大, 这与实际中的表现是相符的。因此采用这种方法对结冰条件的稳定飞行边界进行计算是可行的。

(3) 在进行算例分析时, 只是就飞机纵向二维参数的吸引域及稳定边界进行了计算。事实上, 针对三维以及更高维的多重边界问题, 该方法同样是适用的, 只需推导出相应的多项式模型, 通过 SOS 理论, 即可推导出超椭球体的多维空间稳定域。

7.3 基于微分流形理论的容冰飞行稳定域分析方法

流形理论是根据微分系统的空间拓扑结构确定系统稳定平衡点吸引区的一种方法，它利用直接积分方法得到边界上不稳定平衡点的稳定流形作为稳定边界的一种精确估计。针对稳定平衡点稳定边界上具有多个不稳定平衡点的情况，通过依次计算边界不稳定平衡点上的稳定流形，最终以所有稳定流形的并集所包围的区域作为该稳定平衡点的稳定域。因此，基于流形理论计算稳定域即飞机动力学边界的难点在于边界上不稳定平衡点稳定流形的计算。现今针对不稳定平衡点稳定流形的计算较多 [135]，且优缺点各异，其中逆轨迹法效率较高但在一定程度上限制了算法的精度，本节在此基础上以 Matlab 仿真平台为依托对逆轨迹法终点进行校正，并利用并行算法快速计算飞机的动力学边界，提高计算精度的同时提高了计算效率。

7.3.1 流形理论

非线性系统的稳定域在一定程度上可由边界上不稳定平衡点的稳定流形确定 [136−138]，可表示为

$$\partial A(x_s) = \bigcup_i W^s(x_i) \tag{7.44}$$

式中，$x_i, i = 1, 2, \cdots$ 为边界上的不稳定平衡点。

基于流形理论的非线性系统稳定域计算流程如下。

(1) 计算向量场 $f(\boldsymbol{x})$ 的雅可比矩阵 $\boldsymbol{D}$，得到特征值及其对应的特征向量分别为 ε_1、ε_2、ε_3 和 v_1、v_2、v_3。并设 $\varepsilon_1 > 0$，ε_2、ε_3 为小于零的实数或实部小于零的共轭复数。

(2) 计算流形初始平面的法向量 $\boldsymbol{\eta}$：当 ε_2、ε_3 为小于零实数时，$\boldsymbol{\eta} = \boldsymbol{v}_2 \times \boldsymbol{v}_3$；当 ε_2、ε_3 为共轭复根时，$\boldsymbol{\eta} = (\boldsymbol{v}_2 + \boldsymbol{v}_3) \times [(\boldsymbol{v}_2 - \boldsymbol{v}_3)\mathrm{i}]$ (i 为复数单位)。

(3) 确定稳定流形初始点。以不稳定平衡点 (UEP) 为原点在法向量 $\boldsymbol{\eta}$ 确定的平面上取圆形，并在圆周上均匀取点作为稳定流形的初始点。

(4) 计算圆形轨线并进行校正。利用反时间系统计算每个初始点解轨线，在达到特定长度 l 后停止本次计算，并对轨线终点进行校正，以便得到光滑的圆形轨线。校正方法如下：

(a) 计算终点校正时间 t_{add}

$$t_{\mathrm{add}} = \frac{l - l_{\mathrm{real}}}{||f(x_{\mathrm{end}})||} \tag{7.45}$$

式中，l 为解轨线的长度限制值，l_{real} 为计算终止时解轨线的实际长度，$||f(x_{\mathrm{end}})||$ 为解轨线终点的方向大小，表征该点的变化速度。

(b) 计算终点的校正点 x_{new}

$$x_{\text{new}} = x_{\text{end}} + t_{\text{add}} f(x_{\text{end}}) \tag{7.46}$$

(5) 计算相邻解轨线终点的距离 d，并作如下判断 (Δ 为圆形轨线的相邻点的距离限制，其选择主要是为了避免轨线点过少而引起的计算误差，以及轨线点过多而引起的计算资源浪费，一般取每单位轨迹圆 $100 \sim 200$ 点为宜)。

(a) 如果 $0.5\Delta < d < 1.5\Delta$，则保留该点。

(b) 如果 $d > 1.5\Delta$，则在相邻两点之间插入 $\text{round}(d/\Delta) - 1$ 个点，其中 $\text{round}(x)$ 函数为通过四舍五入的方法取整。

(c) 如果 $d < 1.5\Delta$，则舍去该点。

注：第 (4)、(5) 步采用并行算法，可同时计算圆形轨迹上的点和距离。

(6) 通过上述计算得到完整的圆形轨线，并以该圆形轨线为初始轨线重复第 (4)、(5) 步过程，直到计算总长度 Nl 达到预定距离。

将上述 $N+1$ 个圆形轨线连接成面，即为所求的二维稳定流形。

7.3.2　动力学边界计算及准确性验证

1. 动力学边界计算

为了详细说明基于微分流形理论计算飞机动力学边界的过程，首先计算该状态下所有的 SEP 和 UEP，如表 7.2 所示。

表 7.2　所有平衡点

平衡点	α/rad	θ/rad	$q/(\text{rad/s})$
SEP	0.087666	0.087666	0
UEP1	0.075383	-0.10657	0
UEP2	0.1116	0.26562	0
UEP3	0.41043	0.20515	0

飞机的动力学边界是由 SEP 稳定边界上的所有 UEPs 的流形组合而成，在求出所有的平衡点后需要验证这些平衡点是否处于稳定边界上。一个简单的方法是在 UEP 处施加一个指向 SEP 的小扰动，这样一来，UEP 点处不稳定的平衡状态被破坏，如果状态最终能够收敛至 SEP，则该 UEP 处于稳定边界上，反之不然。将表 7.2 中的所有 I 型 UEP 代入上述流程，结果如图 7.14 所示。

UEP1 和 UEP2 在受到扰动后收敛至平衡点 SEP，而 UEP3 受扰动后呈发散趋势，因此 UEP1 和 UEP2 在稳定边界上，UEP3 不在 SEP 的稳定边界上。根据微分流形理论，非线性系统的稳定域由 SEP 边界上 UEP 的稳定流形构成。首先要确定 SEP 边界上所有的 UEP，然后计算每个 UEP 的稳定流形，将这些流形组合起来即围成非线性系统的稳定域。本例中, UEP1 和 UEP2 的稳定流形包围的区域即为 GTM 飞机在所给工作状态的三维纵向稳定域, 如图 7.15 所示。

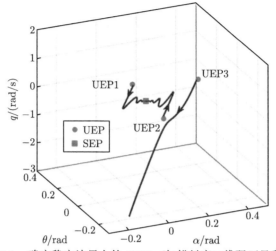

图 7.14 确定稳定边界上的 UEPs (扫描封底二维码可见彩图)

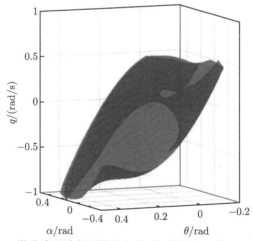

图 7.15 微分流形法得到的稳定域 (扫描封底二维码可见彩图)

图 7.15 中红点表示 SEP, 蓝点表示 UEP, 紫色曲面表示动力学边界, 紫色曲面围成的区域即为稳定域。可见飞机的稳定域并不是规则的几何形状, 在计算维度超过二维后难于使用解析方法 (如 Lyapunov 能量函数法) 得到准确的稳定域。

2. 动力学边界的准确性验证

由于飞机的纵向三维稳定域不是规则的几何形状且难于使用解析方法进行验证, 本节采用动力学仿真法进行准确性验证。蒙特卡罗法可在选取的范围内以一定的间隔取不同初始状态, 力图遍历范围内的所有状态点, 通过大量的动力学仿真, 最终收敛至 SEP 的即为动力学边界内的状态点 (简称内点), 所有内点的集合即为稳定域内的状态点, 从而可以得到飞机的动力学边界。因蒙特卡罗法的理论具备基础性和广泛性, 通常被用作复杂理论的验证。本书为了验证基于微分流形理论所得稳定域的准确性, 采用蒙特卡罗法对其进行验证, 网格的划分以及状态范围的选取如表 7.3 所示。

表 7.3　基于蒙特卡罗法的状态范围及网格划分

	α/rad	θ/rad	$q/(\mathrm{rad/s})$
状态范围	$[-0.5, 0.5]$	$[-0.5, 0.5]$	$[-0.5, 0.5]$
网格数	50	50	50

值得注意的是, 蒙特卡罗法虽然理论简单易懂, 但其计算效率低, 计算耗时长, 而飞机动力学特性复杂, 且动力学因素间耦合性强, 加大了计算的复杂度, 为了说明微分流形法在计算效率上的优越性, 利用微分流形法和蒙特卡罗法在 Intel(R) Core(TM) i7-4690 CUP、主频 3.6GHz、8GB 内存的台式机上进行相同工况的动力学边界仿真计算, 使用微分流形法用时 1.34min, 而使用蒙特卡罗法用时 124min, 可说明微分流形法具有较高的计算效率。微分流形法和蒙特卡罗法的稳定域对比如图 7.16 所示。

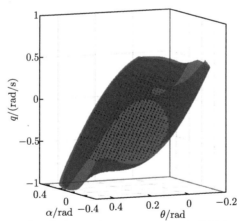

图 7.16　微分流形法和蒙特卡罗法的稳定域对比 (扫描封底二维码可见彩图)

图 7.16 中黑点构成的区域代表利用蒙特卡罗法得到的稳定域, 紫色曲面围成的区域代表利用微分流形法得到的稳定域。从图中可以看出, 两种方法得到的稳定域吻合, 验证了微分流形法所得稳定域的准确性。同时其具备较高的计算效率, 且能处理动力学因素耦合的复杂情形, 因此在计算飞机动力学边界时具有独特优势。

7.3.3 结冰情形下飞行稳定边界构建案例

结冰破坏飞机的动力学特性,升力系数减小,阻力系数增大,俯仰力矩系数减小。导致在相同迎角下飞机的升力下降,受到的阻力增加,舵效降低。为了维持飞行所需的升力,结冰条件下飞机不得不增大迎角来获得足够升力,而随着迎角的增加,阻力也随之增加,飞机易进入失速状态。为保证飞行安全,必须在飞机陷入失速前及时纠正飞机的状态,因此构建一个准确的结冰动力学边界,对于保障结冰条件下飞机的飞行安全具有十分重要的作用。

以 $H = 4000\text{m}$,$V = 162.25\text{m/s}$,$\alpha = 0.0877\text{rad}$,$\theta = 0.0877\text{rad}$,$q = 0\text{rad/s}$ 为研究状态,考虑结冰程度 $\eta = 0.2$ 和 $\eta = 0.3$ 的情形,不同控制参数下的稳定边界如图 7.17 所示。

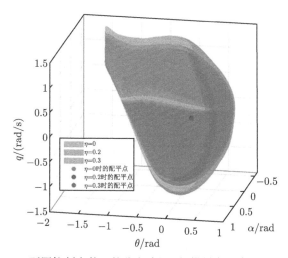

图 7.17 不同控制参数下的稳定边界 (扫描封底二维码可见彩图)

图 7.17 中绿色曲面为干净飞机,反映出未结冰情况;蓝色曲面为结冰因子 $\eta = 0.2$ 时的动力学边界,反映出轻度结冰情况;橘色曲面为结冰因子 $\eta = 0.3$ 时的动力学边界,反映出中度结冰情况。绿点、蓝点和橘点分别表示干净飞机、结冰因子 $\eta = 0.2$ 和 $\eta = 0.3$ 的配平点。可见随着结冰程度的加剧,由于气动性能的下降,飞机需要更大的配平迎角以提供足够的升力。另外,飞机的动力学边界随着结冰程度的加剧而不断收缩。

为更好地说明稳定域在提高飞行安全方面的应用,取飞行速度 $V = 162.2885\text{m/s}$ 为研究状态,图 7.18 以切片的形式显示了飞机纵向稳定域。为更明显地观察动力学因素之间的耦合关系,以角度为单位展示了不同俯仰角的稳定域。

图 7.18 中,绿色曲线为俯仰角 $\theta = 5°$ 时迎角 α 与俯仰角速度 q 构成的稳定域;黑色曲线为俯仰角 $\theta = 9°$ 时迎角 α 与俯仰角速度 q 构成的稳定域;红色

曲线为俯仰角 $\theta = 13°$ 时迎角 α 与俯仰角速度 q 构成的稳定域。可见，平衡状态下迎角的极限值约为 $21°$，与设计时的失速迎角大致相同，证明了本方法的准确性。飞机的可用迎角要略小于失速迎角，约为 $18.1°$，在飞机迎角小于可用迎角时，边界保护系统认为飞机处于安全状态，不进行边界保护；飞机做抬头机动或遇到上升气流等情况会导致飞机具有较大的俯仰角，此时飞机的稳定边界会发生变化，使得原来处于稳定边界内的状态点超出了边界。例如，飞机处于 a 点状态时，飞机俯仰角速度为 $5°/s$，迎角为 $15°$，若此时飞机的俯仰角为 $5°$，在稳定域内飞机会自发回到平衡状态；俯仰角增大至 $9°$，状态点 a 仍处于稳定域内，但已经接近稳定域边界，此时飞机的稳定裕度较小。若俯仰角继续增大至 $13°$，飞机超出稳定域边界，处于不稳定状态，此时如果不采取措施纠正飞机，飞机将会失稳，发生飞行事故。

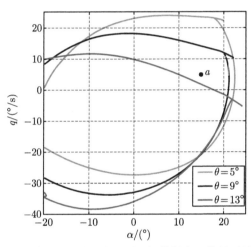

图 7.18　动力学稳定边界的切片 (扫描封底二维码可见彩图)

7.4　基于 Lyapunov 稳定性理论的容冰飞行稳定性分析方法

　　根据系统理论，稳定性表征研究对象受扰偏离后自主恢复初始平衡状态的能力，系统稳定性分析方法以 Lyapunov 稳定性理论为基础，相继出现了平方和法、分叉分析法、相平面法、流形法、描述函数法以及可达集法等，这些研究方法更加关注局部的稳定性分析，缺乏对系统参数耦合条件下系统整体稳定性分析及描述。本节运用蒙特卡洛算法划分计算状态点集，并通过动力学仿真计算的方式确定系统的稳定状态点集，从状态点敛散性判断的角度出发，运用连续推进算法，计算稳定状态点附近的稳定域边界，从而构建多参数耦合的系统稳定域。

7.4.1　Lyapunov 稳定性基本理论

Lyapunov 法不需对方程求解，根据能量的衰减估计系统的稳定域。

定理 7.5　设非负连续可微函数：

$$V(\boldsymbol{x}) = \sum_{i=1}^{n} \frac{\partial V}{\partial x_i} \dot{x}_i = \left[\frac{\partial V}{\partial x_1} \cdots \frac{\partial V}{\partial x_n} \right] \begin{bmatrix} f_1(\boldsymbol{x}) \\ \vdots \\ f_n(\boldsymbol{x}) \end{bmatrix} \tag{7.47}$$

$\boldsymbol{x} = \boldsymbol{0}$ 是系统 (3.3) 的一个平衡点，$D \subset \mathbf{R}^n$ 是包含 $\boldsymbol{x} = \boldsymbol{0}$ 的邻域。若

$$\begin{aligned} V(\boldsymbol{0}) &= 0, \quad V(\boldsymbol{x}) > 0, \quad \boldsymbol{x} \in \quad D - \{0\} \\ \dot{V}(\boldsymbol{x}) &\leqslant 0, \quad \boldsymbol{x} \in \quad D \end{aligned} \tag{7.48}$$

则系统在原点处是稳定的。若

$$\dot{V}(\boldsymbol{x}) < 0, \quad \boldsymbol{x} \in \quad D \tag{7.49}$$

则系统在原点处是渐进稳定的。

根据定理 3.1，对于一个渐进稳定函数 $V(\boldsymbol{x})$，若系统存在状态点 x_e，满足 $\dot{x}_e = f(x_e) = 0$ 的条件，则 x_e 为系统平衡状态点。根据 Lyapunov 稳定性理论可知，$\forall \varepsilon > 0$，$\exists \delta(\varepsilon) > 0$，使得从满足 x_e 邻域 $\Omega = \{x_0 | |x_0 - x_e| \leqslant \delta(\varepsilon)\}$ 上任意一点出发的受扰运动都满足公式 (7.50)，即自治系统在外界扰动下的过渡过程是收敛的，则在邻域内 Ω 的每一条轨线最终都会回到平衡点，系统具有动稳定性。所以可以通过构造 Lyapunov 函数和确定邻域 Ω 来估计非线性系统的稳定域。

$$\|x - x_e\| \leqslant \varepsilon \tag{7.50}$$

7.4.2　基于 Lyapunov 稳定性理论的飞行稳定边界计算

稳定域构建流程如图 7.19 所示，算法流程如下。

(1) 用蒙特卡罗算法划分计算状态点集 $\boldsymbol{X} = \{x_1, \cdots, x_m\}, m \in R$，通过动力学仿真手段获取稳定状态点集 $X_e = \{x_{e,1}, \cdots, x_{e,m}\}$。

(2) 在稳定状态点 $x_{e,i}, i \in [1, m]$ 处，以长度矩阵 $\boldsymbol{L}(l_1^0, \cdots, l_n^0)$ 取初始稳定邻域 $\boldsymbol{\Omega}_0$，满足条件：邻域 $\boldsymbol{\Omega}_0$ 边界上的点集 $X_{\Omega 0} = \{x_{\Omega 0,1}, \cdots, x_{\Omega 0,n}\}$ 都收敛于稳定平衡点 $x_{e,i}$。

(3) 以长度矩阵 $\boldsymbol{L}(l_1^k, \cdots l_n^k)$ 取邻域 $\boldsymbol{\Omega}_k, k \in [1, +\infty)$，判别邻域 $\boldsymbol{\Omega}_k$ 边界上的点集 $X_{\Omega k} = \{x_{\Omega k,1}, \cdots, x_{\Omega k,n}\}$ 是否收敛于邻域 $\boldsymbol{\Omega}_{k-1}$。

(4) 根据边界点的敛散性,更新长度矩阵。假设边界点 $x_{\Omega k,i}$ 收敛于稳定平衡点 $x_{e,i}$，边界点 $x_{\Omega k,j}$ 背离稳定平衡点 $x_{e,i}$，则长度矩阵变换为 $\boldsymbol{L}(\cdots, l_i^{k+1}, l_j^{k+1}, \cdots)$，

其中 $l_i^{k+1} = \left(l_i^k + l_i^{k-1}\right)/2$，$l_j^{k+1} = 2l_j^k$，以 $x_{e,i}$ 为中心取邻域 $\boldsymbol{\Omega}_{k+1}$，判别邻域 $\boldsymbol{\Omega}_{k+1}$ 边界上的点集 $X_{\Omega k+1} = \{x_{\Omega k+1,1}, \cdots, x_{\Omega k+1,n}\}$ 是否收敛于邻域 $\boldsymbol{\Omega}_k$。

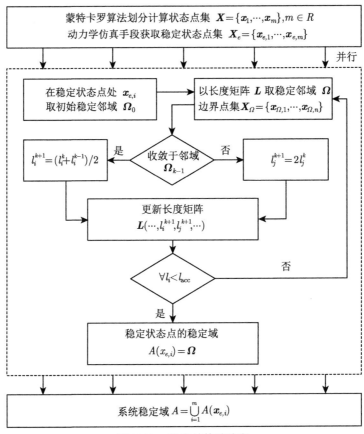

图 7.19   稳定域构建流程

(5) 重复步骤 (3) 和步骤 (4) 至 $\forall l_i < l_{\mathrm{acc}}$ 时，计算停止，稳定平衡点 $x_{e,i}(i \in [1, m])$ 处的稳定域 $A(x_{e,i}) = \boldsymbol{\Omega}_{k+1}$。

(6) 采用并行仿真计算的方式，对稳定状态点集 $X_e = \{x_{e,1}, \cdots, x_{e,m}\}$ 中状态点的稳定域 $A(x_{e,i})$ 进行同时计算，最终获得系统稳定域 $A = \bigcup\limits_{i=1}^{m} A(x_{e,i})$。

精度 $l_{\mathrm{acc}} = 0.01$ 条件下，算法效能对比如表 7.4 所示，与传统的计算方法相比较，本节提出的连续推进算法，在稳定域求解方面具有精度可调、计算效率高的突出优点，原因如下：

(1) 计算终止条件收敛于稳定平衡点改为收敛于稳定邻域，避免了不必要的耗时；

(2) 通过长度矩阵 $L(l_1^k, \cdots, l_n^k)$ 实现了计算精度的动态可调；

(3) 采用并行计算方法实现计算效能的提升。

表 7.4　算法效能对比

算法	计算精度	计算耗时
传统算法	0.2	6h 16min
并行算法	0.2	3h 35min
连续推进算法	0.02	29min 43s

7.4.3　结冰情形下飞行稳定边界构建案例

根据飞机横航向运动学方程组，飞机横侧向运动状态方程如式 (7.51) 所示：

$$
\begin{bmatrix} \dot{\beta} \\ \dot{p} \\ \dot{r} \\ \dot{\phi} \end{bmatrix} = \begin{bmatrix} Y_\beta/V_* & 0 & Y_r/(V_*-1) & g\cos\alpha/V \\ L_\beta & L_p & L_r & 0 \\ N_\beta & N_p & N_r & 0 \\ 0 & 1 & \tan\alpha & 0 \end{bmatrix} \begin{bmatrix} \beta \\ p \\ r \\ \phi \end{bmatrix}
$$
$$
+ \begin{bmatrix} 0 & Y_{\delta_r}/V \\ L_{\delta_\alpha} & L_{\delta_r} \\ N_{\delta_\alpha} & N_{\delta_r} \\ 0 & 0 \end{bmatrix} \begin{bmatrix} \delta_\alpha \\ \delta_r \end{bmatrix} \tag{7.51}
$$

式中，α 为迎角；β 为侧滑角；p 为滚转角速度；r 为偏航角速度；ϕ 为滚转角；δ_α 为副翼偏角；δ_r 为方向舵偏角；V 为空速；Y_i、L_i、N_i、Y_{δ_i}、L_{δ_i}、N_{δ_i} 均为横航向运动导数。

横向通道控制律采用滚转角变化率 $\dot{\phi}_{cmd}$ 作为控制指令，航向通道采用侧滑角 β_{cmd} 作为控制指令，$K_1 \sim K_7$ 为控制律参数，如图 7.20 所示。

飞行高度 $H = 3000\text{m}$，飞行马赫数 $Ma = 0.4$，控制律参数取值如表 7.5 所示。

稳定域计算范围设定为 $\{(r,p,\beta)\,|\,r\in[-0.4,0.4], p\in[-0.6,0.6], \beta\in[-0.6, 0.6]\}$，基于蒙特卡罗法划分 $80\times120\times120$ 个计算状态点，通过动力学仿真，获取干净构型情形下的稳定状态点如图 7.21 所示。

1. 对称结冰情形下飞行稳定边界构建案例

称结冰情形下，结冰因子 $\eta = 3$，稳定域计算范围设定为 $\{(r,p,\beta)\,|\,r\in[-0.4, 0.4], p\in[-0.6,0.6], \beta\in[-0.6,0.6]\}$，基于蒙特卡罗法划分 $80\times120\times120$ 个计算状态点，通过动力学仿真，获取的稳定状态点如图 7.22 所示。

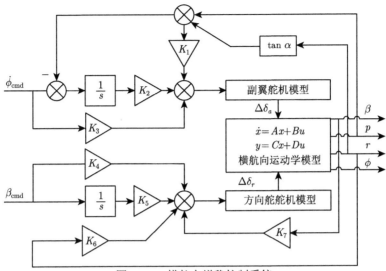

图 7.20   横航向增稳控制系统

表 7.5   控制律参数

参数	取值	参数	取值
k_1	2.136	k_5	0.9518
k_2	−0.892	k_6	−2.875
k_3	−1.521	k_7	2.512
k_4	3.534		

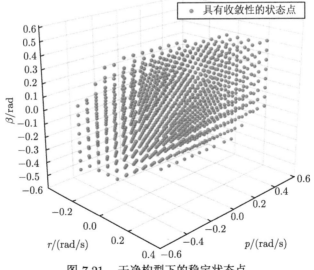

图 7.21   干净构型下的稳定状态点

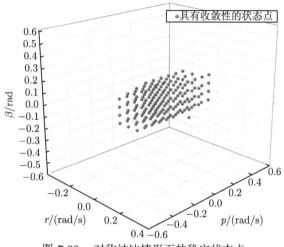

图 7.22 对称结冰情形下的稳定状态点

基于连续推进算法获得了机翼对称结冰与干净构型的系统稳定域包络, 如图 7.23 所示。对比分析机翼对称结冰前后的系统稳定域可知: 机翼对称结冰会导致飞机横航向系统稳定域向中心对称缩减。

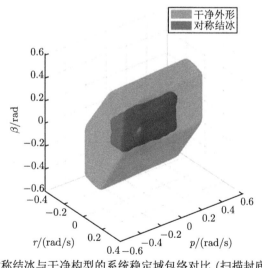

图 7.23 机翼对称结冰与干净构型的系统稳定域包络对比 (扫描封底二维码可见彩图)

截取 $r = -0.1\mathrm{rad/s}$, $r = 0\mathrm{rad/s}$, $r = 0.1\mathrm{rad/s}$ 的稳定域, 获得填充的包线, 如图 7.24 ~ 图 7.26 所示, 红色填充面表征机翼对称结冰情形下的飞机横航向系统稳定域, 绿色填充面表征干净构型的飞机横航向系统稳定域。

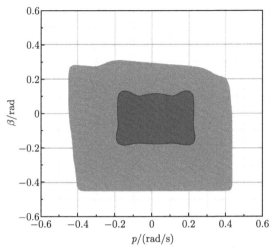

图 7.24　$r = -0.1\mathrm{rad/s}$ 稳定域包线 (扫描封底二维码可见彩图)

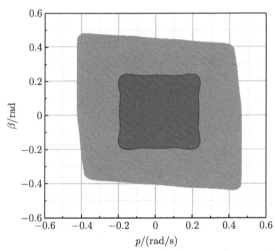

图 7.25　$r = 0\mathrm{rad/s}$ 稳定域包线 (扫描封底二维码可见彩图)

据图分析对比可知: 机翼对称结冰导致系统稳定域对称缩减, 但是偏航角 β 方向和滚转角速度 p 方向相比, 缩减程度有差异, 说明对称结冰导致飞机横向操纵效能降低, 警示飞行员: 机翼出现对称结冰导致飞机横向响应迟缓时, 避免大幅操纵副翼以提升飞机横向响应速度, 否则飞机容易跃出稳定域边界, 诱发飞行事故。

2. 非对称结冰情形下飞行稳定边界构建案例

非对称结冰情形下, 结冰因子 $\eta = 3$, 稳定域计算范围设定为 $\{(r, p, \beta) \,|\, r \in [-0.4, 0.4], p \in [-0.6, 0.6], \beta \in [-0.6, 0.6]\}$, 基于蒙特卡罗法划分 $80 \times 120 \times 120$

个计算状态点，通过动力学仿真，获取的稳定状态点如图 7.27 所示。

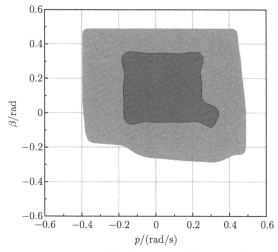

图 7.26 $r = 0.1\mathrm{rad/s}$ 稳定域包线 (扫描封底二维码可见彩图)

基于连续推进算法获得了机翼非对称结冰与干净构型的系统稳定域包络，如图 7.28 所示。对比分析机翼非对称结冰前后的系统稳定域可知：机翼非对称结冰会导致飞机横航向系统稳定域大大缩减，同时会使系统稳定域向一侧偏移。

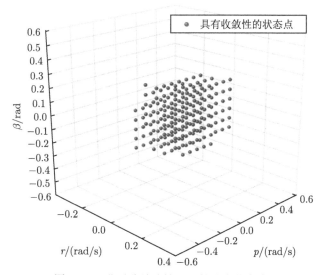

图 7.27 非对称结冰情形下的稳定状态点

截取 $r = -0.1\mathrm{rad/s}$，$r = 0\mathrm{rad/s}$，$r = 0.1\mathrm{rad/s}$ 的稳定域，获得填充的包线，如图 7.29 ~ 图 7.31 所示，红色填充面表征机翼非对称结冰情形下的飞机横航向

系统稳定域，绿色填充面表征干净构型的飞机横航向系统稳定域。

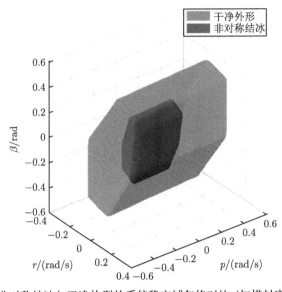

图 7.28　机翼非对称结冰与干净构型的系统稳定域包络对比 (扫描封底二维码可见彩图)

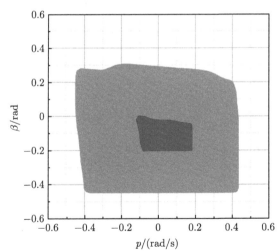

图 7.29　$r = -0.1\text{rad/s}$ 稳定域包线 (扫描封底二维码可见彩图)

据图 7.29~图 7.31 分析对比可知：机翼非对称结冰不仅导致系统稳定域大幅缩减，同时导致横航向系统稳定域参数耦合关系加强。当偏航角速度 r 由 -0.1 逐渐增大到 0.1 过程中，干净构型飞机横航向稳定域变化较小，而机翼非对称结冰情形下的飞机横航向稳定域先扩大后缩减。这警示飞行员：当飞机机翼出现非对称结冰导致飞机偏离预定轨迹时，应避免粗暴操纵方向舵，否则飞机容易跃出稳定域边界，诱发飞行事故。

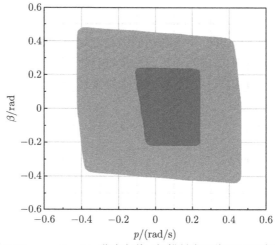

图 7.30 $r = 0\mathrm{rad/s}$ 稳定包线 (扫描封底二维码可见彩图)

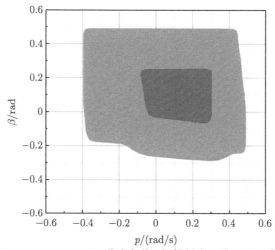

图 7.31 $r = 0.1\mathrm{rad/s}$ 稳定包线 (扫描封底二维码可见彩图)

7.5 本章小结

本章针对飞机容冰飞行时的非线性系统稳定边界构建问题，基于非线性系统理论，采用平方和理论、微分流形理论和 Lyapunov 稳定性理论对飞机容冰飞行时的非线性系统的稳定域进行分析计算。结果表明：

(1) 结冰会导致飞行安全边界萎缩，稳定域变小，随着结冰严重程度的增大，这种影响也越来越严重。

(2) 与对称结冰情形相对比，非对称结冰不仅会导致飞行安全边界萎缩，而且会导致参数的耦合性增强。

(3) 平方和理论、微分流形理论和 Lyapunov 稳定性理论这三种非线性系统稳定域分析方法相比较，基于平方和理论的稳定域分析方法结果最保守，计算速度最快；基于 Lyapunov 稳定性理论的稳定域分析方法结果最精确，计算速度最慢；基于微分流形理论的稳定域分析方法在结果精确性和计算速度之间取得了较好的平衡。

第 8 章 基于非线性动态逆的结冰边界保护方法

飞机的飞行包线/飞行边界是一个具有多重含义的概念,例如,飞机在平飞状态下,存在一个保持平飞的高度——速度范围,通常称之为飞行包线,它由发动机剩余推力、飞机结构强度、操稳品质等因素决定。飞机在进行机动飞行时,存在着一个最大/最小过载限制,通常由过载极曲线、定常盘旋过载曲线来表示其边界。此外,从第 5 章风险致灾机理的分析可以看出,飞机在正常飞行过程,飞行速度、迎角、滚转角等飞行参数存在着一个安全范围,该范围的边界值称为飞行安全边界。结冰引起的飞机气动性能恶化通常会导致飞行边界的萎缩,近年来,有学者从飞机结冰致灾物理链路的角度出发,提出了飞机结冰多重安全边界的概念 [154],将飞机结冰的安全边界又分为气象边界、冰形边界和飞行安全边界。

通常所说的边界保护是一种安装在飞机上来确保飞机在飞行安全边界内运行的保障措施,几乎所有的飞机上都装有某种形式的自动或手动的边界保护系统。例如采用电传操纵系统的波音 777 与空客 A320 飞机利用预置的限制值来对迎角、滚转角等参数进行保护。一般通勤类飞机,如 ATR72 飞机,安装有失速保护系统来防止驾驶员超出预设的参数限制。飞机遭遇结冰时由于结冰会导致飞机性能的下降,因此如果驾驶员或者自驾仪还是在原有干净构型的飞行边界内操纵飞机,就会使发生飞行风险的概率大大增加。例如 1997 年,美国康奈尔 (Comair)航空公司的一架 EMB-120RT 短途客机坠毁在门罗 (Monroe) 附近,导致机上 29人全部遇难 [155]。经调查,事故主要原因是该飞机的失速保护系统并没有针对结冰情形来调整其失速边界,机组人员在未收到告警的情况下使飞机在最小飞行速度边界附近飞行,最终导致事故的发生。

基于上述原因,部分飞机的边界保护系统针对结冰情形进行了修改。当前飞机在设计过程中,结冰后的边界往往是以 FAR-25 规定的最严重结冰情形下的“临界冰形”作为设计依据,得出静态的飞行参数安全范围。例如,ATR-72 飞机的失速保护系统将其原有迎角限制值 18.1° 调整为结冰情形下的 11.2°[6]。这种设计理念就会带来两个问题:一是在一般的结冰情形下会导致过度保护,使得飞机的飞行性能无法完全发挥;二是当遭遇比“临界冰形”更严重的极端情形时,飞机可能就会在更低的迎角下发生失速或失去控制。典型的案例便是著名的美鹰 4184 航班飞行事故,执行该飞行任务的 ATR-72 飞机遭遇极端的大过冷水滴情形,除冰系统开启后产生冰脊,在迎角为 5° 时便发生了不可逆转的滚转异常。

综上所述，开展结冰情形下的边界保护方法的研究，对于保障结冰情形下的飞行安全，最大限度地发挥飞机带冰飞行时的飞行性能，具有重要的意义，本章的研究就是基于这一点展开。

8.1　翼面结冰监控告警系统

进行结冰边界保护之前，必须对飞行过程中飞机的结冰程度进行判断和告警，飞机的结冰程度进行判断与告警，才能设计相应的边界保护控制律，进行边界保护。通过结冰后告警及边界保护机制的设计，来实现辨识飞机发生结冰后的飞机性能与品质的下降程度，并提供给飞行员安全的边界线索。这一过程的完成需要通过实时辨识飞机的稳定与操纵特性，并与已有的知识库、先验数据进行对比，提供给驾驶员边界限制的线索，避免发生飞机失控。本节设计了一种翼面结冰监控告警系统，用于监控结冰严重程度是否超过了应当开启边界保护的程度。

飞行结冰告警系统主要由三部分组成：监控模式、辨识模式与报告告警模式。监控模式提供初始飞机结冰飞行偏离情况及可能发生结冰的情况；辨识模式下，对飞机结冰情况进行诊断，确定结冰的严重程度；报告告警模式为根据诊断的结果，对驾驶员提供信息与线索，包括飞机当前飞行状况，飞机边界限制，并对飞机操纵进行相应的限制。其告警流程如图 8.1 所示。下文分别对监控模式、辨识模式与报告告警模式详细予以说明。

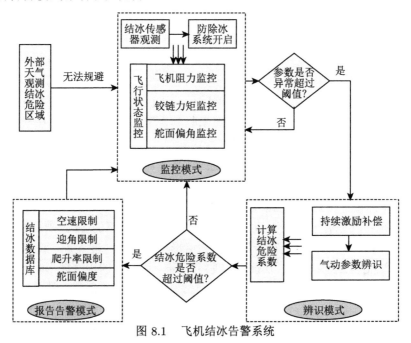

图 8.1　飞机结冰告警系统

8.1.1 飞机状态监控模式

飞行遭遇结冰危险的预测方式有多种，可分为直接方式与间接方式。直接方式包括外部环境监控与飞机上的结冰传感器监控；间接方式主要是指飞机遭遇结冰后飞机状态改变的监控。根据飞行区域的天气预报、云层的情况，可初步判断飞机是否可能遭遇结冰，发生飞行危险。当飞机无法避开结冰危险区域时，则需要通过对飞机自身状态的监控，判断飞机是否遭遇结冰，是否需要开启防/除冰系统。通过对飞机结冰关键部位布置传感器，监控飞机是否结冰与结冰的程度。由于飞机结冰部位的复杂性，结冰传感器观察的限制，因此需要同时对飞机的飞行状态参数予以观测。主要包括飞机阻力监控，飞机控制舵面偏转情况的监控以及舵面铰链力矩的监控。

根据飞行空速对飞机所受阻力改变进行监控。飞机结冰后，对飞机影响明显且严重的表现为飞机所受的阻力明显增大。飞机平飞过程中，其相同飞机构型 (襟翼偏度相同)、相同飞行高度、空速下，其油门偏度基本相同。相同空速，结冰条件下为保持平飞状态，油门偏度明显增大，因而可通过监控空速与油门的关系，初步判断飞机遭受阻力是否明显增大。同样方式，通过控制舵面偏度监控结冰状况。飞机遭遇结冰后，为保持平飞状态，其舵面会进行调整。通过对舵面偏度的检测确定飞机的结冰程度。设飞机未结冰情形下，保持平飞的舵面偏转情况已知。将飞机舵偏角的实际观测值与正常情形下舵面偏角对比，反映飞机结冰的严重程度。即依据飞行在某状态下的先验值，设定飞机正常情况下，输入归一化后为 u_{control}，飞机实际飞行过程中的观测值归一化后为 u_{measure}，则飞行中的偏离系数 U 定义为实际值与观测值的误差的均方根除以各观测值与实际值的均方根之和，如式 (8.1)

$$U = \frac{\sqrt{\dfrac{1}{N}\sum_1^N \left(u_{i\_\text{control}} - u_{i\_\text{measure}}\right)^2}}{\sqrt{\dfrac{1}{N}\sum_1^N u_{i\_\text{control}}^2} + \sqrt{\dfrac{1}{N}\sum_1^N u_{i\_\text{measure}}^2}} \tag{8.1}$$

式中，N 可取为 4，分别表示飞机升降舵、方向舵、副翼与油门偏度。U 在 0~1 取值，则当 $U = 0$ 时，表示飞机未结冰。以飞机纵向运动为例，设定飞机方向舵与副翼偏度未受结冰影响，计算可以得到飞机结冰 2min 得到 $U = 0.0509$，飞机结冰 4min 得到 $U = 0.1363$，飞机结冰 8min 得到 $U = 0.3445$。偏离系数的阈值需要依据大量结冰实验对比而定，在后续仿真过程中，取偏离系数的阈值为 0.1。即当偏离系数 $U > 0.1$ 时，表示飞机在防/除冰系统开启情况下，飞机仍受到结冰影响，需要采取保护措施。在结冰告警系统中，即需进入结冰辨识模式。获取结冰条件下，对飞机更全面的影响分析。

通过铰链力矩检测监控飞机结冰状况。在机翼失速之前，舵面的铰链力矩会产生较大的变化，能够为结冰后飞机的告警提供安全裕度。而且，通过监控副翼铰链力矩与升降舵的铰链力矩，能够区分机翼结冰与平尾结冰，以便采取相应的对策。

8.1.2　结冰后气动参数辨识

在监控模式中判断出，飞机处于结冰危险状态，需要进一步对飞机的气动参数进行实时在线辨识，以确定结冰对飞机气动特性的具体影响。飞机气动参数在线辨识研究历经很久，得到了很大的发展。美国航空航天学会 (AIAA) 于 2006 年出版了关于飞机气动参数辨识的教材，国内蔡金狮编著的《飞行器系统辨识》一书中，对飞机气动参数辨识做了详细的研究。考虑飞机结冰的具体情况，本节采用基于状态空间的时域辨识方法，对气动参数进行分阶段实时辨识。飞机小扰动线性方程可表示如式 (8.2)

$$\begin{cases} \dot{\boldsymbol{x}}(t) = \boldsymbol{A}\boldsymbol{x}(t) + \boldsymbol{B}\boldsymbol{u}(t), \quad \boldsymbol{x}(0) = \boldsymbol{x_0} \\ \boldsymbol{y}(t) = \boldsymbol{C}\boldsymbol{x}(t) + \boldsymbol{D}\boldsymbol{u}(t) \\ z_i = y_i + v_i, \quad i = 1, 2, \cdots, N \end{cases} \tag{8.2}$$

式中，$\boldsymbol{A}$、$\boldsymbol{B}$、$\boldsymbol{C}$、$\boldsymbol{D}$ 矩阵表示飞机的稳定导数与操纵导数矩阵，其中含有需要辨识的未知参数。假设在小时间段内一次辨识过程中，待辨识参数为常值，通过不断进行辨识，得到时变的气动参数值。$\boldsymbol{u}$ 表示飞机的输入矩阵，分别包括飞机的舵面偏角 δ_e、δ_a、δ_r，以及油门偏度 δ_t。$\boldsymbol{x}$ 表示 n 维飞机的状态变量，$\boldsymbol{y}$ 与 $\boldsymbol{z}$ 分别表示 m 维飞机的观测向量与实际测量向量，$\boldsymbol{v}$ 表示飞机观测变量中的噪声，即测量向量 $\boldsymbol{z}$ 与观测向量 $\boldsymbol{y}$ 之差。飞机的观测变量包括：飞机的三轴速度 u、v、w，飞机三轴角速度分量 p、q、r，飞机姿态角 ϕ、θ、ψ，飞机三轴的线加速度 a_x、a_y、a_z 以及飞机气流角 α、β。

采用最大似然原则：

$$J(\boldsymbol{\theta}) = \sum_{i=1}^{N} \left[\boldsymbol{v}^{\mathrm{T}}(i)\boldsymbol{R}^{-1}\boldsymbol{v}(i) + \ln|\boldsymbol{R}| \right] \tag{8.3}$$

式中，$\boldsymbol{\theta}$ 表示矩阵 $\boldsymbol{A}$、$\boldsymbol{B}$、$\boldsymbol{C}$、$\boldsymbol{D}$ 中包含的未知参数值；$\boldsymbol{R}$ 表示测量噪声的协方差矩阵，测量噪声的统计值未知时，采用 $\boldsymbol{R}$ 的最优估计，即用 J 对 $\boldsymbol{R}$ 求极值

$$\hat{\boldsymbol{R}} = \frac{1}{N} \sum_{i=1}^{N} \boldsymbol{v}(i)\boldsymbol{v}^{\mathrm{T}}(i) \tag{8.4}$$

J 对 $\boldsymbol{\theta}$ 求极值，得到待辨识参数 $\boldsymbol{\theta}$ 的最优估计。采用牛顿-拉弗森算法，进行求解，公式如下

$$\begin{cases} \boldsymbol{\theta}_{k+1} = \boldsymbol{\theta}_k + \Delta\boldsymbol{\theta}_k \\ \Delta\boldsymbol{\theta} = \left(\dfrac{\partial^2 J}{\partial\theta_h \partial\theta_l}\right)^{-1}_{p\times p} \left(\dfrac{\partial J}{\partial\theta_h}\right)_{p\times 1} \end{cases} \tag{8.5}$$

$\boldsymbol{\theta}_k$ 表示第 k 次迭代计算中待辨识参数估计值；$\Delta\boldsymbol{\theta}$ 表示参数更新值；$\boldsymbol{\theta}_{k+1}$ 表示第 $k+1$ 次迭代估计值。式中

$$\begin{cases} \dfrac{\partial J}{\partial\theta_h} = 2\sum_{i=1}^{N} \boldsymbol{v}^{\mathrm{T}}(i)\boldsymbol{R}^{-1}\dfrac{\partial y(i)}{\partial\theta_h} \\ \dfrac{\partial^2 J}{\partial\theta_h \partial\theta_l} = 2\sum_{i=1}^{N} \dfrac{\partial y^{\mathrm{T}}(i)}{\partial\theta_h}\boldsymbol{R}^{-1}\dfrac{\partial y(i)}{\partial\theta_l} \end{cases} \tag{8.6}$$

$\partial y(i)/\partial\theta_h$ 表示观测值对待辨识参数的灵敏度，其中 $h, l = 1, 2, \cdots, p$。用 $\boldsymbol{\theta}_{k+1}$ 更新 $\boldsymbol{\theta}_k$ 进行迭代，直至似然准则函数 J 满足式 (8.7)，则所得 $\boldsymbol{\theta}$ 收敛，即为所求的参数值

$$|(J_{k+1} - J_k)/J_k| \leqslant 0.01 \tag{8.7}$$

其整个计算流程如图 8.2 所示。

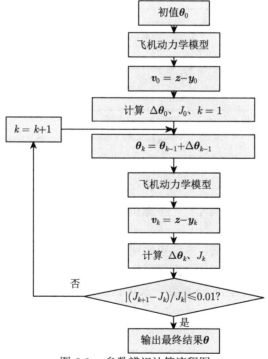

图 8.2 参数辨识计算流程图

以飞机纵向短周期为例，其状态变量与控制变量分别为

$$\boldsymbol{x} = \begin{bmatrix} \alpha & q \end{bmatrix}^{\mathrm{T}}, \quad \boldsymbol{u} = [\delta_e] \tag{8.8}$$

系统状态矩阵与控制矩阵分别为

$$\boldsymbol{A} = \begin{bmatrix} Z_\alpha & Z_q' \\ M_\alpha & M_q \end{bmatrix}, \quad \boldsymbol{B} = \begin{bmatrix} Z_{\delta_e} \\ M_{\delta_e} \end{bmatrix} \tag{8.9}$$

其中，参数 $Z_q' = 1 + Z_q$，$\dot{\alpha}$ 的影响包含在 Z_q' 与 M_q 之中。升降舵采用 3321 脉冲输入。为最小化飞机俯仰方向的力矩，采用幅值为 1° 偏角。噪声选为 20% 的高斯白噪声，其输入升降舵偏角、迎角与俯仰角速度曲线如图 8.3 所示，设定 30s 为一个周期。

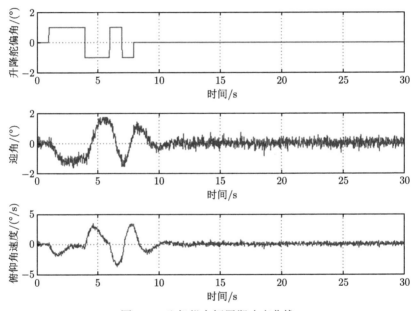

图 8.3　飞机纵向短周期响应曲线

采用最大似然辨识方法，纵向短周期状态方程中待辨识参数有 6 个，分别为 Z_α、Z_q'、M_α、M_q、Z_{δ_e}、M_{δ_e}，为保证能够跟踪飞机的气动参数变化，1s 内数据作为一次辨识样本，设定每 1s 更新一次辨识结果。其辨识结果对时间变化结果如图 8.4 所示。

最终辨识得到的参数，其迎角与俯仰角速度拟配结果如图 8.5 所示。

从图 8.5 中可以看出，分段在线气动参数辨识经过 10s 后，其辨识参数基本稳定，30s 内足以保证辨识结果的收敛性。对比真值、10% 高斯白噪声、20% 高斯白噪声与 50% 高斯白噪声下辨识结果如表 8.1 所示。

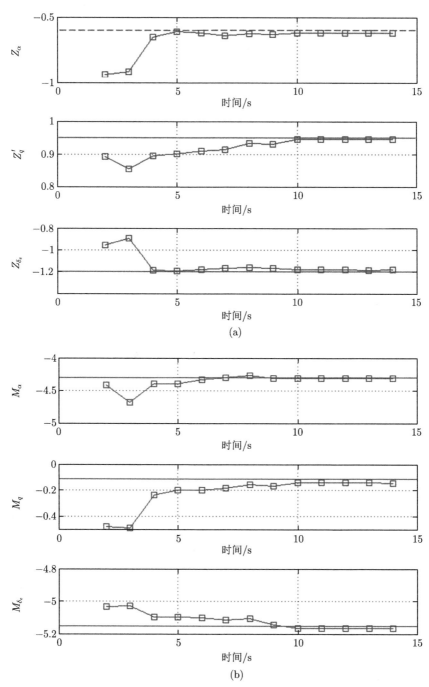

图 8.4 飞机纵向短周期气动参数辨识结果

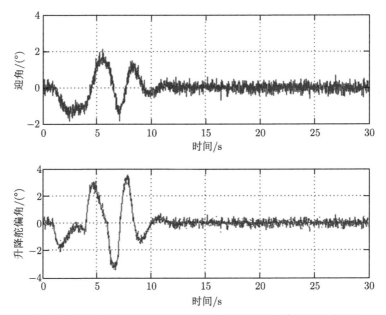

图 8.5 迎角与俯仰角速度拟配结果 (扫描封底二维码可见彩图)

表 8.1 不同高斯白噪声下辨识结果对比

参数	真值	10%高斯白噪声下辨识	误差	20%高斯白噪声下辨识	误差	50%高斯白噪声下辨识	误差
Z_α	−0.6	−0.6044	0.73%	−0.6116	1.93%	−0.6132	2.20%
Z_q'	0.95	0.944	0.63%	0.9452	0.51%	0.9319	1.91%
M_α	−4.3	−4.326	0.60%	−4.315	0.35%	−4.363	1.47%
M_q	−1.2	−1.189	0.92%	−1.182	1.50%	−1.154	3.83%
$Z_{\delta e}$	−0.115	−0.1374	19.48%	−0.1438	25.04%	−0.179	55.65%
$M_{\delta e}$	−5.157	−5.166	0.17%	−5.17	0.25%	−5.207	0.97%

从辨识结果中可以看出，除气动参数 $Z_{\delta e}$ 外，其余参数辨识误差均较小，即使在 50%的噪声观测误差下，气动参数 Z_α、Z_q'、M_α、M_q、$M_{\delta e}$ 的辨识误差相对于结冰条件下的气动参数的变化小得多。辨识后，通过参数计算结冰危险因子 (ISP)，定义结冰危险因子公式为

$$\text{ISP} = \frac{\sum_{i=1}^{n}\left[\dfrac{(V_{\text{clean}} - V_{\text{actual}})_i}{(V_{\text{clean}} - V_{\text{iced}})_i}\right]}{n} \tag{8.10}$$

式中，V_{clean} 表示飞机未结冰时飞机的各气动参数；V_{actual} 表示飞机辨识得到的参数；V_{iced} 表示飞机最严重结冰情形下的气动参数值；n 为所辨识的气动参数的个数。因此，ISP 的取值范围为 $0 \sim 1$，当 ISP $= 0$ 时，表示飞机未发生结冰；当

ISP = 1 时，表示飞机发生最严重结冰。当 ISP 值较小时，可能是由于飞机测量误差、辨识精度等引起，当 ISP 值较大时，则是由飞机的气动参数引起的，结合辨识的精度，本书设定结冰 ISP 阈值为 0.2。ISP 值大于 0.2 时，进行告警。告警的同时，采取适当的保护方法，防止飞机失控。

8.1.3 结冰严重程度告警

结冰飞行边界告警系统，给驾驶员提供明显必要的结冰危险信息。驾驶员通过在 HUD 显示仪与主显示仪上的信息线索，根据现在的飞行状态，改变飞行操纵。结冰飞行边界告警系统通过速度限制、迎角限制、襟翼位置限制和控制舵面效率给驾驶员提示。其显示信息如图 8.6 所示。

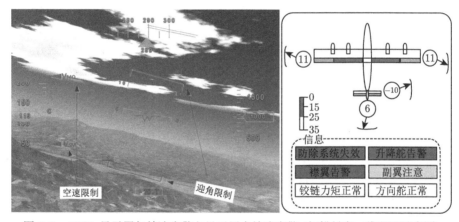

图 8.6 HUD 显示屏与结冰告警主显示屏中结冰告警 (扫描封底二维码可见彩图)

当告警系统没有探测到飞机异常时，即结冰危险系数未超过阈值时，系统不提供任何信息。当告警系统探测到结冰危险系数超过系统阈值时，通过将飞机气动参数和结冰危险因子，与飞机已有的结冰数据库进行对比分析，得到飞机当前安全边界，并将必要的信息线索提供给驾驶员。主要信息分为三类，根据等级可分为注意与警告提示状态。

(1) 空速限制和迎角限制范围。根据当前飞机构型与结冰的状况，对比已有的结冰数据库，得到飞机的失速速度与最大空速。通过在 HUD 显示器上增加当前迎角边界显示，限制驾驶员对俯仰的操纵。包括当前状态的失速迎角和飞机的最小迎角，预防飞机平尾失速。

(2) 飞机襟翼状态，是否应该调整襟翼回到安全偏角。在结冰告警保护系统开启时，显示襟翼偏转状态，当检测到飞机稳定与控制性能降低时，根据襟翼偏角，给驾驶员发出提示，当稳定与控制性能继续降低时，给飞行员发出警报，直到飞机襟翼偏角回到安全位置。

(3) 稳定性与控制效率。在显示仪上，针对飞机当前状态的飞机稳定性以及俯仰、滚转和偏航的效率降级程度发出警报。并显示出升降舵、副翼、方向舵的舵偏角指示。使驾驶员能够了解到当前飞机舵面偏角的余量，以便实施相应的操纵。控制舵面升降舵、方向舵与副翼的效率分别通过 $C_{m\delta e}$、$C_{n\delta r}$、$C_{l\delta r}$ 辨识结果定义。由于三者均为负值，当 $C_{m\delta e}$、$C_{n\delta r}$、$C_{l\delta r}$ 分别大于 50%、小于 25% 的未结冰状态下数值时，进入注意状态，当 $C_{m\delta e}$、$C_{n\delta r}$、$C_{l\delta r}$ 分别大于 25% 未结冰状态下数值时，进入告警状态。

8.2　现有结冰边界保护系统工作原理

在告警系统中，检测到飞机的结冰危险因子 ISP 值大于 0.2 时，需要开启结冰边界保护。总体来说现有的结冰后的边界保护问题的研究 [109,110]，主要从开环边界保护 (驾驶员人工操纵) 与闭环边界保护 (自驾仪模式) 两个方面展开。开环边界保护的核心思想是：通过预测关键飞行参数矢量 $\boldsymbol{y}_p$ 是否会满足下式来判断是否应当采取保护措施。

$$\boldsymbol{y}_{p\,\mathrm{lim}}^l \leqslant \boldsymbol{y}_p \leqslant \boldsymbol{y}_{p\,\mathrm{lim}}^u \tag{8.11}$$

其中，$\boldsymbol{y}_{p\,\mathrm{lim}}^l$，$\boldsymbol{y}_{p\,\mathrm{lim}}^u$ 分别表示关键飞行参数矢量对应的下界与上界，边界保护问题研究最多的便是对迎角的限制，通常使其在结冰后的失速迎角范围之内。根据第 2 章中结冰飞机飞行动力学仿真部分的描述，飞行参数是飞机状态矢量、控制矢量与结冰严重程度参数的函数，即

$$\boldsymbol{y}_p = \boldsymbol{f}(\boldsymbol{x}, \boldsymbol{u}, \eta) \tag{8.12}$$

开环边界保护的方法是通过在飞行过程中对飞机运动方程积分来预测安全关键飞行参数矢量 $\boldsymbol{y}_p$ 的变化是否会超出其结冰后的边界值。一旦式 (8.11) 的条件不满足，边界保护系统会通过迭代，计算出舵面的允许最大偏转角，并修正舵面偏角使飞机保持在安全边界内飞行。图 8.7 所示为以不同的升降舵阶跃信号为输入的情况下，对未来 10s 内的飞机迎角响应进行预测。从预测结果来看，只有当升降舵偏角为 −0.98° 时，迎角的变化才不会超出其极限值。很明显，这种基于近实时的对状态参数进行预测的开环边界保护方法是笨拙且耗时的，由于要不断地对动力学方程进行积分，必然会加重机载飞控计算机的工作负担。而且这种方法是建立在驾驶员输入为阶跃或线性变化的假设下，在实际飞行过程中，显得过于理想，特别是当驾驶员出现一些剧烈操纵时，可能会出现飞控计算机尚未完成解算，飞机便已进入失控的境地。

闭环结冰边界保护系统面向自驾仪工作的情形，其设计目标是：在确保飞行安全的前提下，尽可能地完成驾驶员预设的工作指令。以飞机在自驾仪俯仰姿态

保持 (Pitch Altitude Hold, PAH) 模式下运行为例，其工作原理框图如图 8.8 所示。

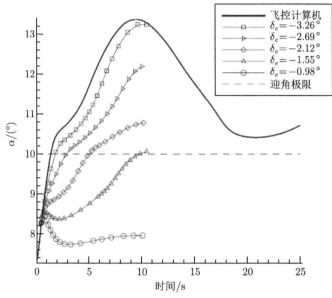

图 8.7 采用迭代方法计算合理的控制面偏角的开环边界保护

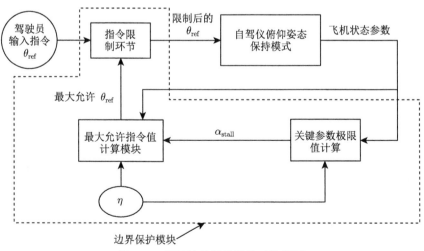

图 8.8 闭环边界保护系统工作框图

这种边界保护系统一般是通过离线学习的方式，建立起飞机在不同结冰严重程度、不同飞行状态下的可用指令俯仰角数据库。根据图 8.8 中所示原理，"最大允许指令值计算模块" 通过调用该数据库以过失速迎角 α_{stall}、结冰严重程度参数

η、飞机状态参数作为输入来得到当前状态下的最大允许指令俯仰角,从而能够在驾驶员给定的指令俯仰角过高进而可能会导致迎角超限的情况下,飞控系统自动减小指令俯仰角的值,来确保自驾仪在 PAH 模式下的飞行安全。对于闭环边界保护而言,为了获取飞机在不同结冰程度、不同飞行状态下可用指令俯仰角,需要开展大量的仿真或频域分析等工作,这也是相当耗时耗力的。

非线性动态逆 (Nonlinear Dynamic Inversion, NDI) 控制是一种具有零超调、跟随性较好的控制方式,本章利用 NDI 控制的这一特点,提出了用飞行安全关键参数的极限值作为 NDI 控制的输入来获取舵面允许偏转角的值,进而限制飞机控制舵面输出的边界保护方法。该方法相比传统边界保护方法而言,大大缩减了在线计算时间,无须消耗大量精力获取离线数据库,对于保障飞机带冰飞行下的飞行安全具有一定工程应用价值。

8.3   典型飞机非线性动态控制律

8.3.1   非线性动态控制律基本理论

传统控制理论的设计理念,往往是将非线性系统在平衡点处线性化,借助于经典线性控制理论的方法对控制器进行设计。然而,随着系统复杂程度的提高以及系统工作范围的拓展,经典线性控制理论方法面临着诸多挑战。对于现代高机动飞行器而言,强耦合、非线性特性对飞控系统设计提出了更为苛刻的要求,于是出现了变结构控制、模糊控制、非线性动态逆控制等为代表的现代控制理论。在诸多的现代控制理论方法中,非线性动态逆控制是一种比较适合运用在飞控系统控制律设计中的控制方法。在 20 世纪 80 年代,非线性动态逆控制还是一种新的控制理论,在 NASA 与美国空军研究实验室 (Air Force Research Laboratory, AFRL) 的共同推动下,从最初的理论研究,发展到了运用在洛马公司的 F-35 战斗机上,用来解决该型飞机从常规飞行模式向悬停模式切换时的控制问题 [156]。非线性动态逆控制是属于反馈线性化方法的一种,其本质是通过非线性反馈,将原本的非线性系统转化为等效的伪线性系统,然后再按照经典的线性控制理论实现相应的控制目标 [157]。

根据动力学方程的相关描述,飞机六自由度非线性动力学方程可以写为如式 (8.13) 所示的仿射非线性方程:

$$\begin{aligned} \dot{\boldsymbol{x}} &= \boldsymbol{f}(\boldsymbol{x}) + \boldsymbol{g}(\boldsymbol{u}) \\ \boldsymbol{y} &= \boldsymbol{h}(\boldsymbol{x}) \end{aligned} \tag{8.13}$$

其中,$\boldsymbol{y} = (y_1, \cdots, y_m)^{\mathrm{T}}$ 为该系统的 m 维输出变量,$\boldsymbol{x} = (x_1, \cdots, x_n)^{\mathrm{T}}$ 为系统的 n 维状态变量,$\boldsymbol{u} = (u_1, \cdots, u_p)^{\mathrm{T}}$ 为系统的 p 维控制变量。这里首先要引入相

对阶的概念。

定义 8.1 多输入多输出仿射非线性系统 (8.13) 称在 $\boldsymbol{x}_0 \in D$ 具有 (矢量相对阶)$\boldsymbol{r} = (\boldsymbol{r}_1, \boldsymbol{r}_2, \cdots, \boldsymbol{r}_m)$, 如果:

(1) 对于 $\forall i, j \in 1, \cdots, m$, $\boldsymbol{x}_0$ 点的一个邻域中所有的 $\boldsymbol{x}$, 当 $k < r-1$ 时, 有

$$L_{g_j} L_f^k h_i(x) = 0$$

(2) $m \times m$ 矩阵 (即 Falb-Wolovich 矩阵)

$$A(\boldsymbol{x}) = \begin{bmatrix} L_{g_1} L_f^{r_1-1} h_1(x) & \cdots & L_{g_m} L_f^{r_1-1} h_1(x) \\ L_{g_1} L_f^{r_2-1} h_2(x) & \cdots & L_{g_m} L_f^{r_2-1} h_2(x) \\ \cdots & \cdots & \cdots \\ L_{g_1} L_f^{r_m-1} h_m(x) & \cdots & L_{g_m} L_f^{r_m-1} h_m(x) \end{bmatrix}$$

在 $\boldsymbol{x} = \boldsymbol{x}_0$ 时是非奇异矩阵。其中,

$$L_{\boldsymbol{f}} \boldsymbol{h} = \frac{\partial \boldsymbol{h}}{\partial \boldsymbol{x}} \boldsymbol{f}(\boldsymbol{x}), \quad L_{\boldsymbol{g}} L_{\boldsymbol{f}} \boldsymbol{h}(\boldsymbol{x}) = \frac{\partial L_{\boldsymbol{f}} \boldsymbol{h}}{\partial \boldsymbol{x}} \boldsymbol{g}(\boldsymbol{x})$$

$$L_{\boldsymbol{f}}^k \boldsymbol{h}(\boldsymbol{x}) = \frac{\partial L_{\boldsymbol{f}}^{k-1} \boldsymbol{h}}{\partial \boldsymbol{x}} \boldsymbol{f}(\boldsymbol{x}), \quad L_{\boldsymbol{g}} L_{\boldsymbol{f}}^k \boldsymbol{h}(\boldsymbol{x}) = \frac{\partial L_{\boldsymbol{f}}^k \boldsymbol{h}}{\partial \boldsymbol{x}} \boldsymbol{g}(\boldsymbol{x})$$

假设系统 (8.13) 具有相对阶 $\boldsymbol{r} = (r_1, \cdots, r_m)$, 即

$$\begin{cases} L_{g_j} L_f^l h_i(\boldsymbol{x}) = 0, \\ L_{g_j} L_f^{r_i} h_i(\boldsymbol{x}) \neq 0, \end{cases} \quad \forall l < r_i - 1, \quad \forall 1 \leqslant i \leqslant m, \quad \forall \boldsymbol{x} \in \mathbf{R}^n$$

对输出向量 $\boldsymbol{y}$ 中每个 y_i 求导, 直到 $L_{g_j} L_f^{r_i} h_i(\boldsymbol{x}) \neq 0$, 即

$$\begin{cases} y_i^1 = L_f h_i(\boldsymbol{x}) \\ y_i^2 = L_f^2 h_i(\boldsymbol{x}) \\ \cdots \\ y_i^{r_i-1} = L_f^{r_i-1} h_i(\boldsymbol{x}) \\ y_i^{r_i} = L_f^{r_i} h_i(\boldsymbol{x}) + \sum_{j=1}^m L_{g_j} L_f^{r_i-1} h_i(\boldsymbol{x}) \boldsymbol{u}_j \end{cases} \quad (i = 1, 2, \cdots, m)$$

进而可以得到

$$\begin{bmatrix} y_i^1 \\ y_i^2 \\ \cdots \\ y_i^{r_i} \end{bmatrix} = \begin{bmatrix} L_f^{r_1} h_1(\boldsymbol{x}) \\ L_f^{r_2} h_2(\boldsymbol{x}) \\ \cdots \\ L_f^{r_m} h_m(\boldsymbol{x}) \end{bmatrix} + \boldsymbol{A}(\boldsymbol{x}) \boldsymbol{u}$$

记为

$$y^r = b(x) + A(x)u$$

如果矩阵 $A(x)$ 是非奇异的，便可以得到逆系统的控制变量

$$u = A^{-1}(x)\left[-b(x) + v\right]$$

其中，v 表示期望的系统闭环动态特性。通过上述步骤，在逆系统控制变量 u 的作用下，闭环系统为

$$y^r = v$$

当系统的状态变量等于输出变量时，即 $y = x$ 时，系统的相对阶 $r_i = 1$，从而有

$$\dot{y} = f(x) + g(x)u$$

如果 $g(x)$ 可逆，便可以得到逆系统的控制输入为

$$u = g^{-1}(x)\left[-f(x) + v\right]$$

闭环系统可写为

$$\dot{y} = v$$

对于某个飞机状态参数，一般地可选取

$$v = \omega(x_d - x)$$

其中，x_d 表示系统期望输出，ω 为频带带宽。

　　从上述动态逆的相关理论可以看出，系统的输入向量维数不小于输出向量的维数是设计非线性动态逆控制器的必要条件。对于常规构型的飞机而言，系统的控制输入维数一般小于系统的状态变量维数，不能直接用动态逆的方法进行求解。在实际的飞控系统设计过程中，解决的方法是根据奇异摄动原理，以时间为尺度，按照飞机状态变量变化快慢程度将系统划分为多个控制回路，然后分别针对各个回路进行动态逆控制器的设计。

　　飞机的动力学模型是典型的奇异摄动系统，对于一架飞机，典型的非线性动态逆控制律可以分为快回路与慢回路两个回路分开进行控制，其结构框图如图 8.9 所示。从图中可以看出，快回路实现对飞机角速率参数 p，q，r 的控制，其输出为飞机的舵面偏转角 δ_e，δ_a，δ_r；慢回路实现对飞机气流角 β，α，μ 的控制，其输出参数为飞机角速率指令信号 p_c，q_c，r_c 传递给快回路作为输入。

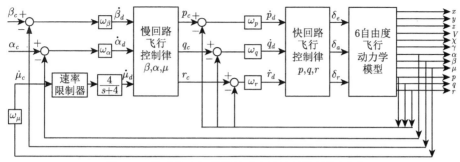

图 8.9 典型的飞机非线性动态逆控制律结构框图

8.3.2 飞机内环快变量回路控制律

操纵舵面的变化对飞机角速度的影响最为直接，故将其作为动态逆控制的内环控制回路来进行设计。对内环快回路控制律进行设计时，首先应当将快变量 p、q、r 对应的动力学方程转化为仿射方程的形式：

$$
\begin{bmatrix} \dot{p} \\ \dot{q} \\ \dot{r} \end{bmatrix} = \begin{bmatrix} f_p(\boldsymbol{x}) \\ f_q(\boldsymbol{x}) \\ f_r(\boldsymbol{x}) \end{bmatrix} + \boldsymbol{A}(\boldsymbol{x})\boldsymbol{u} \tag{8.14}
$$

其中，$\boldsymbol{x} = \begin{bmatrix} V & \alpha & \beta & p & q & r \end{bmatrix}^{\mathrm{T}}$，$\boldsymbol{u} = \begin{bmatrix} \delta_e & \delta_a & \delta_r \end{bmatrix}^{\mathrm{T}}$，$\boldsymbol{A}$ 为控制分布矩阵形如：

$$
\boldsymbol{A}(\boldsymbol{x}) = \begin{bmatrix} 0 & \dfrac{\rho V^2 Sb}{2I_x} C_L^{\delta_a} & d\dfrac{\rho V^2 Sb}{2I_x} C_L^{\delta_r} \\[3mm] \dfrac{\rho V^2 Sc}{2I_y} C_M^{\delta_e} & 0 & 0 \\[3mm] 0 & \dfrac{\rho V^2 Sb}{2I_z} C_N^{\delta_a} & \dfrac{\rho V^2 Sb}{2I_z} C_N^{\delta_r} \end{bmatrix} \tag{8.15}
$$

$f(\boldsymbol{x})$ 的表达式如下：

$$
\begin{cases} f_p(\boldsymbol{x}) = \dfrac{I_y - I_z}{I_x} rq + \dfrac{\rho V^2 Sb}{2I_x}\left[C_L^\beta \beta + \dfrac{b}{2V}\left(C_L^p p + C_L^r r\right)\right] \\[3mm] f_q(\boldsymbol{x}) = \dfrac{I_z - I_x}{I_y} rq + \dfrac{\rho V^2 Sb}{2I_y}\left[C_{M0}\beta + C_M^\alpha \alpha + \dfrac{c}{2V}\left(C_M^q q + C_M^{\dot{\alpha}}\dot{\alpha}\right)\right] \\[3mm] f_r(\boldsymbol{x}) = \dfrac{I_x - I_y}{I_z} rq + \dfrac{\rho V^2 Sb}{2I_z}\left[C_N^\beta \beta + \dfrac{b}{2V}\left(C_N^p p + C_N^r r\right)\right] \end{cases} \tag{8.16}
$$

对于非线性动态逆控制而言，期望的快回路动态响应可设定为

$$
\begin{cases}
\dot{p}_d = \omega_p(p_c - p) \\
\dot{q}_d = \omega_q(q_c - q) \\
\dot{r}_d = \omega_r(r_c - r)
\end{cases}
\tag{8.17}
$$

式中，下标 d 表示期望值；ω_p, ω_q, ω_r 为带宽，其取值依据是既不会激发舵机执行机构的结构模态又能够满足其带宽的限制，这里设定为 $10\mathrm{rad/s}$。根据动态逆理论，为达到期望的角速率，飞机的内环控制律如式 (8.18) 所示

$$
\boldsymbol{u} = \boldsymbol{A}^{-1}(x)\left(
\begin{bmatrix}
\dot{p}_d \\
\dot{q}_d \\
\dot{r}_d
\end{bmatrix}
-
\begin{bmatrix}
f_p(x) \\
f_q(x) \\
f_r(x)
\end{bmatrix}
\right)
\tag{8.18}
$$

8.3.3 飞机外环慢变量回路控制律

1. 外环慢变量回路基本控制律

飞机的外环回路控制律的作用是为了实现飞机对驾驶员输入指令 β_c, α_c, μ_c 的跟踪，根据这三个参数对应的动力学方程，可得到

$$
\begin{bmatrix}
\dot{\beta} \\
\dot{\alpha} \\
\dot{\mu}
\end{bmatrix}
=
\begin{bmatrix}
f_\beta(\boldsymbol{x}_{s1}) \\
f_\alpha(\boldsymbol{x}_{s1}) \\
f_\mu(\boldsymbol{x}_{s1})
\end{bmatrix}
+ \boldsymbol{G}(\boldsymbol{x}_{s1})
\begin{bmatrix}
p \\
q \\
r
\end{bmatrix}
+ \boldsymbol{G}'(\boldsymbol{x}_{s2})\boldsymbol{u}
\tag{8.19}
$$

其中，$\boldsymbol{x}_{s1} = [\beta, \alpha, \mu]^{\mathrm{T}}$ 即由慢状态变量构成的向量，$f(\boldsymbol{x}_{s1})$ 与 $\boldsymbol{G}(\boldsymbol{x}_{s1})$ 的表达式分别如下:

$$
\begin{cases}
f_\beta(\boldsymbol{x}_{s1}) = \dfrac{-T\cos\alpha\sin\beta + 0.5\rho V^2 S C_Y^\beta \beta}{mV} + \dfrac{G_{ya}}{mV} \\[3mm]
f_\alpha(\boldsymbol{x}_{s1}) = \dfrac{-T\sin\alpha - 0.5\rho V^2 S C_L(\alpha) + G_{za}}{mV\cos\beta} \\[3mm]
f_\mu(\boldsymbol{x}_{s1}) = -\dfrac{g}{V}\cos\gamma\cos\mu\tan\beta + \dfrac{L}{MV}[\tan\gamma\sin\mu + \tan\beta] \\[3mm]
\qquad\qquad + \dfrac{Y+T_y}{MV}\tan\gamma\cos\mu\cos\beta + \dfrac{T_x\sin\alpha - T_z\cos\alpha}{MV}[\tan\gamma\sin\mu + \tan\beta] \\[3mm]
\qquad\qquad - \dfrac{T_x\cos\alpha + T_z\sin\alpha}{MV}\tan\gamma\cos\mu\sin\beta
\end{cases}
\tag{8.20}
$$

$$
\boldsymbol{G}(\boldsymbol{x}_{s1}) =
\begin{bmatrix}
\sin\alpha & 0 & -\cos\alpha \\
-\cos\alpha\tan\beta & 1 & -\sin\alpha\tan\beta \\
\cos\alpha\sec\beta & 0 & \sin\alpha\sec\beta
\end{bmatrix}
\tag{8.21}
$$

其中，$\boldsymbol{G}'(\boldsymbol{x}_{s2})$ 是与控制变量 δ_e，δ_a，δ_r 有关的项，对于外环控制回路而言，慢状态变量参数在很大程度上依赖于快状态变量参数 p，q，r 的变化，而控制变量对其影响则相对较小，为简化计算，一般将其忽略。

对于飞机外环控制律而言，一般将其指令参数的期望动态响应设定为如下形式：

$$\begin{cases} \dot{\beta}_d = \omega_\beta(\beta_c - \beta) \\ \dot{\alpha}_d = \omega_\alpha(\alpha_c - \alpha) \\ \dot{\mu}_d = 4\dot{\mu}_c/(s+4) \end{cases} \quad (8.22)$$

其中，下标 d 为期望值；ω_β，ω_α 为带宽，其值可设定为 $2\mathrm{rad/s}$，该带宽值需足够小于内环回路的带宽值，从而避免内环回路与外环回路之间的耦合。需要指出的是，对航迹滚转角 μ_c 的控制，是通过对滚转速率 $\dot{\mu}_c$ 的跟踪来实现的，而不是直接对 μ_c 进行控制的。根据动态逆理论，忽略舵面控制项，通过解算，可得飞机的外环控制器的输出如式 (8.23) 所示：

$$\begin{bmatrix} p_c \\ q_c \\ r_c \end{bmatrix} = \boldsymbol{G}(\boldsymbol{x}_{s1})^{-1} \left(\begin{bmatrix} \dot{\beta}_d \\ \dot{\alpha}_d \\ \dot{\mu}_d \end{bmatrix} - \begin{bmatrix} f_\beta(\boldsymbol{x}_{s1}) \\ f_\alpha(\boldsymbol{x}_{s1}) \\ f_\mu(\boldsymbol{x}_{s1}) \end{bmatrix} \right) \quad (8.23)$$

2. 提高动态逆环节鲁棒性方法

此外，飞行过程中，由于大气紊流、传感器误差等因素的影响，难免会在计算过程中引入误差。特别是对于结冰情形而言，由于冰形破坏了机翼表面的流场特性，会造成飞机气动参数的摄动，结冰后的复杂流场使得此时的气动参数值往往更加难以准确获取。而从动态逆的原理来看，气动参数的准确性直接影响到控制效果的有效性。为尽可能地消除参数摄动对动态逆控制的影响，这里采用在外环慢变量回路环节引入比例积分的方式来消除不利干扰产生的误差[158]，其原理框图如图 8.10 所示。

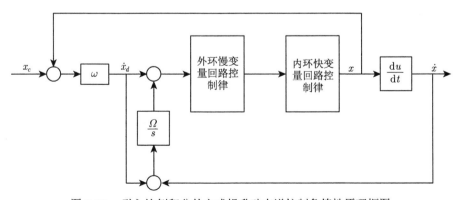

图 8.10　引入比例积分的方式提升动态逆控制鲁棒性原理框图

图 8.10 中的 x 为外环慢变量回路控制变量 β，α，μ 中的任意一个变量，Ω 为积分环节的增益，合理的增益值使得比例积分环节不仅能够降低参数摄动对控制性能的影响，消除干扰产生的稳态误差，还可以减小由于参数摄动引起的超调量，优化控制系统动态响应特性，本章将其取值设定为 $\Omega_\beta = \Omega_\alpha = \Omega_\mu = 4s^{-1}$。

至此，便完成了考虑鲁棒性的飞机内、外环动态逆控制律的设计。外环控制器的输出 $[p_c, q_c, r_c]^{\mathrm{T}}$ 值正是内环控制器的输入指令。内、外环控制器的结合构成了飞机完整的非线性动态逆控制律。

8.3.4　动态逆控制特性分析

以某型运输类飞机为例，飞机初始飞行状态设定为：飞行高度 $H = 2500\mathrm{m}$，飞行速度 $V = 150\mathrm{m/s}$，且保持水平匀速直线飞行。当飞行指令设定为：$\beta_c = 3°$，$\alpha_c = 6°$，$\mu_c = 10°$ 时，分别仿真出飞机在不含比例积分环节与含有比例积分环节的动态逆控制下，被控变量的动态响应。摄动参数的选取上，考虑了内环控制回路中的 $\boldsymbol{A}(\boldsymbol{x})$ 与外环控制回路中的 $\boldsymbol{G}(\boldsymbol{x}_{s1})$ 均无参数摄动、同时摄动 -50%、同时摄动 $+50\%$ 三种情形，仿真结果如图 8.11 所示。

从图 8.11 所示的动态响应曲线可以很明显地看出：

(1) 在无参数摄动的情况下 (绿色曲线所示情形)，不管是动态逆系统中含不含比例积分环节，飞机的被控参数 β、α、μ 均平滑地过渡到指令值，在过渡过程中几乎没有超调量，迅速稳定在指令值附近。

(2) 对比图 8.11(a) 和 (d) 中 β 响应曲线可以看出，不含比例积分环节的动态逆控制 β 响应存在着微小的稳态误差，而含比例积分环节的动态逆控制可以有效地减小系统的稳态误差。

(3) 不含比例积分环节的动态逆控制对于模型参数摄动的鲁棒性极差，在参数摄动的情况下，传统的动态逆控制不仅很难使得系统达到预期的指令值，而且还可能会出现超调量。

(4) 含比例积分环节的动态逆控制对于模型参数摄动具有很好的鲁棒性，同时能够改善系统在参数摄动情形下超调特性。

从 $\boldsymbol{A}(\boldsymbol{x})$ 与 $\boldsymbol{G}(\boldsymbol{x}_{s1})$ 的组成元素可以看出，其中既包含气动参数，也包含飞机姿态角，也就意味着这两个矩阵的选取，既包含了结冰后气动参数获取不准确的可能，又包含了由于传感器误差带来的飞机姿态角测量有偏差的情形，因此是比较有代表性的。此外，同时还对 $\boldsymbol{A}(\boldsymbol{x})$ 与 $\boldsymbol{G}(\boldsymbol{x}_{s1})$ 均无参数摄动，$\boldsymbol{A}(\boldsymbol{x})$ 摄动 $+50\%$、$\boldsymbol{G}(\boldsymbol{x}_{s1})$ 摄动 -50%，$\boldsymbol{A}(\boldsymbol{x})$ 摄动 -50%、$\boldsymbol{G}(\boldsymbol{x}_{s1})$ 摄动 $+50\%$ 三种情形的响应情况进行了分析，仿真结果同样证明了改进后的动态逆控制优异的控制性能，限于篇幅这里不再进行赘述。

综上所述，非线性动态逆控制是一种具有良好跟踪性能的控制方法。而本节采用的改进的动态逆控制器，不管是在控制的稳态响应方面，还是在调节过程中的超调特性方面，都具有极大的优势。这两个方面的特性说明，只要动态逆控制器中的参数选取得当，飞机的被控参数的动态响应就不会超出给定的指令值。这一点是动态逆控制与其他大多数控制方式所不同的地方，对于其他大多数控制方式而言，超调量是不可避免的，只是超调量大小、调节时间等性能参数的不同。

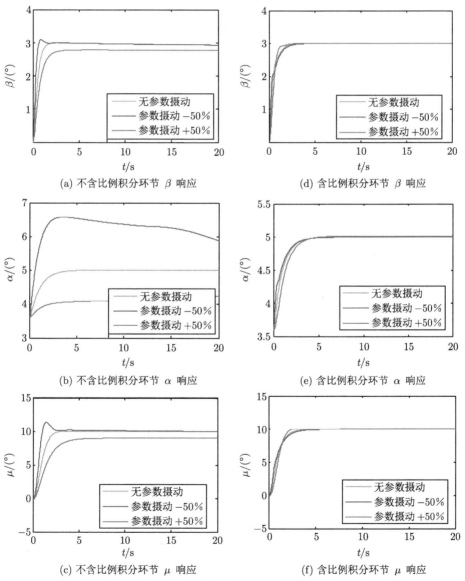

图 8.11 比例积分环节存在与否对动态逆控制鲁棒性能影响对比 (扫描封底二维码可见彩图)

　　利用动态逆控制具有良好的跟踪性能及稳态性能的特点，可应用到飞行边界保护系统中对特定飞行参数进行保护。当飞机的被控参数选取为其边界值时，比如将结冰后的失速迎角值作为动态逆控制环节的输入指令，便可通过动态逆控制环节得到舵面的最大允许偏转角，飞机的边界保护系统实时地限制飞机的实际舵面偏角超出该最大允许偏转角，这样飞机被控参数就始终能够在安全范围之内。这也就是本章提出的边界保护的核心思想。

8.4　基于非线性动态逆的结冰边界保护系统

　　根据文献 [94，95] 中对结冰边界保护的描述，传统的结冰边界保护是将驾驶员操纵模式下的开环控制与自驾仪工作模式下的闭环控制分开进行分析的。这主要是考虑到闭环控制模式下，对系统完成预定指令能力的要求：不影响安全的情形下尽可能地完成驾驶员给出的飞行指令；当结冰影响飞行安全时，系统自动降低驾驶员飞行指令至合理的值，来确保飞行安全。事实上闭环边界保护同样可以采用开环边界保护的方法，只是这种方法在驾驶员指令完成能力方面有所欠缺。但从工程应用的角度来说，传统的闭环边界保护方法需要离线计算出飞机在各个结冰条件下可用俯仰角指令的数据库，这首先是一个需要大量前期工作的环节；其次在真正遭遇结冰时，由于各种误差的影响，理论计算出的可用俯仰角能否被用到实际中仍有待验证。根据 8.3 节中提出的边界保护思想，基于动态逆的结冰边界保护系统的本质是属于开环边界保护的一种，但本章仍以飞机自驾仪俯仰姿态保持 (PAH) 模式为例进行分析。如果仿真结果表明该系统能够很好地保证飞机在闭环模式下的飞行安全，则可证明本章提出的结冰边界保护方法的有效性。本章所提出的基于非线性动态逆的结冰边界保护系统原理框图如图 8.12所示。

　　从图 8.12 可以看出，飞机控制面的偏转，不仅受到飞机原有的自驾仪信号的控制，还要受到动态逆环节输出信号的约束。在正常状态下，飞机的舵面偏转量等于自驾仪的输出值；一旦自驾仪计算出来的舵面输出量超出了动态逆环节计算出来的结果，飞机的实际舵面输出则等于动态逆环节的舵面输出。考虑到误差及噪声的影响，直接用失速迎角的值来计算可用升降舵偏转角，可能会使得飞机进入危险的境地，为此这里采用 $\alpha_{\text{stall}} - \Delta$ 作为动态逆环节的输入，Δ 的取值为 $0.5°$。飞机结冰后的失速迎角可通过第 2 章中失速迎角的估算方法进行获取。

　　基于动态逆的结冰边界保护系统的具体工作流程为：

　　(1) "飞行参数限制" 模块根据当前结冰严重程度计算出结冰后的失速迎角；

　　(2) "动态逆环节" 模块根据 "飞行参数限制" 模块计算出的失速迎角得到可用升降舵的值；

(3) "舵面限制器" 模块通过对比自驾仪的升降舵输出值与步骤 (2) 中得到的可用升降舵的值来确定最终的升降舵偏转量，从而使飞机保持在安全的飞行边界内。

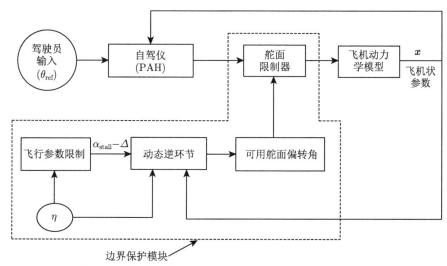

图 8.12 基于非线性动态逆的结冰边界保护系统原理框图

上述基于动态逆环节的结冰边界保护可实现对迎角进行实时限制，此外，考虑到飞行过程中结冰会降低飞机最低平飞速度，一旦驾驶员没有注意到飞行速度接近结冰后的失速速度，极有可能会引发飞行事故。因此，还应当实时地就飞行速度进行保护，而这一点正是当前结冰边界保护研究中所缺乏的。为实施对飞行速度的实时保护，首先须确立结冰后的失速速度值，这里采用一种简单的估算方法，假设飞机在平飞状态下，重力等于升力，即

$$G = \frac{1}{2}\rho V^2 S \cdot C_L \tag{8.24}$$

这样便可根据飞机在结冰情形下的最大升力系数来估算出此时对应的平飞速度，即为最小平飞速度：

$$V_{\min\_iced} = \sqrt{\frac{2G}{\rho S C_{L\max\_iced}}} \tag{8.25}$$

飞机油门的控制可采用简单的比例环节进行控制，结冰情形下的油门控制具体设计如下：

(1) 当飞行速度大于等于飞机的最小平飞速度，即 $V \geqslant V_{\min}$ 时，飞机的油门保持不变；

(2) 当飞行速度小于飞机的最小平飞速度，即 $V < V_{\min}$ 时，自动油门控制系统开始工作，飞机油门控制量设计为

$$\delta_{\mathrm{th}} = K_{\mathrm{th}} \left(V - V_{\min\_\mathrm{iced}} \right) \tag{8.26}$$

其中，K_{th} 为常数。

需要指出的是计算出来的最小平飞速度偏于保守，这是因为忽略了推力克服重力的作用。考虑到飞机在实际的动态响应过程中，不可能一直保持平飞，但为了确保飞行安全，仍以最小平飞速度作为飞机飞行过程中的最低飞行速度限制。此外，考虑到外界扰动以及传感器误差等，将飞机的最低飞行速度限制在最小平飞速度的基础上增加 5% 的裕度。

8.5　结冰边界保护系统仿真分析

为了验证本章提出的结冰边界保护算法的有效性，分别用结冰严重程度保持不变与结冰严重程度随时间不断恶化两种情形对该算法进行仿真分析。根据通常的做法，这里只考虑飞机的纵向特性，以失速迎角作为限制边界进行计算。

8.5.1　结冰严重程度保持不变的飞行情形

以某型飞机为例，初始条件设定为飞机在 $H = 1500\mathrm{m}$ 高度上，以 $V = 90\mathrm{m/s}$ 的速度保持平飞，结冰严重程度因子在仿真时间段内为常值，即 $\eta = 0.05$，根据第 2 章中失速迎角估算方法，可得到飞机在该情形下的失速迎角 $\alpha_{\mathrm{stall}} = 8.4°$。飞机在 $t = 0\mathrm{s}$ 时刻，收到驾驶员指令俯仰角 $\theta_{\mathrm{ref}} = 12°$ 的飞行指令，飞机各参数的时间历程曲线如图 8.13 所示。

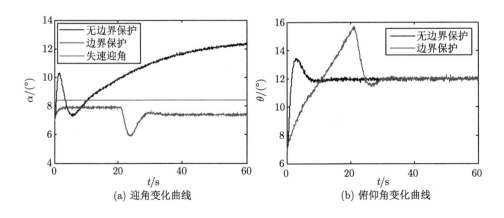

(a) 迎角变化曲线　　　　　　　　　　(b) 俯仰角变化曲线

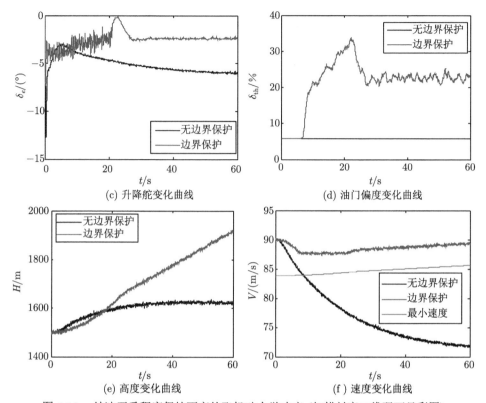

图 8.13 结冰严重程度保持不变的飞机动力学响应 (扫描封底二维码可见彩图)

从图 8.13(b) 可以看出,不管结冰边界保护系统有没有工作,飞机最终都达到了预期的俯仰角。但是,从图 8.13(a) 和 (f) 来看,保护系统未工作的情况下,不仅迎角超出了失速迎角,同时飞机飞行速度持续降低至最小平飞速度以下,必然会导致飞行风险事件的发生。基于动态逆控制的迎角边界保护实时地控制着飞机迎角保持在失速迎角 8.4° 以内;自动油门控制系统实时地监控飞机飞行速度,当 $t = 6.46$s 时,飞机的最小平飞速度约为 83.9m/s,飞机飞行速度即将低于该最低限度值,自动油门控制系统开始工作,使得飞机始终运行在安全的速度范围内。

8.5.2 结冰严重程度不断增加的飞行情形

该飞行想定设定为飞机在 $H = 1500$m 高度上,以 $V = 90$m/s 的速度保持平飞,飞机在 $t = 0$ 时刻遭遇结冰,$t = 50$s 时飞过结冰区,在此期间飞机结冰严重程度参数 η 从 0 线性增加至 0.1,而后保持不变。根据结冰后失速迎角的计算方法,飞机的失速迎角相应地从 9.5° 线性减小至 6.67°。同 8.5.1 节中案例,飞机在 $t = 0$ 时刻收到驾驶员发出的 $\theta_{\text{ref}} = 12°$ 飞行指令。通过仿真可得到飞机各参数的动态响应如图 8.14 所示。

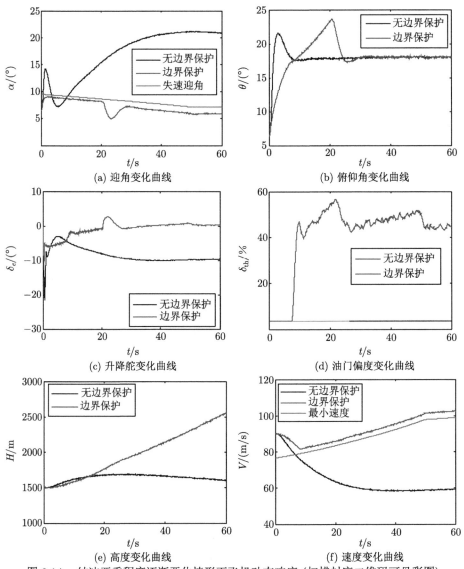

图 8.14　结冰严重程度逐渐恶化情形下飞机动态响应 (扫描封底二维码可见彩图)

　　从图 8.14 所示仿真结果来看, 随着结冰严重程度的增加, 飞机的失速迎角逐渐减小、最小平飞速度逐渐增大。当结冰边界保护系统未开启时, 飞机的迎角和飞行速度很快便超出了各自的边界值, 极有可能引发严重的飞行事故, 而结冰边界保护系统的开启使得飞机的迎角与飞行速度实时地控制在不断变化的边界值范围之内, 确保了飞行安全。

　　对比当前常用的开环与闭环结冰边界保护系统, 在工作原理方面, 开环边界保护基于对飞机动力学方程的积分来预测关键飞行参数的趋势以及最大允许操纵量,其中涉及的计算量非常大,需要近实时地不断对动力学方程进行积分。闭环边界保护是根据当前结冰严重程度与飞机飞行状态参数插值得到飞机的最大允许指令俯仰角,直接限制驾驶员给出的指令俯仰角的值。这离不开大量的前期分析工作,以建立起最大允许指令俯仰角与结冰严重程度、飞行状态之间关系的数据库。但是考虑到飞机在实际飞行过程结冰严重程度应该是实时变化的,可能刚进入结冰区结冰严重程度逐渐增加,或者飞出结冰区结冰严重程度逐渐减小,因此将所有的情形都考虑进去,结冰数据库的建立变得十分困难。在边界保护的能力方面,现有的结冰边界保护方法都只涉及了对飞行迎角的保护,缺乏对其他飞行参数的限制。本节所提出的边界方法不需要进行复杂的计算以及开展大量的前期工作,相比传统的结冰边界保护,便于实时边界保护的实现,所消耗的机载计算资源少、可对飞行安全实现更为全方位的保护。

8.6　本　章　小　结

本章建立了翼面结冰监控告警系统,主要分为飞机状态变量监控模块、结冰后气动参数辨识模块以及结冰危险程度告警模块。采用分段最大似然估计的方法,辨识结冰后飞机气动参数,并计算得到结冰危险因子 ISP。根据辨识结果,设计了翼面结冰后告警模式,在结冰监控告警系统的基础上,基于动态逆控制跟踪性能好、无超调量的特点,提出了结冰情形下迎角边界保护的方法,通过在动态逆环节中引入比例积分控制的方式提升了动态逆环节的鲁棒性。此外,以结冰飞机最小平飞速度的估算值作为飞机最低飞行速度限制的原则,设计了自动油门控制系统,以实现对飞行速度的保护。通过仿真分析可以看出,所提出的结冰边界保护系统,完全能够实现飞机在容冰飞行情形下的飞行安全。相比于传统的结冰边界保护方法,该方法具有计算量小、鲁棒性能好、对飞行参数的保护更全面的优点。

第 9 章　基于复杂动力学仿真的结冰综合飞行仿真系统

前文就结冰情形下的飞行安全保障的理论与方法进行了研究，这些飞行安全保障手段和措施工作的有效性与否，最重要的评价依据还是以驾驶员主观感受为依据。如何将这些安全保障措施运用到飞机上，在不增加驾驶员工作负担的前提下，向驾驶员提供最为直观的告警与引导，这些都离不开飞行试验的开展。地面模拟飞行试验作为一种安全、经济、高效的手段，在飞行器总体及相关系统的开发中扮演着重要的角色。飞机结冰综合飞行仿真系统的开发，可为结冰情形下的安全保障理论、方法提供一个很好的人在回路的验证平台，这也是当前国际上结冰研究的重要方面，而国内目前尚无专门的结冰地面飞行试验平台的报道。

此外，当前国内外对于结冰告警系统/驾驶员辅助决策系统的研究都是针对飞机低头仪表显示进行的。平视显示器 (Head-Up Display，HUD) 作为一种起源于战斗机的辅助显示工具 [159]，相比于传统的低头观察飞行仪表的方式，节省了驾驶员的反应时间，其多种工作模式对于确保各飞行阶段的飞行安全、提升驾驶员的情景意识具有重大的积极作用。随着技术的成熟及成本的降低，从 20 世纪 70 年代起其用途逐渐从军用领域转入民用领域 [160]，由于其对飞行安全的重大提升效果，得到了当今国际、国内民航组织的大力推广。中国民用航空局在 2012 年发布的《中国民航平视显示器应用发展路线图》中提出了从 2013 年到 2025 年间的 HUD 实施政策和总体规划 [161]，指出至 2025 年国内所有审定合格的航空器都必须安装 HUD。针对运输类飞行器，国内在 HUD 方面也开展了一定的研究 [162−164]，但民航领域目前主要还是从国外采购现有的货架产品。以美国为首的航空发达国家已经在 HUD 的开发及应用方面积累了大量的经验 [165]，不管是在波音、空客的民用飞机上，还是在 C-17 等为代表的军用运输机上，HUD 均得到了广泛的运用。在 HUD 系统信息显示的理论及产品开发方面，国内还存在着一定的差距，可喜的是令国人瞩目的 C919 飞机上加装的是中航集团开发的 HUD 系统。

从国内外公开报道的文献来看，目前尚未有在 HUD 中加入关于结冰告警与操纵指引方面的研究，鉴于 HUD 特有的优势，研究如何运用结冰安全防护理论与基于 HUD 的指示告警技术相结合，是一个具有重要研究意义的课题。本章首先就结冰综合仿真平台的总体框架设计及各部分组成和功能进行了阐述，重点研究了基于 HUD 的结冰安全保障系统中各模块的运行方式。由于研究时间以及模拟器相关部件采购周期的限制，本章目前只是完成了仿真平台的方案设计和部分系统的建设工作。

9.1 结冰综合飞行仿真系统总体框架

依托现有技术，本章建立的结冰条件下分布式实时飞行仿真系统的总体框架如图 9.1 所示。按照设计思路，系统的组成有主仿真节点、飞行风险评估节点、吸引域分析节点、安全空间计算节点、视景显示节点、虚拟仪表显示节点、数据库存储节点、2D/3D 态势显示节点、边界保护模块共计 9 个节点计算机构成。这些计算节点通过反射内存板卡及反射内存交换机构成了一个以主仿真节点为中心的星形网络。

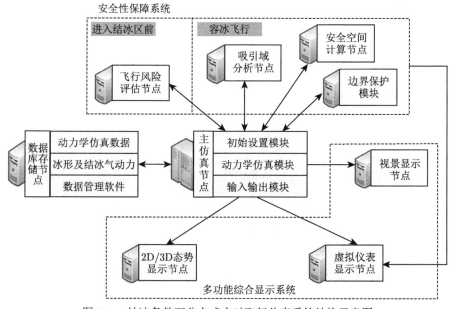

图 9.1　结冰条件下分布式实时飞行仿真系统结构示意图

该系统主要实现：① 结冰情形下人在环的飞行仿真；② 全数字虚拟飞行仿真；③结冰安全防护理论方法的验证。

9.2 结冰综合仿真平台组成及功能

9.2.1 主仿真节点的构建

结冰综合仿真平台的核心为飞行动力学仿真模块，将该模块所在计算节点称为主仿真节点，该节点主要包初始设置模块、动力学仿真模块、输入输出模块、边界保护模块四个组成部分。其中，初始设置模块的作用主要是设置飞机初始状态、故障模式、外界环境设置等，其 GUI 界面如图 9.2 所示。初始设置完毕后，飞机一般处在配平状态。

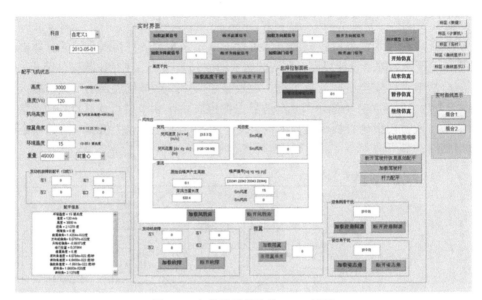

图 9.2　初始设置模块的 GUI 界面

动力学仿真模块是整个飞行仿真的核心，其工作原理是通过对六自由度动力学方程的实时结算来获取飞机的各种状态信息，其结构框图如图 9.3 所示。其中，飞机干净构型的气动参数通过插值计算获取，结冰后的气动参数一种采用的是模型估算的方式进行，另一种是根据高精度流场仿真得到的结冰后数据库进行插值计算。在人不在环的工作模式下，根据给定的飞行想定，计算机自主完成全数字虚拟飞行试验，飞机的舵面输入全由飞控系统完成；在人在回路的工作模式下，驾驶员根据视景显示模块和虚拟仪表模块提供的飞行状态信息以及结冰告警信息等，完成飞行任务。结冰边界保护系统模块是嵌入飞行控制系统模型中，为结冰情形下的飞行安全提供保障。

主仿真节点与其他仿真节点之间的数据传递是通过输入输出模块进行的，网络传输协议为 UDP (User Datagram Protocal) 协议。经动力学模块解算出来的飞行状态信息单向地发送给 2D/3D 态势显示节点、视景显示节点、虚拟仪表显示节点，进而实现飞行状态信息的显示。数据库存取节点从主仿真节点接收每次飞行仿真形成的飞行数据，形成飞行数据库，方便以后调用、分析。飞行风险评估节点接收飞机的初始状态信息以及结冰环境参数信息，在飞机进入结冰区前实现对飞行风险的预测，飞行风险信息再反馈给驾驶员作出相应的决策；吸引域分析节点获取飞机的稳态飞行信息,计算出飞行过程中飞机抗外界扰动的裕度提供给驾驶员及飞控系统;安全空间计算节点同样接收飞机的状态信息,根据安全空间理论计算出飞机的安全运行范围,传递给飞控系统,并通过平视显示器 (HUD)呈现给驾驶员。

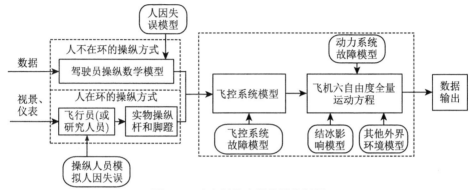

图 9.3   动力学仿真模块结构框图

人在回路的操纵是通过与真实飞机上类似的中央驾驶盘、油门台、脚蹬的模拟件进行控制的,各操纵部件的实物组成如图 9.4 所示。此外,现代先进的运输类飞机已经较为广泛地采用了侧杆操纵机构,为了进一步研究侧杆操纵的飞机在结冰情形下的飞行品质与飞行安全问题,还专门设置了侧杆操纵机构 (图 9.4(b))。各操纵部件同样是采用 UDP 网络传输协议,通过主仿真阶段的输入输出模块,将驾驶员的操纵量转化为实际的操纵输入值,向动力学仿真模块发送。而动力学仿真模块同样也会输出信号给操纵机构,以实现一定的反馈,如当飞机迎角过大达到临界失速迎角时,侧杆操纵机构会根据传递的迎角值抖动,向驾驶员提供告警。

9.2.2   多功能综合显示系统

综合飞行仿真平台相关显示系统的建设,不仅要能够为驾驶员提供相应的视景信息,而且还必须通过虚拟仪表向驾驶员提供飞行姿态信息以及其他的一些必要的飞行信息。此外,为了直观地显示出飞机每次进行飞行试验的二维、三维态势信息,还需开发相应的飞行姿态实时监控软件。下面分别就各分系统的建设进行说明。

飞行仿真视景用于模拟实时的飞行场景的显示,该系统接收动力学仿真模块实时解算出的飞机各状态参数及地理位置信息等,通过图形工作站生成与飞机当前状态相匹配的飞行视景画面。该画面由图像矫正融合处理机接收处理后发送至三个投影仪,完成视景图像三个投影画面在投影曲幕上的无缝融合,从而为驾驶员提供广阔、逼真的飞行模拟场景。此外,视景还可以实现飞机在空中飞行过程

(a) 中央杆操纵机构　　　　　　　　(b) 侧杆操纵机构

(c) 油门台　　　　　　　　　　　(d) 脚蹬

图 9.4　模拟器的操纵部件组成

中多个视角的观察，对飞机主要气动部件、操纵舵面、起落架等的偏转或状态进行仿真。典型的视景图像及机外曲幕投影效果如图 9.5 所示。

图 9.5　飞行视景效果图

虚拟仪表模块接收动力学仿真模块计算出来的数据，转发给各个仪表，驱动仪表参数的变化，进而为驾驶员提供飞机的姿态、位置等参数的变化值。参照目前主流的运输类机的飞行仪表界面，开发的虚拟仪表实物如图 9.6 所示。

飞机的虚拟仪表具体地由三块触摸屏进行显示，通过触摸操作，可在每一块屏幕上实现包括：主飞行显示 (Primary Flight Display，PFD)、导航显示 (Navigation Display，ND)、电子飞行仪表系统 (Electronic Flight Instrument System，EFIS) 及其他仪表显示之间的切换。

图 9.6　座舱仪表显示实物图 (扫描封底二维码可见彩图)

　　飞行姿态实时监控工作台可运行和显示二维飞机姿态监控软件、三维飞机姿态监测软件，通过与仿真系统的数据交互，能够实时监测飞机的飞行位置及姿态，管理人员可以从全局的角度客观、实时地观察飞机所处的地理位置和飞机的姿态信息，这使得结冰情形下的飞行风险演化规律分析更加直观。三维态势场景可以同时采用多视图进行观察：单机跟随视图、全局视图，令飞机姿态信息得以全方位的展示，如图 9.7 所示。

图 9.7　态势显示单元 (扫描封底二维码可见彩图)

9.2.3　数据库存取及管理节点

　　数据库存储及管理节点主要有三个功能：一是存储从主仿真节点接收的动力学仿真及初始飞行设定等信息；二是存储由结冰环境、结冰冰形及对应的气动力组成的结冰数据库，通过 UDP 网络协议与主仿真节点之间进行交互；三是数据管理功能，可实现对每一次动力学仿真中气动数据、操纵数据、仿真计算得到的状态参数数据进行显示与对比分析。数据库管理程序基于 SQLserver 平台开发，支持结构化查询，软件的部分操作界面如图 9.8 所示。

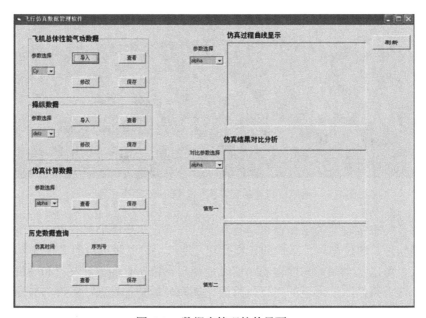

图 9.8　数据库管理软件界面

　　需要指出的是，结冰数据库的构建是为了提供高精度的结冰后气动参数输入。由于目前结冰数据的缺乏，结冰后气动参数采用的是第 2 章中的结冰影响模型估算方法，以此来体现结冰情形下飞机受到积冰影响的动力学特性改变，在此基础上完成结冰模拟器的构建。然而针对具体型号的飞机在进行高精度结冰飞机仿真建模时，为了进行实时飞行仿真的需要，必须要建立高精度的结冰影响气动数据库模块。结冰数据库模块需涵盖结冰环境数据、飞机在结冰环境下的冰形数据、飞机在特定冰形下的气动参数数据等。其中，结冰环境数据主要包括结冰区域云层含空气温度 (T)、云的液态水含量 (LWC) 和平均水滴有效直径 (MVD)；冰形数据存储的是冰形的几何形状参数；气动参数数据包含飞机结冰后的基本气动参数、动导数、操纵参数等。上述所有的这些参数都要借助于高精度流场仿真与风洞试验的开展。

9.3　基于 HUD 的结冰安全保障系统

结冰安全保障系统是结冰综合飞行仿真平台中的关键组成部分,仿真平台建设的主要目的之一便是为了验证各种结冰安全保障方法的有效性。本节探索了在现有 HUD 的基础上,增加结冰飞行安全指示的方法,其目是在尽可能降低驾驶员工作负担的前提下,为机组人员提供有效的结冰风险规避指示。本节在充分参照当前主流的 HUD 人机交换界面的基础上,设计了典型飞行状态下的 HUD 显示系统,并分别就结冰风险预测模块、稳定边界求解模块、安全空间显示模块、飞行安全关键参数实时边界保护模块的作用方式进行了研究。限于研究时间的紧迫,目前完成了该部分的框架设计工作。

9.3.1　典型 HUD 显示方案设计

HUD 作为一种高效的飞行安全辅助设备,会根据不同飞行阶段和飞行任务显示不同信息。本节参照了当前国内外典型 HUD 显示方案,针对空中巡航状态及其主要部分的功能,设计了一种针对背景飞机的 HUD 显示方案,其人机交互界面如图 9.9 所示。图中黑色的背景只是为了显示的需要,实际中驾驶员看到的只是绿色的信息。

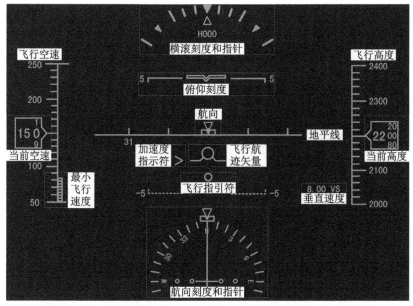

图 9.9　本书设计的 HUD 显示方案 (扫描封底二维码可见彩图)

根据图 9.9 所示的设计方案,对各符号进行以下说明。横滚刻度和指针位于整个 HUD 的上方位置进行显示，刻度盘在 −30° 与 30° 之间每 10° 一个刻度线，当滚转角超出这个范围时，只有 ±45° 与 ±60° 的刻度。三角形的指针指向的数值即为飞机当前的滚转角。航向角度值在地平线上显示，其分度值一般为 5°，每 10° 标示一个数字刻度值，如数字 35 标示航向角度值 350°。地平线中心的向下三角形指向的数值为飞机的实际航向，同时该航向值也直接在横滚刻度盘上以一个前面带有 "H" 符号的字母与数字的组合来表示，如图中的 H000 表示当前航向角为 0°。在显示器的底部还有一个扇形的偏航角度指示，其分度值为 10°，每 30° 标示一个数字刻度值。东、南、西、北对应的四个航向分别以 "E"、"S"、"W"、"N" 四个字母来表示，航向指针不动，刻度盘转动，三角形指针对应的角度为航向角。俯仰刻度在地平线的上下方进行显示，在 −20° 到 +25° 之间以 5° 为分度值，在 ±30° 与 ±90° 之间以 10° 为分度值，实线表示正的俯仰角度，虚线表示负的俯仰角度。

　　飞机符号代表飞机投影中心线的视轴，一般在显示器的固定位置进行显示。飞行航迹矢量符号显示飞机的实际飞行轨迹，提供的是飞机瞬时的指向。当飞行航迹矢量符位于地平面的下方时表示航迹角为负，飞机正在下降，反之则表示飞机在上升。位于飞行航迹矢量符左边的加速度指示符表示飞机沿着飞行轨迹矢量的加速度，当加速度指示符高于航迹矢量符号翼的时候表示飞机正在加速，低于符号翼的时候表示飞机正在减速，当飞行速度保持稳定时则与符号翼平行，图 9.9 中所示为飞行速度保持不变的情形。飞行指引符用于向驾驶员提供最佳的航迹指引，如在飞机进近时根据该符号的指引便可迅速以最优的下滑航迹角对准跑道进行着陆。HUD 在模拟器上的安装位置如图 9.10 所示。

图 9.10　HUD 在模拟器上的安装位置

9.3.2 结冰风险预测模块

结冰风险预测模块面向的是飞机进入结冰区前的风险预测与管理, 涉及的主要理论方法与第 3 章的内容相关。其工作的假设前提条件为可以通过机载或地面气象雷达获取飞机前向一定角度范围内的结冰气象, 随后该模块根据大气环境估算出飞机的结冰严重程度, 代入飞机运动方程中进行蒙特卡罗仿真, 根据获取的关键参数的极值分布, 以及极值理论来预测飞行风险事件发生的概率, 进一步得到飞行风险指数。从而可建立起飞机前向该角度范围内的结冰风险拓扑图, 其最终的目标是为了向机组人员提供类似于 Honeywell 公司提出的 IntuVue 3-D 气象雷达系统的风险告警能力 [166,167]。驾驶员根据结冰风险的分布选择最有利于航线飞行的路径, 达到尽可能规避结冰风险的作用, 如图 9.11。

图 9.11　Honeywell 公司提出的 Intu Vue 3-D 气象雷达工作模式 (扫描封底二维码可见彩图)

在风险的可视化方面, 由于云层中结冰气象的复杂多变, 结冰区的风险计算结果往往并不是单一的, 加上云团形状的复杂多样, 这些信息很难在 HUD 中显示出来。而且风险评估是在飞机进入结冰区前进行的, 驾驶员获取结冰区飞行风险的需求并不像飞机姿态角等信息那样迫切。为此, 本节提出了基于 HUD 与 ND 相结合的结冰风险区指示告警方式。显示方案设计如图 9.12 所示。

根据图 9.12(a) 给出的方案, HUD 中只是在航向刻度盘上显示一个文字告警信息 "Potential Icing Area"。当机载气象雷达探测到潜在结冰区, 结冰风险预测模块计算出结冰区对应的飞行风险时, 如果飞机继续保持当前飞行状态不变而即将穿越结冰区时, 该文字告警信息就会在 HUD 的航向刻度盘位置闪烁, 提醒驾驶员关注 ND 仪表中具体的结冰区风险。图 9.12(b) ND 仪表中显示的是飞机前向 180° 范围内的潜在结冰区, 根据风险等级的不同而对不同结冰严重程度结冰区进行色彩化区分显示，其中绿色曲线围成的空心区域对应于结冰严重程度为 "极小的" 的结冰区，绿色实心区域表示结冰严重程度为 "轻微的" 的区域，黄色与红色结冰区分别代表结冰严重程度为 "中度的" 与 "严重的" 的区域。

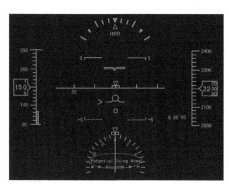

(a) HUD 中的告警设置　　　　　　　　(b) ND 中的结冰区风险显示

图 9.12　　基于 HUD 与 ND 相结合的结冰风险区指示告警 (扫描封底二维码可见彩图)

通过这种显示方式，能够将风险评估的结果以直观的方式呈现给驾驶员，驾驶员很容易能够根据结冰风险区的分布与自身所处的相对位置制定合理的操纵策略，驾驶员可在综合考虑各方面因素的基础上做出更节省能量、确保飞行安全的决定。本节只是就二维平面内的飞行风险的显示进行了设计，对于三维尺度上的风险指示方案有待进一步研究。

9.3.3　稳定边界求解模块

稳定边界求解分系统面向的是飞机稳态飞行过程中的抗外界扰动能力。结冰会导致飞机稳定性的下降，当飞机受到紊流、阵风等扰动时，一旦扰动过大，便有失稳的飞行风险，特别是当飞机处于大迎角等临近边界的飞行状态时，轻微的扰动便可能会带来极为不利的影响。确保飞行的稳定性对于提升机内人员的乘感、保障飞行安全具有重要的意义。基于平方和理论计算飞行稳定边界的方法目前还很难做到实时求解的方式。本节拟采用离线计算的方式，通过建立飞机在各个稳定飞行状态下的稳定边界数据库，用插值计算的方式获取飞机在各个状态下的稳定边界。一旦飞机在当前状态下受到扰动偏离平衡状态，该模块会判断出扰动是否导致失稳现象的发生，一旦初始扰动超出了稳定边界的范围，则迭代计算出合适的舵面偏转角来控制失稳现象的发生。

为减小驾驶员工作负担，该模块运行过程中产生的相关信息并不进行具体的数据显示，如图 9.13 所示在 HUD 中只是出现 "Large disturbance" 告警字样，通过闪烁的方式为驾驶员发出飞机当前所处的状态很有可能会导致失稳现象的发生，以提高其情景意识，至于飞机一旦受到过于严重的扰动，飞控系统则自动做出相应的动作，危险状态解除后告警字样也随之消失。此外，飞机一旦进入结冰区，同样在航向刻度盘上，会闪烁显示飞机当前所处结冰区风险严重程度等级的告警字样，提醒驾驶员谨慎驾驶。

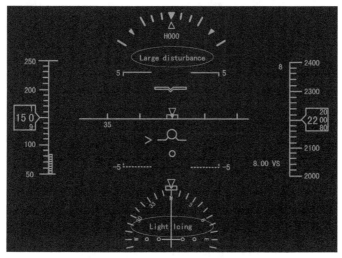

图 9.13   基于 HUD 的稳定边界告警显示

9.3.4   安全空间显示分系统

第 5 章就飞行安全空间的构建理论及方法进行了研究，根据安全空间理论，为确保飞行安全，驾驶员在操纵飞机时，需控制飞机的滚转角、高度变化率、飞行速度在计算出的可用范围之内，而这三个飞行参数均为平视显示器 (HUD) 中的关键显示参数。为此，本节提出了将安全空间计算的可用滚转角、高度变化率、飞行速度值与 HUD 显示相结合的预警系统，拟为驾驶员容冰飞行过程中的操纵提供指引，相关的显示符号如图 9.14 所示。

限于 HUD 显示信息的有限，针对 HUD 的安全空间参数指示告警只是就一些必要的信息进行显示。以安全窗为例，黑色区域表示飞行风险事件必然发生的飞行状态，红色区域的飞行状态属于风险等级比较高的情形，为确保结冰情形下的飞行安全，HUD 中的指示告警尽可能地使驾驶员避免进入风险等级比较高的飞行状态，具体在风险指示中只是就第 5 章中计算出的风险值在 2.5 以内飞行状态范围进行显示。可用滚转角的限制范围在横滚刻度盘上以一有界圆弧线进行标示，弧线的端点即为安全的可用滚转角。可用高度变化率的限制范围采用的是在垂直速度的下方用带限制滑块的刻度盘进行显示的，刻度盘分度值以 5m/s 为单位，滑块的位置代表的就是可用高度变化率的限制值。对于可用飞行速度而言，结冰会改变飞机的失速速度，一般的 HUD 都会有最大、最小速度限制滑块，在显示方式上无须对其进行更改，只是速度的限制值要根据安全空间的计算结果进行相应的修正。

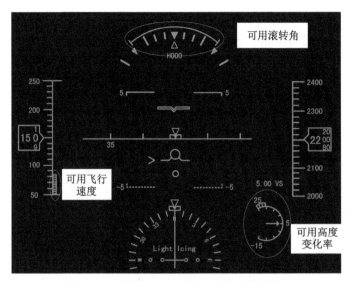

图 9.14　基于 HUD 的安全空间参数指示

9.3.5　安全关键飞行参数实时边界保护分系统

按照第 6 章基于动态逆的结冰边界保护系统方法，可针对纵向与横航向通道上的安全关键飞行参数分别设计基于动态逆环节的边界保护模块。根据对称结冰与非对称结冰情形下的致灾机理分析结果，可以看出，迎角、滚转角与飞行速度这三个参数的超限，是飞行事故发生的直接原因。飞行速度与滚转角的告警方式已经在 9.3.4 节进行了说明，这里针对迎角的指示告警方案进行设计。

在进行基于 HUD 的迎角指示与告警方案设计时，采用的是在 HUD 右上角(位置如图 9.15(a) 所示) 增加一个小的刻度盘的方式进行显示的，其各符号的定义如图 9.15(b) 所示。由于表盘大小限制，只在两端和中间位置进行了刻度显示，表盘分度值为 2°。表盘转动而指针不动，使得指针指向的飞机当前的迎角值始终位于表盘右侧中央位置，飞机的当前迎角值显示在表盘的左侧。表盘外侧的迎角限制滑块会随着失速迎角的改变及表盘的转动其大小也会发生变化，其远离端点的那一侧对应的刻度值为飞机当前的失速迎角。通过这种方式，驾驶员可以很直观地实时观察出飞机的当前迎角及失速迎角，从而能够减小迎角超出失速迎角现象的发生。即使是驾驶员失误而忽略了迎角超限的即将发生，边界保护系统会自动地从三个方面发出告警：一是 HUD 中当前迎角值出现一个闪烁的方框给予视觉告警;二是驾驶杆发出抖动给予触觉告警;三是驾驶舱发出 "Approaching Stall"

的语音告警。而边界保护模块也会实时地将迎角限制在不断变化的失速迎角范围内。

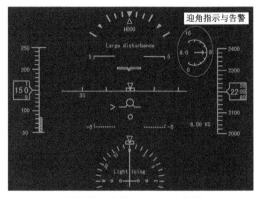

(a) 迎角指示告警在 HUD 中位置

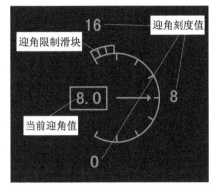

(b) 迎角指示告警符号含义

图 9.15   迎角指示与告警方案设计

9.4   本 章 小 结

本章提出了结冰综合仿真平台的建设方案，针对仿真平台的各个关键组成部分的功能及设计方法进行了阐述。重点研究了基于 HUD 的结冰指示告警系统，设计了巡航状态下 HUD 显示方案，并在此基础上针对结冰风险预测模块、稳定边界求解模块、安全空间显示模块、边界保护模块分别进行了可视化方案设计，研究成果为提高驾驶员遭遇结冰时的情景意识提供支撑。基于 HUD 的结冰风险告警与指引是一个全新的课题，限于研究时间及项目周期的原因，本章只是就其中的关键问题及方案进行了一定的研究，在未来具体的系统开发过程中还存在一定的完善空间。

参 考 文 献

[1] Reehorst A L, Jr. Addy H E, Colantonio R O. Examination of Icing Induced Loss of Control and Its Mitigations: AIAA Guidance, Navigation, and Control Conference[R]. AIAA 2010-8140, 2010.

[2] Robert B. Aircraft Icing [R]. Safety Advisor, AOPA Online Documents, URL: www.aopa. org/asf/publications/sa11.pdf. 2003.

[3] Dillingham G L. Preliminary Information on Aircraft Icing and Winter Operations, GAO-10-441T[R]. United States Government Accountability Office, 2010.

[4] Ratvasky T P, Barnhart B P, Lee S. Current methods modeling and simulating icing effects on aircraft performance, stability, control[J]. Journal of Aircraft, 2010, 47(1): 201-211.

[5] National Transportation Safety Board. Loss of Control on Approach, Colgan Air, Inc., Operating as Continental Connection Flight 3407, Bombardier DHC-8-400, N200WQ, Clarence Center, New York, February 12, 2009. NTSB/AAR-10/01. Washington, DC. 2010.

[6] National Transportation Safety Board. In-flight Icing Encounter and Loss Of Control Simmons Airlines, d.b.a. American Eagle Flight 4184 Avions de Transport Regional (ATR) model 72-212, N401AM Roselawn, Indiana October 31,1994. NTSB/AAR-96/01. Washington, DC. 1996.

[7] Swedish Civil Aviation Administration. Air Traffic accident on 27 December 1991 at Gottrora, AB country[R]. Report C 1993: 57, 1993.

[8] National Transportation Safety Board. Runway Overrun Following Rejected Takeoff Continental Airlines Flight 795 McDonnell Douglas MD-82, N18835 LaGuardia Airport Flushing, New York March 2,1994. NTSB/AAR-95/01. Washington, DC. 1995.

[9] Bragg M B, Broeren A P, Blumenthal L A. Iced-Airfoil Aerodynamics[J]. Progress in Aerospace Sciences, 2005, 41(5): 323-362.

[10] Potapczuk M G. Aircraft icing research at NASA glenn research center[J]. Journal of Aerospace Engineering, 2013, 26(2): 260-276.

[11] Carroll T C, McAvoy W H. Formation of ice on airplanes. Airway Age[J]. September, 1928: 58-59.

[12] Bragg M, Broeren A, Addy H, et al. Airfoil Ice-Accretion Aerodynamics Simulation[J]. AIAA 2007-085, 2007.

[13] Broeren A P, Whalen E A, Busch G T, et al. Aerodynamic simulation of runback ice accretion[J]. Journal of Aircraft, 2010, 47(3): 924-939.

[14] Broeren A P, Bragg M B, Addy H, et al. Effect of High-Fidelity Ice Accretion Simulations on the Performance of a Full-Scale Airfoil Model[R]. AIAA 2008-434, 2008.

[15] Ansell P J, Bragg M B, Kerho M F. Stall warning using flap hinge moment measurements[J]. Journal of Aircraft, 2011, 48(5): 1822-1824.

[16] Ansell P J. Flight envelope protection using flap hinge moment measurement[D]. Champaign-Urbana: University of Illinois at Urbana-Champaign, 2010.

[17] Gingras D R. Requirements and Modeling of In-flight Icing Effects for Flight Training[R]. AIAA 2013-5075, 2013.

[18] Barnhart B P, Dickes E G, Gingras D R. Simulation Model Development for Icing Effects Flight Training[R]. NASA/TM-2003-212115, 2002.

[19] Lee S, Barnhart B, Ratvasky T P, et al. Dynamic Wind-Tunnel Testing of a Sub-Scale Iced Business Jet[R]. AIAA 2006-261, 2006.

[20] Broeren A P, Lee S, Shah G H, et al. Aerodynamic Effects of Simulated Ice Accretion on a Generic Transport Model[R]. NASA/TM-2012-217246, 2012.

[21] Potapczuk M G, Berkowitz B M. An Experimental Investigation of Multi-Element Airfoil Ice Accretion and Resulting Performance Degradation[R]. AIAA-89-0752, 1989.

[22] Kwon O J, Sankar L N. Numerical Study of the Effects of Icing on Finite Wing Aerodynamics[R]. AIAA-90-0757, 1990.

[23] Chung J, Reehorst A, Choo Y, et al. Navier-stokes analysis of flowfield characteristics of an ice-contaminated aircraft wing[J]. Journal of Aircraft, 2000, 37(6): 947-959.

[24] Pan J, Loth E. Reynolds-averaged navier-stokes simulations of airfoils and wings with ice shapes[J]. Journal of Aircraft, 2004, 41(4): 879-891.

[25] Mogili P, Thompson D S, Choo Y, et al. RANS and DES Computations for a Wing with Ice Accretion[R]. AIAA 2005-1372, 2005.

[26] Alam M F, Walters D K, Thompson D S. Simulations of Separated Flow Around an Airfoil with Ice Shape Using Hybrid RANS/LES Models[R]. AIAA 2011-3972, 2011.

[27] Alam M F, Thompson D S, Walters D K. Hybrid reynolds-averaged navier-stokes/large-eddy simulation models for flow around an iced wing[J]. Journal of Aircraft, 2015, 52(1): 244-256.

[28] Preston G M, Blackman C C. Effects of Ice Formation on Airplane Perframance in Level Cruising Flight[R]. NACA TN 1598, 1948.

[29] Ranaudo R J, Mikkelsen K L, Mcknight R C, et al. The Measurement of Aircraft Performance and Stability and Control After Flight Through Natural Icing Conditions[R]. AIAA-86-9758, 1986.

[30] Ranaudo R J, Batterson J G, Reehorst A L, et al. Determination of Longitudinal Aerodynamic Derivatives Using Flight Data From an Icing Research Aircraft[R]. AIAA-89-0754, 1989.

[31] Ratvasky T P, Ranaudo R J. Icing Effects on Aircraft Stability and Control Determined

From Flight Data[R]. AIAA-93-0398, 1999.

[32] Ratvasky T P, Van Zante J F. In-flight aerodynamic measurements of an iced horizontal tailplane[J]. AIAA-99-0638, 1999.

[33] Ratvasky T P. Flight Testing an Iced Business Jet for Flight Simulation Model Validation[R]. AIAA 2007-89, 2007.

[34] 张力涛. 结冰后翼型、多段翼型及舵面的气动特性计算 [D]. 南京: 南京航空航天大学, 2005.

[35] 陈科, 曹义华, 安克文, 等. 复杂积冰翼型气动性能分析 [J]. 航空动力学报, 2007, 22(6): 986-990.

[36] 陈科, 曹义华, 安克文, 等. 应用混合网格分析复杂积冰翼型气动性能 [J]. 航空学报, 2007, 28: S88-S91.

[37] 刘娟. 大型客机增升翼型 SLD 结冰模拟及气动特性分析 [D]. 上海: 上海交通大学, 2014.

[38] 张恒, 李杰, 龚志斌. 多段翼型缝翼前缘结冰大迎角分离流动数值模拟 [J]. 航空学报, 2017, 38(2): 520733.

[39] 史刚. 冰脊对 Y-8 飞机副翼铰链力矩的影响分析 [J]. 飞行力学, 2015, 33(4): 361-367.

[40] 孔满昭, 段卓毅, 马玉敏. 机翼展向不同部位结冰对飞机气动力特性影响研究 [J]. 实验流体力学, 2016, 30(2): 32-37.

[41] Bragg M B, Hutchison T, Merret J, et al. Effect of Ice Accretion on Aircraft Flight Dynamics[R]. AIAA 2000-0360, 2000.

[42] Kim H S, Bragg M B. Effects of Leading-Edge Ice Accretion Geometry on Airfoil Performance[R]. AIAA-99-3150, 1999.

[43] Lampton A, Valasek J. Prediction of icing effects on the dynamic response of light airplanes[J]. Journal of Guidance, Control, and Dynamics, 2007, 30(3): 722-732.

[44] Lampton A, Valasek J. Prediction of icing effects on the lateral directional stability and control[J]. Aerospace Science and Technology, 2012, 23(1): 305-311.

[45] Hui K, Wolde M, Brown A, et al. Flight Dynamics Model of Turboprop Transport Aircraft Icing Effects Based on Preliminary Flight Data[R]. AIAA 2005-1068, 2005.

[46] Hiltner D W. A nonlinear aircraft simulation of ice contaminated tailplane stall[D]. Columbus: The Ohio State University, 1998.

[47] Sharma V, Voulgaris P. Effects of Ice Accretion on Aircraft Autopilot Stability and Performance[R]. AIAA-2002-0815, 2002.

[48] Sibilski K, Lasek M, Ladyzynska-Kozdras E, et al. Aircraft Climbing Flight Dynamics with Simulated Ice Accretion[R]. AIAA 2004-4948, 2004.

[49] Cunningham M A. A simplified icing model for simulation and analysis of dynamic effects[J]. Dissertations & Theses-Gradworks, 2012.

[50] 施礼良. 喷气式运输机平尾结冰对纵向飞行品质的影响 [J]. 飞行力学, 1985, 3(3): 89-99.

[51] Cao Y, Yuan K. Aircraft flight characteristics in conditions of windshear and icing[J]. The Areonautical Journal, 2007, 111(1115): 41-49.

[52] 袁坤刚，曹义华. 结冰对飞机飞行动力学特性影响的仿真研究 [J]. 系统仿真学报, 2007, 19(9): 1929-1932.

[53] 王明丰，王立新，黄成涛. 积冰对飞机纵向操稳特性的量化影响 [J]. 北京航空航天大学学报, 2008, 34(5): 592-595.

[54] 张强，刘艳，高正红. 结冰条件下的飞机飞行动力学仿真 [J]. 飞行力学, 2011, 29(3): 4-11.

[55] 王健名，徐浩军，裴彬彬等. 平尾结冰对飞机动力学特性影响的仿真研究 [J]. 飞行力学, 2016, 34(1): 18-21.

[56] 李雅静，贾晓鹏，岗焦. 结冰对飞行特性的影响及仿真研究 [J]. 计算机仿真, 2013, 30(12): 40-44.

[57] Vukits T J. Overview and Risk Assessment of Icing for Transport Category Aircraft and Components[R]. AIAA 2002-0811, 2002.

[58] Jeck, Richard K. A history and interpretation of aircraft icing intensity definitions and FAA rules for operating in icing conditions[J]. Flight Control Systems, 2001, 5(3): 68-74.

[59] National Transportation Safety Board. Aircraft Icing Avoidance and Protection (SR-81-1), 1981.

[60] Reehorst A L, Koenig G G. Ground-Based Icing Condition Remote Sensing System Definition[R]. NASA/TM—2001-211102, 2001.

[61] Serke D, Politovich M, Reehorst A, et al. The Use of X-band Radar to Support the Detection of In-Flight Icing Hazards by the NASA Icing Remote Sensing System During AIRS-II[R]. NASA/TM—2009-215503, 2009.

[62] Vivekanandan J, Zhang G, Politovich M. An assessment of droplet size and liquid water content derived from dual-wavelength radar measurements to the application of aircraft icing detection[J]. Journal of Atmospheric and Oceanic Technology, 2001, 18(11): 1787-1798.

[63] Jeck R K. A workable，Aircraft-Specific Icing Severity Scheme[R]. AIAA-98-0094, 2006.

[64] Zeppetelli D, Habashi W G. CFD-Icing: A Predictive Tool for In-Flight Icing Risk Management[R]. 2011-38-0031, 2011.

[65] Zeppetelli D, Habashi W G. In-flight icing risk management through computational fluid dynamics-icing analysis[J]. Journal of Aircraft, 2012, 49(2): 11.

[66] 刘东亮，徐浩军，李嘉林，等. 飞行结冰后复杂系统动力学仿真与风险评估 [J]. 系统仿真学报, 2011, 23(4): 643-647.

[67] 王健名，徐浩军，薛源，等. 基于极值理论的平尾结冰飞行风险评估 [J]. 航空学报, 2016, 37(10): 3011-3022.

[68] 薛源，徐浩军，胡孟权. 结冰条件下人-机-环系统的飞行风险概率 [J]. 航空学报, 2016, 37(11): 3328-3339.

[69] Bragg M B, Basar T, Perkins W R, et al. Smart Icing Systems for Aircraft Icing Safety[R]. SAE 2003-01-2100, 2003.

[70] Deters R, Dimock G A, Selig M S. Icing Encounter Flight Simulator with an Integrated

Smart Icing System[R]. AIAA 2002-4599, 2002.

[71] Gingras D R, Barnhart B, Ranaudo R, et al. Envelope Protection for In-Flight Ice Contamination[R]. AIAA 2009-1458, 2009.

[72] Gingras D R, Barnhart B, Ranaudo R, et al. Development and Implementation of a Model-Driven Envelope Protection System for In-Flight Ice Contamination[R]. AIAA 2010-8141, 2010.

[73] Ranaudo R, Martos B, Norton B, et al. Piloted Simulation to Evaluate the Utility of a Real Time Envelope Protection System for Mitigating In-Flight Icing Hazards: AIAA Atmospheric and Space Environments Conference[R]. AIAA 2010-7987, 2010.

[74] Martos B, Ranaudo R, Norton B, et al. Development, Implementation, and Pilot Evaluation of a Model-Driven Envelope Protection System to Mitigate the Hazard of In-Flight Ice Contamination on a Twin-Engine Commuter Aircraft[R]. NASA/CR—2014-218320, 2014.

[75] Caliskan F, Aykan R, Hajiyev C. Aircraft icing detection, identification, and reconfigurable control based on Kalman filtering and neural networks[J]. Journal of Aerospace Engineering. 2008, 21(2): 51-60.

[76] Aykan R, Hajiyev C, Caliskan F. Aircraft Icing Detection, Identification and Reconfigurable Control Based on Kalman Filtering and Neural Networks[R]. AIAA 2005-6220, 2005.

[77] Aykan R, Hajiyev C, Caliskan F. Kalman filter and neural network-based icing identification applied to A340 aircraft dynamics[J]. Aircraft Engineering and Aerospace Technology, 2005, 77: 23-33.

[78] 张智勇. 结冰飞行动力学特性与包线保护控制律研究 [D]. 南京: 南京航空航天大学航空宇航学院, 2006.

[79] 应思斌, 艾剑良. 飞机结冰包线保护对开环飞行性能影响与仿真 [J]. 系统仿真学报, 2010, 22(10): 2273-2301.

[80] 应思斌. 飞机容冰飞行控制系统设计的理论与方法研究 [D]. 上海: 复旦大学, 2010.

[81] Dong Y, Ai J. Research on inflight parameter identification and icing location detection of the aircraft[J]. Aerospace Science and Technology, 2013, 29: 305-312.

[82] 周莉, 徐浩军, 杨哲, 等. 飞机在结冰条件下的最优边界保护方法 [J]. 上海交通大学学报, 2013, 47(8): 1217-1221.

[83] 屈亮, 李颖晖, 袁国强, 等. 基于相平面法的结冰飞机纵向非线性稳定域分析 [J]. 航空学报, 2016, 37(3): 865-872.

[84] Addy H E, Lee S. Icing Encounter Duration Sensitivity Study[M]. Cleveland, Ohio: National Aeronautics and Space Administration, Glenn Research Center, 2011.

[85] Sehgall B, Deters R W, Selig M S. Icing Encounter Flight Simulator[R]. AIAA 2002-0817, 2002.

[86] Deters R W, Dimock G A, Selig M S. Icing encounter flight simulator[J]. Journal of

Aircraft, 2006, 43(5): 1528-1537.

[87] Ratvasky T P, Ranaudo R J. Development and Utility of a Piloted Flight Simulator for Icing Effects Training[R]. AIAA 2003-22, 2003.

[88] Ratvasky T P, Ranaudo R J, Blankenship K S, et al. Demonstration of an Ice Contamination Effects Flight Training Device[R]. AIAA 2006-677, 2006.

[89] 李勤红, 乔建军, 陈增江. Y7-200A 飞机自然结冰飞行试验 [J]. 飞行力学, 1999, 17(2): 64-69.

[90] 杨新亮. ARJ21-700 飞机机翼防冰系统自然结冰试飞方法 [J]. 飞行力学, 2014, 32(5): 460-463.

[91] Isaac G A, Cober S G, Strapp J W, et al. Recent Canadian research on aircraft in-flight icing[J]. Canadian Aeronautics and Space Journal, 2001, 47(3): 1-9.

[92] 战培国. 国家大型结冰风洞运营管理研究 [J]. 航空科学技术, 2014, 25(8): 95-99.

[93] Wright W B, Gent R W, Guffond D, et al. DRA/NASA/ONERA Collaboration on Icing Research [R]. NASA-CR-202349, 1997.

[94] Leafy W M. We Freeze to Please' A History of NASA's Icing Research Tunnel and the Quest for Flight Safety[R]. NASA SP-2002-4226, 2002.

[95] 张雪苹. 飞机结冰适航审定与冰风洞试验方法 [D]. 南京: 南京航空航天大学, 2010.

[96] Jun G, Oliden D. Computational Aerodynamic Analysis of Three-Dimensional Ice Shapes on a NACA 23012 Airfoil[R]. AIAA-2015-0895, 2015.

[97] Papadakis M, Rachman A. Water Impingement Experiments on a NACA 23012 Airfoil with Simulated Glaze Ice Shapes[R]. AIAA-2004-0565, 2004.

[98] Ratvasky T P. Aircraft Icing and Its Effects on Performance and Handling[R]. NASA Glenn Research Center, Cleveland, Ohio 44135, 2008.

[99] Frank T L, Abdollah K. Effects of ice accretions on aircraft aerodynamics[J]. Progress in Aerospace Sciences, 2001, 37(8): 669-767.

[100] Ratvasky T P, van Zante J F, Riley J T. NASA/FAA Tail-Plane Icing Program Overview[R]. AIAA 99-0370, 1999.

[101] Fluid Dynamics Working Group 20. Ice accretion Simulation[R]. AGARD Advisory Report, AGARD-AR-344, 1997.

[102] 于庆芳. Y12-II 型飞机结冰对其飞行特性影响的试飞研究 [J]. 飞行力学, 1995,13(2):63-70.

[103] Ansell P J, Bragg M B. Envelope Protection System for Iced Airfoils Using Flap Hinge Moment [R]. SAE International, 2011-38-0066,2011

[104] Ansell P J, Bragg M B. Envelope Protection System Using Flap Hinge Moment Measurements [R].AIAA-2010-4225,2010

[105] Ansell P J, Kerho M F. Envelope Protection for Contaminant-Induced Adverse Aerodynamics on a Wing Using Flap Hinge Moment Measurements [R].AIAA-2013-2654,2013.

[106] Bragg M B. Aerodynamics of supercooled-large-droplet ice accretions and the effect on aircraft control[C]. Proceedings of the FAA International Conference on Aircraft Inflight

Icing, Springfield, VA, 1996: 387-400.

[107] Pandita R, Chakraborty A, Seiler P, et al. Reachability and region of attraction analysis applied to GTM dynamic flight envelope assessment[C]. AIAA Guidance, Navigation, and Control Conference, AIAA 2009-6258, 2009.

[108] Pokhariyal D, Bragg M B, Hutchison T, et al. Aircraft Flight Dynamics with Simulated Ice Accretion[R]. AIAA-2001-0541, 2001.

[109] Merret J M, Hossain K N, Bragg M B. Envelope protection and atmospheric disturbances in icing encounters[C]. 40th AIAA Aerospace Sciences Meeting & Exhibit, 2002.

[110] Hossain K N, Sharma V, Bragg M, et al. Envelope Protection and Control Adaptation in Icing Encounters[R]. AIAA 2003-25, 2003.

[111] Martos B. Development, Implementation, and Pilot Evaluation of a Model-Driven Envelope Protection System to Mitigate the Hazard of in-Flight Ice Contamination on a Twin-Engine Commuter Aircraft[M]. Washington: NASA, 2014.

[112] Sonneveldt L. Nonlinear F-16 Model Description [R]. The Netherlands: Delft University of Technology, 2010.

[113] Cook M V. Flight Dynamics Principles[M]. Burlington: Butterworth-Heinemann, 2007: 66-95.

[114] 吴森堂. 飞行控制系统 [M]. 2 版. 北京: 北京航空航天大学出版社, 2013: 54-64.

[115] 周莉，徐浩军，闵桂龙，等. 结冰对飞机动态响应特性的影响 [J]. 飞行力学, 2011, 29(4): 32-36.

[116] 易贤. 飞机积冰的数值计算与积冰试验相似准则研究 [D]. 绵阳: 中国空气动力研究与发展中心, 2007.

[117] 胡兆丰. 人机系统和飞行品质 [M]. 北京: 北京航空航天大学出版社, 1993:3-4.

[118] Hodgkinson J. A history of low order equivalent systems for aircraft handling qualities analysis and design[C]. AIAA Atmospheric Flight Mechanics Conference and Exhibit, Austin, Texas, 2003:1-13.

[119] Goetzendorf-Grabowski T. Three surface aircraft (TSA) configuration-flying qualities evaluation[J].Aircraft Engineering and Aerospace Technology,2016, 88(2):277–284.

[120] 傅庆庆. 固定翼飞机横航向飞行品质评价方法研究 [D]. 广汉: 中国民用航空飞行学院,2019.

[121] Kamali C, Hebbar A, Vijeesh T, et al. Real-time desktop flying qualities evaluation simulator[J]. Defence Science Journal, 2014, 64(1): 27-32.

[122] Richards N D, Adams R J, Klyde D H, et al. Flight-test evaluation of an adaptive controller for flying qualities specification and protection[J]. Journal of Guidance, Control, and Dynanmics,2015,38(12):2241-2255.

[123] 侯世芳, 徐坚, 杨博文. 基于地面试验数据的飞机横航向飞行品质评估 [J]. 飞行力学, 2015, 33(3): 201-204.

[124] Dogan A, Kaewchay K. Probabilistic human pilot approach-application to microburst

escape maneuver[J]. Journal of Guidance, Control, and Dynamics, 2007, 30(2): 357-369.

[125] Makkonen L. Problems in the extreme value analysis[J]. Structural Safety, 2008, 30(5): 405-419.

[126] Gumbel E J. Statistics of Extremes[M]. Columbia: Columbia University Press, 1958.

[127] Jenkinson A F. The frequency distribution of the annual maximum (or minimum) of meteorological elements[J]. Quarterly Journal of the Royal Meteorological Society, 1955, 81(348): 158-197.

[128] Coles S. An Introduction to Statistical Modeling of Extreme Values[M]. London: Springer-Verlag, 2001.

[129] SAE, Guidelines and methods for conducting the safety assessment process on civil airborne systems and equipment[J]. SAE ARP4761, Warrendale, PA, 1996.

[130] Federal Aviation Administration. Aeronautical Information Manual. Washington, D.C., 2014.

[131] Khodadadi L, Samadi B, Khaloozadeh H. Estimation of region of attraction for polynomial nonlinear systems a numerical method[J]. ISA Transactions, 2014, 53: 25-32.

[132] Chakraborty A, Peter S, Balas G. Nonlinear region of attraction analysis for flight control verification and validation[J]. Control Engineering Practice, 2011, 19(4): 335-345.

[133] Jarvis-Wloszek Z W. Lyapunov based analysis and controller synthesis for polynomial systems using sum-of-squares optimization[D]. Berkeley: University of California, 2003.

[134] Tan W. Nonlinear control analysis and synthesis using sum-of-squares programming[D]. Berkeley: University of California, 2006.

[135] Krauskopf B, Osinga H M, Doedel E J, et al. A survey of methods for computing (un)stable manifolds of vector fields [J]. International Journal of Bifurcation and Chaos, 2005, 15(3): 763-791.

[136] Chiang H D, Hirsch M W, Wu F F. Stability regions of nonlinear autonomous dynamical systems [J]. IEEE Transactions on Automatic Control, 1988, 33(1): 16-27.

[137] Liu F, Wei W, Mei S W. On the estimation of stability boundaries of nonlinear dynamic systems [C]. Control and Decision Conference, China, 2011.

[138] Qi R, Cook D, Kliemann W, et al. Visualization of stable manifolds and multidimensional surfaces in the analysis of power system dynamics [J]. Journal of Nonlinear Science, 2000, 10(2): 175-195.

[139] Bragg M B, Basar T, Perkins W R, et al. Smart icing systems for aircraft icing safety[C]. 40th AIAA Aerospace Sciences Meeting & Exhibit. Reston: AIAA, 2002.

[140] Deters R, Dimock G A, Selig M S. Icing encounter flight simulator with an integrated smart icing system: AIAA-2002-4599[R]. Reston: AIAA, 2002.

[141] Gingras D R, Barnhart B, Ranaudo R, et al. Envelope protection for in-flight ice contamination[C]. 47th AIAA Aerospace Sciences Meeting Including The New Horizons

Forum and Aerospace Exposition, Reston: AIAA, 2009.

[142] Prasad G, Bruce R R J. Experimental and computational study of ice accretion effects on aerodynamic performance[J]. Aircraft Engineering and Aerospace Technology, 2020, 92(6): 827-836.

[143] Ranaudo R, Martos B, Norton B, et al. Piloted simulation to evaluate the utility of a real time envelope protection system for mitigating in-flight icing hazards [C]. AIAA Atmospheric and Space Environments Conference, Reston: AIAA, 2010.

[144] 应思斌, 葛彤, 艾剑良. 飞机结冰气动参数综合检测方法研究 [J]. 指挥控制与仿真, 2012, 34(05): 128-133.

[145] 应思斌, 葛彤, 艾剑良. 飞机结冰时不变参数识别技术 [J]. 指挥控制与仿真, 2012, 34(04): 55-60.

[146] 张智勇, 沈宏良. 结冰飞行包线保护及控制律研究 [C]. 飞行力学与飞行试验学术交流年会论文集, 湖北宜昌, 2005.

[147] Trujillo A, Gregory I. Pilot preferences on displayed aircraft control variables[J]. Lecture Notes in Computer Science, 2013, 8020(1): 203-211.

[148] Rauw O, Marc. FDC 1.2 - A SIMULINK Toolbox for Flight Dynamics and Control Analysis[R]. 2001.

[149] Sharma V, Voulgaris P G, Frazzoli E. Aircraft autopilot analysis and envelope protection for operation under icing conditions[J]. Journal of Guidance, Control, and Dynamics, 2004, 27(3): 454-465.

[150] Burdun I Y. Automated planning, exploration and mapping of complex operational domains of flight using multifactor situational trees[J]. SAE International Journal of Aerospace, 2011, 4(2): 1149-1175.

[151] Burdun I Y. Prediction of aircraft safety performance in complex flight situations[C]. SAE Technical Paper 2003-01-2988, 2003.

[152] 段镇. 无人机飞行控制系统若干关键技术研究 [D]. 长春: 中国科学院长春光学精密机械与物理研究所, 2014.

[153] Banks H T, Ito K. A Numerical Algorithm for Optimal Feedback Gains in High Dimensional LQR Problems [R].AFOSR-87-0792TR,1987.

[154] 桂业伟, 周志宏, 李颖晖, 等. 关于飞机结冰的多重安全边界问题 [J]. 航空学报, 2017, 38(2): 520723.

[155] National Transportation Safety Board. Aircraft Accident Report: In-flight Icing Encounter and Uncontrolled Collision with Terrain–Embraer EMB-120 RT, Monroe, Michigan January 9, 1997.

[156] Snell S A, Enns D F, Garrard W L. Nonlinear inversion flight control for a supermaneuverable aircraft[J]. Journal of Guidance, Control, and Dynamics. 1992, 15(4): 976-984.

[157] Bugajski D J, Ennst D F. Nonlinear control law with application to high angle-of-attack

flight[J]. Journal of Guidance, Control, and Dynamics, 1992, 15(3): 761-767.

[158] Bosworth J T. Success Stories in Control: Nonlinear Dynamic inversion Control[R]. NASA:N20110008197, 2010.

[159] 张利军. HUD 系统高亮像源及信号处理的研究 [D]. 成都: 电子科技大学, 2016.

[160] Naish J M. Application of the head-up display (HUD) to a commercial jet transport[J]. Journal of Aircraft, 1972, 9(8): 530-536.

[161] 中国民用航空局. 平视显示器应用发展路线图 [R]. 2012.

[162] 高升. 使用 HUD 实施特殊 II 类运行的研究 [D]. 广汉: 中国民用航空飞行学院, 2015.

[163] 王智伟. 平显信息配色绩效评价飞行模拟系统的开发与研究 [D]. 太原: 中北大学, 2017.

[164] 费益, 季小琴, 程金陵. 平视显示系统在民用飞机上的应用 [J]. 电光与控制, 2012, 19(3): 95-99.

[165] Wood R B, Howells P J. Digital Avionics Handbook Chapter 4. Head-Up Displays[M]. Los Angeles: CRC Press LLC, 2000.

[166] Honeywell International Inc. Honeywell's Family of Advanced 3D Weather Radar Systems[R]. C61-1471-000-000, 2015.

[167] Honeywell International Inc. Intuvu 3-D Weather Hazard and Avoidance System[R]. C61-1531-000-002 I 08/16, 2016.

附 录

全 书 符 号

符号	定义	单位
m	飞机质量	kg
V	空速	m/s
g	重力加速度	m/s²
G	飞机重力	N
θ	俯仰角	°, rad
ψ	偏航角	°, rad
ϕ	滚转角	°, rad
α	迎角	°, rad
β	侧滑角	°, rad
p	滚转角速度	rad/s
q	俯仰角速度	rad/s
r	偏航角速度	rad/s
u, v, w	V 在机体坐标系下的分量	m/s
F_x, F_y, F_z	力 F 在动坐标系中的分量	N
L	升力	N
D	阻力	N
T	推力	N
C_L	升力系数	
C_D	阻力系数	
C_{L_0}	迎角为零时的升力系数	
C_{L_α}	升力线斜率	
$C_{D\alpha}$	阻力系数对迎角的偏导数	
C_{Lu}	升力系数对迎角的偏导数	
C_{Du}	阻力系数对速度的偏导数	
C_{mu}	俯仰力矩系数对速度的偏导数	
$C_{y\beta}$	侧力导数	
$C_{y\delta_r}$	方向舵侧力导数	

C_{yp}	滚转角速度侧力导数	
C_{yr}	偏航角速度侧力导数	
C_l	滚转力矩系数	
C_n	俯仰力矩系数	
C_m	偏航力矩系数	
a	声速	m/s
Ma	马赫数	
ρ	空气密度	kg/m^3
ν	气体压缩性系数	
μ	相对密度	
$\bar{q}$	动压	
I_x, I_y, I_z	飞机转动惯量	kg·m^2
I_{xy}, I_{zy}, I_{xz}	飞机惯性积	kg·m^2
λ	特征根	
ζ_{sp}	短周期运动阻尼比	
ζ_{ph}	长周期运动阻尼比	
T_{sp}	短周期运动周期	s
T_{ph}	长周期运动周期	s
τ_r	螺旋模态时间常数	s
τ_s	荷兰滚模态时间常数	s
ω_{nd}	荷兰滚模态自振频率	rad/s
ζ_d	阻尼系数	
n_z	法向过载	
n_y	侧向过载	
r_{R_0}	荷兰滚模态幅值参数	
r_{S_0}	螺旋模态幅值参数	
J	失配度	
LB	参数拟配范围下界	
UB	参数拟配范围上界	
ϕ_{S_0}	荷兰滚模态幅值参数初值	
ϕ_{R_0}	螺旋模态幅值参数初值	
η	结冰严重程度参数	
$\hat{F}$	极值最大似然分布	
P_{risk}	结冰飞行风险概率	

FRI	结冰飞行风险指数	
R	测量噪声的协方差矩阵	
X	状态变量	
U	控制变量	
A	状态矩阵	
B	控制矩阵	
ISP	结冰危险因子	
Ω	积分环节增益	
V_{min_iced}	结冰条件下最小平飞速度	m/s
t_{add}	校正时间	s
x_{new}	校正点	
$\dot{H}_{ref}$	高度变化率指令	m/s
$\boldsymbol{K}$	最优控制增益矩阵	
q_{ref}	俯仰角速率指令	rad/s
θ_{ref}	俯仰角指令	rad
e_{ss}	稳态误差	